U0215352

棕榈园林群芳谱——植物篇

ZONGLÜ YUANLIN GARDEN FLORILEGIUM-PLANTS

主 编 赵强民 王亚玲 刘坤良

中国林业出版社
CFPH China Forestry Publishing House

图书在版编目（CIP）数据

棕榈园林群芳谱 . 植物篇 / 赵强民，王亚玲，刘坤良主编 . —北京：中国林业出版社，2021.1
ISBN 978-7-5219-0694-3

Ⅰ . ①棕… Ⅱ . ①赵… ②王… ③刘… Ⅲ . ①园林植物－图集 Ⅳ . ① S68-64

中国版本图书馆 CIP 数据核字 (2020) 第 131962 号

审图号：GS (2020) 3018 号

棕榈园林群芳谱——植物篇　　　　　　　　　　　　　　　赵强民　王亚玲　刘坤良 **主编**

出版发行：中国林业出版社

地　　址：北京西城区德胜门内大街刘海胡同7号

策划编辑：王　斌

责任编辑：刘开运　张　健　吴文静　　　　　　　　　　装帧设计：广州百彤文化传播有限公司

印　　刷：北京雅昌艺术印刷有限公司

开　　本：787 mm × 1092 mm　1/8

印　　张：72.5

字　　数：1172千字

版　　次：2021年1月第1版　第1次印刷

定　　价：420.00元（USD 70）

序 I

棕榈生态城镇发展股份有限公司（本序以下简称"公司"）引种应用园林植物的历史，是我国城市园林绿化建设及园林植物应用的缩影。将公司30多年来引种经验加以总结分享，既是棕榈众多同仁的夙愿，也是多位专家学者的期望。经过同事们7年多的艰辛和努力，历经两次重要的修改和补充，现本书已编撰完成。

自1984年公司初创起，便十分重视园林植物的引种繁殖培育工作。这得益于我在中山温泉、中山长江乐园等我国最早的中外合资企业的工作经历。我有幸参与建设这些工程所需绿化苗木的采购和种植施工过程。在此之前，我国百废待兴，绿化苗木奇缺，故凡举国营林场、集体苗圃及花圃、以及学校和机关绿化、村边地头，无一不是搜购苗木之处。凡是适用的乔木、灌木、草本植物、棕榈植物，一律觅来酌用。公司初创期绿化苗木供不应求情况也很明显，所以我们不但利用播种，还对苗木修剪整型中废弃的枝条进行扦插，并通过压条、嫁接等进行绿化苗木的扩繁，来丰富种苗资源。通过七八年的努力，棕榈在植物引种繁育与花卉苗木供应上渐成规模，与公司的绿化品质共同形成了著名的品牌，"棕榈园""棕榈大王""绿色企业"等雅号被传播到国内外，社会各界及广大客户也因园林植物而了解公司。企业发展就这样与改革开放后珠三角地区的单位、道路绿化同时起步和发展，公司的苗木产品通过工程应用逐步丰富起来，也练就了在绿化工程中苗木采购应用目的性强、可随时修改设计、替代植物办法多的硬功夫，公司培养了一批既懂苗圃生产，又懂设计施工的技术人员，这在当时是难能可贵的。随着广东省内园林绿化需求的兴起，公司从高校引进的专业人才也不断加盟，苗圃面积很快发展到数百上千亩，并及时筹建了植物研究所，开始了系统的园林植物引种驯化和繁育工作。其实，在此前后较长时间内，国内引种的不少新优园林植物品种，均由公司率先引种。例如从海外引进了许多棕榈科植物，及开花乔灌木、彩叶植物和荫生植物，这包括银海枣、鸡蛋花品种及七彩大红花等。20世纪90年代，公司连续荣获多项市级农业科技奖、新星企业奖及科技兴农金穗奖，还荣获省级先进私营企业和省私营企业金杯奖等。

1998年后，公司作为广东省政府参展昆明世博会粤晖园的绿化工程施工单位，以优异的植物景观营造，为项目赢得多个大奖，为广东荣誉贡献了公司的力量。由于视野的拓宽，也随着华东、华北、西南等地业务的需求，公司在各地发展了不同功能的生产场和周转场苗木基地（后者是工程备苗场）。区域性苗木基地建设及园林植物引种驯化的经验积累，也促进了公司施工业务的拓展，公司对园林植物适地适树及全冠种植的标准要求，也对公司引种扩繁、容器苗、假植苗的技术，提出了新的要求，进而提高了公司所负责工程项目的质量。例如，作为我国内地唯一指定直接的供应商参与了香港迪士尼核心区苗木供应，以及上海迪士尼核心区苗木的供应等，公司的苗木营运和技术管理都赢得了迪士尼管理层的高度肯定。同时，公司以特色园林植物营造的综合园林工程，更为广大客户打造了优秀园林作品。例如，全国房地产行业的重要企业，包括杭州滨江集团、上海大华清水湾、南京栖霞建设、万科、华为、美的、保利和星河湾等，分别成为公司战略合作伙伴及重要客户，他们的许多重要园林项目，都有公司的贡献。公司在这些项目中，不但营造了样板工程，更培养了大批工程管理人才。

2008年公司股改，随后成立下属研究院，加强了生态园林与园林植物引种驯化的研究，建设了多个科技平台，更通过引进和培养人才，前后引入山茶科专家高继银，园林植物及花境专家刘坤良、王亚玲木兰育种团队，还从专业学校吸收了大批人才。公司启动了植物新品种自主创新及国内外引种计划，配合全国各区域的业务拓展计划，而随着园林植物应用的广度和难度的加大，也促进了对国外先进技术的引进和学习。近几年，由于设计集团的组建，贝尔高林的加盟，参与东北、西北地区的园林综合工程等，又促进了区域绿化营运平台的建设及苗木供应链管理的完善。公司作为第一完成单位的"棕榈科植物的引种驯化、评价与应用技术研究"项目，以及参与的"乡土植物在生态园林中应用的关键技术研究与产业化"项目，均荣获广东省科技进步一等奖。而"棕榈科植物的引种筛选与区划推广"项目，则荣获了中国华夏建设科学技术二等奖。近几年，公司工程项目先后约20次荣获中国优秀园林工程大金奖、金奖和一等奖，并成为荣获全国首批优秀管理奖的同类企业。近几年，棕榈股份在新品种、新技术的创新和应用上，联合国内政产学研相关单位，共同做了大量的工作，包括全国性的拍卖活动，知识产权保护和新品种供应链建设等，都取得了一定的成效。

2014年起，随着公司更名为棕榈生态城镇发展股份有限公司和升级转型，公司启动了从生产管理型到生态城镇投资管理型的战略规划，迄今为止，公司在特色小镇投资建设、生态保护，以及在体育、旅游、教育等方面都有大的举措，棕榈牵头并负责的多个大型特色小镇投资项目，大多成为全国或相关省市的重点项目。未来，新的需求将带来新的挑战和新的机遇，作为我国园林绿化行业的开拓者，公司如此述做了一些应做的工作。这有赖全国广大同行和供需各方的共同努力，我对未来我国的商用园林植物市场充满信心。

借本书的出版，谨对一直支持、指导、鼓励公司成长发展的下列学者和专家表示感谢，他们在我国园林植物科技创新中为我们打下了良好的基础，部分如下。

中国工程院院士陈俊愉先生一直关注公司棕榈科植物引种驯化应用，他多次要求我们就园林植物国内外引种驯化，山茶属及海棠属的选育种，以及在园林绿化配置设计中使用拉丁名等，在全国起带头作用。老人家在2012年逝世前还为本书题写书名。另一位已故专家，北京植物园余树勋先生也是我国现代园林植物的重要奠基者，也是公司园林植物创新的鼓励者之一。

孟兆祯院士对公司植物应用十分关注。他多次在题词、报告及讲话中对我司的植物景观营造给予肯定，《棕榈园林群芳谱》就是在他的建议下筹备编辑的。孟先生认为，公司作为国内园林植物引种应用的排头兵，应与同行一起分享"率先引进、带头繁育、率先进行园林应用"等3方面的经验。

胡运骅先生对华东地区园林植物的发展和繁荣功不可没，对公司在华东的园林植物应用给予过宝贵的支持和帮助。公司在棕榈科植物对华东地区的引进驯化，以及其他新优园林植物在华东的推广应用都倾注了他的心血。

公司与张启翔先生、包志毅先生等为首的全国高校、科研院所专家，企业界众多同仁，长期保持着友好的互动合作，通过在全国观赏园艺年会、中国花卉工程中心等各种平台的交流，共同构建全国性的园林绿化政产学研关系。

中国园林绿化事业从无到有的发展，归功于改革开放的社会发展，以及一直在推动行业进步的全国各级政府机构，归功于发展商客户所不断给予的鼓励、信任和包容。在此，还要感谢中国风景园林学会陈晓丽理事长、甘伟林原副理事长以及吴劲章先生等众多前辈，对我们跨地区园林植物应用方面长期给予的大力支持！我们通过参与世界棕榈协会、国际山茶协会、国际木兰协会和国内有关湿地协会、园林植物创新促进委员会等社会团体、行业组织，以及与国内外企业的业务交流中，深知我国与欧美发达国家在园林植物与园艺水平上还存在巨大差距，我们一定要奋发图强，共同努力推动我国园林绿化事业的行业进步。

威尔逊的著作《中国——世界园林之母》已由胡启明、包志毅等分别译成中文并出版，但在我国的园林植物的引种驯化和园林应用上，我们仍任重道远。我相信，通过全国广大园林园艺工作者和同行的合作与共同努力，我国园林植物、花卉园艺一定会有更加辉煌的明天，一定能为美丽中国、生态文明作出时代的新贡献。

仅以此为《棕榈园林群芳谱——植物篇》序。

2019年9月29日

序 II

棕榈献心力 群芳谱新篇
——敬贺《棕榈园林群芳谱》问世

　　植物乃天地有大德恩赐于人类的天然资源。上古时人住在树上名之曰树栖。以瓜果粮菜为膳食。穿着都是树叶遮体的衣裳。造木轮为车，凿木为舟，归天后棺木悬葬，现代有骨灰盒。人之生生不息除了水就是空气。植物吸收人呼出的二氧化碳，通过光合作用转化为清新的氧气供人吸纳。人不仅在生态环境中离不开植物的物质作用，同时也仰仗植物来创造人的精神生活。有竹简、木简才有成篇累牍记载历史文化的书。助之实现"不忘初心，方得始终"的心愿。湖笔、徽墨、宣纸更协助书法家、画家创造了山水诗、山水画和山水园。"诗言志，歌咏言"引生了诗歌、音乐、舞蹈和戏剧、曲艺、武术、中医和舌尖上的烹调。二胡、竹笛、箜篌和各种弹拨乐器又创造了清雅的丝竹乐。总相融会才产生了曲水流觞兰亭序的书法和文人写意的水墨山水画。加以高粱、稻米、白薯酿造的杜康，才得以玉成"诗酒联欢"。斗酒诗百篇为我国积累了深厚无垠的中华民族文化艺术。

　　植物之于园林那关系就更深了。古写的"艺"字是人双手捧树苗跪地种植的象形。这说明人感谢自然赐予植物的恩德，但又不满足于自然的恩赐。要以人工种植以为补充，让世界因绿色植物而更加生气盎然、更加美丽。园林这两个字都是以植物为本的。论园林的综合效益，首先环境效益是以生态文明为基础的。生生不息体现了"天地有大德而不言"。北京紫禁城护城河西北角尚有额书"大德曰生"的木牌坊。北京有名的中药铺名叫"大德生"。就社会效益而言，假日都去旅游，就是踏青。从城市走出去进入风景名胜区和园林，游赏将社会美融入自然美而创造的风景园林艺术美。生产效益更是以植物为主题了。无论南方的椰子、北方的苹果、西南的柑桔，更有各地的名茶如大红袍、龙井和普洱，都向人们提供"可以清心也"的诗意享受。"朝饮木兰之坠露兮，夕餐秋菊之落英"都诗化地揭示了人与植物亲密无间的关系。对人的思想感情影响至深。

　　人和植物至深的关系要求人要学习和研究植物，知己知彼才能"人与天调而后天下之美生。"这种学习研究是实践与理论相辅相承的。是全面而成系统的。人际作事常问有谱没谱。谱就是全面系统的专项知识。家谱、族谱、食谱、茶谱、花谱各有其道。清代康熙大帝在传承群芳谱的基础上补充了许多新资料有所创造性地编辑了《广群芳谱》是为中华民族植物科学和艺术的大作。其中丰涵迁想妙得、诗情画意的内容。是为我学科在园林植物方面栽培、管理、遗传育种、引种和借景生情的工具书。

　　钱学森先生说中国园林是科学的艺术。科学和艺术都是为人民服务和与时俱进的。棕榈园林群芳谱首先是科学的谱。在植物分类学方面采用了简约易懂的恩格勒系统分类法，并附检索表，便于查询。为了方便地带性植物的使用，本书以我国的气候地理划分地带章篇。章内又有循科学排序。便于专业工作者查询使用。主要收录了华东、华南、华北、西南、西北五个区域的园林植物。风景园林是意象艺术。意要通过景物形象表达。常言百闻不如一见。本书在尽可能范围内设计了图标并拍摄了大量的照片。俾使读者既能了解所应用植物的形态特征、产地及来源、生态习性和应用方式。又有拉丁学名、中名、别名、俗名可查。由照片而得的植物形象有助于形象设计的参考。因此，这是专业人员实用的手册。

　　为此，我认为棕榈生态城镇发展股份有限公司诚挚地为祖国的风景园林建设事业献出了心力。谱写了我国现代群芳谱的新篇。利在当代，功衍千秋。这也正是我要向贡献心力于此书的同道们表示敬佩，感激之心的所在，余荫子孙，天道助勤。百尺竿头，永无止尽。

孟兆桢

2019 年 5 月 23 日

《棕榈园林群芳谱》序

《群芳谱》是明代王象晋(1561-1653)用10多年时间编撰的论述植物及有关问题的巨著，全书28卷40余万字，内容包含花卉、蔬菜、果树、茶竹、桑麻葛棉、林草、药用植物、作物等12个谱类400多种植物，每一种植物都详叙了形态特征、栽培、利用和典故。清康熙47年(1708)，汪灏等人奉康熙帝之命，在《群芳谱》的基础上扩编、改编成《广群芳谱》，共100卷，其中花谱32卷、卉谱6卷，记载的植物有1517种。《群芳谱》和《广群芳谱》是继宋代陈景沂《全芳备祖》后编撰的重要书籍，对我国研究植物的历史、分类、栽培、应用、文化都具有极重要的参考价值。当棕榈生态城镇发展股份有限公司吴桂昌董事长给我发来电子版《棕榈园林群芳谱》，邀请为本书作序时，我立刻被书的题目和内容所吸引并一口气读完了书稿，深深为这本《棕榈园林群芳谱》所打动。

该书针对我国园林及城乡生态建设中缺乏对植物了解的现实问题，从棕榈生态城镇发展股份有限公司30多年从事园林建设的实践中总结提炼，由吴桂昌董事长等公司高层领导策划并担任名誉主编，首席植物专家刘坤良等园林植物技术专家作为主编完成的重要著作。纵观全书，主要有四个特点：一是内容丰富，种类繁多，植物覆盖面广。该书收录了我国华东、华南、西南、西北及华北地区新优园林植物2000余种。包含有城乡不同绿地类型及不同立地条件应用的乔木、灌木、亚灌木、藤本及草本植物，并对在园林建设中重点应用的26个科，31个属800多种原产我国和引进成功的外国园林植物也进行了详细介绍。二是图文并茂，内容详实，照片质量高，墨线图表现准确。该书对每种植物都有群体照片和叶片、花朵和果实局部特写照片，同时还有不同形态和季相变化的照片。除此之外，将各植物种类和品种的适生区在中国标准地图上进行标注，以使读者可以一目了然的看到这些植物可应用的地区。为了让设计人员和读者更加形象的了解植物特点，设计了27个墨线图图标来表示株形，用一系列的图示表明植物的生物学特性、抗寒、抗旱、耐荫性、耐修特性、栽培修剪等特点。三是科学性强。该书每种植物都有拉丁学名，其名称多是采用我国权威的植物分类著作中使用的名称，对于从国外引种的植物，采用国外植物园、专业的植物研究机构以及大型苗圃网站使用的名称，植物名称书写规范。该书对植物形态特征、产地及来源、生态习性、应用方式的描述简洁，对植物形成的景观特点和适应区域的表述都是经过编者多年种植和应用总结的。同时，该书采用了目前常用的恩格勒分类系统，书后有按种名和品种名汉词拼音排序的检索表，便于读者查询。四是应用案例显示效果好。该书使用了大量棕榈园林优秀工程的实景图片，展示不同的植物在不同地区，不同园林绿地应用的景观效果，用图文并茂的形式展示了棕榈园林公司造园的水平和多样性植物应用的水平，具有很强的指导性。

我们知道植物不仅是景观构成的要素，而且是保护环境，改善环境和意境营造的生命材料，是园林景观和生态宜居环境构建的主体。随着人民对美好生活的需求的不断增长，居住环境的质量受到人们的极大关注。利用丰富多彩的植物创造优美的人居环境和多样性景观是园林工作者责任。在这里我们要感谢棕榈生态公司为社会奉献地这种实用性很强的专著，相信《棕榈园林群芳谱》的出版能为园林设计师、规划师、工程师、植物应用者、苗圃生产者以及园林管理者提供宝贵的资料和实用范例。

张启翔　北京林业大学教授
中国园艺学会副理事长，观赏园艺专业委员会主任
国际园艺生产者协会副主席
2019 年 7 月 18 日

棕榈群芳谱

九五叟 陈俊愉 北京书

北京林业大学校内斋中

前言

惶惶然，《棕榈园林群芳谱——植物篇》面世了。

在陈俊愉院士、孟兆祯院士的提议下，经棕榈生态城镇发展股份有限公司（本前言以下简称"棕榈股份"）吴桂昌董事长的着力推进，编委会在公司风景园林科学研究院及设计、工程、苗圃等相关部门的协助下，《棕榈园林群芳谱——植物篇》一书于2013年下半年开始整理和编写工作。

一直以来，棕榈股份不断的研究和总结新优园林植物的引种、驯化、评价和应用工作，特别是近10年来，屡获园林植物研究方面的科技大奖，包括一项国家科技进步二等奖、三项广东省科学技术一等奖、一项梁希林业科技二等奖等，这些都成为编写本书的理论和实践基础。

本书共收录新优园林植物千余种，以精美的图片和简洁的文字介绍新优园林植物生态习性及其景观配置方法。书中新优植物应用的实景照片多来自棕榈股份建设的园林工程项目，部分是编者在国内外考察时所拍摄。本书旨在分享棕榈股份在新优园林植物研发及推广应用的实践经验。

在本书即将面世时，特别感谢孟兆祯院士对棕榈股份植物造景技术的持续关注并多次给予鼓励和指导，孟先生认为棕榈股份作为国内园林植物引种应用的先行者，应与同行一起分享在引种、生产、园林应用等三方面的经验。先生不仅亲笔为本书题写了书名，还执笔写序推荐，赞扬本书的内容，对晚生的关爱之情令人感激。

感谢已故园林泰斗陈俊愉院士对棕榈股份园林植物新优品种引种、驯化及推广应用工作的关心和支持，包括在园林绿化配置设计中使用拉丁名等细节问题均给予建议。老先生也亲笔为本书题写了书名。在此对老先生高尚无私的品格、精益求精的治学态度致以崇高的敬意。

特别感谢北京林业大学张启翔教授在百忙之中阅读本书并执笔为本书撰写了热情洋溢的序，其中称赞之词令人愧领。

非常感谢中国科学院北京植物园靳晓白研究员为本书涉及的拉丁学名，尤其是繁多的品种名进行了细致的校对，并逐一指正其中的错误。靳老师渊博的学识、严谨的科学态度，使我辈获益匪浅。

非常感谢棕榈股份的缔造者，我们尊敬和爱戴的吴桂昌董事长，本书能顺利与读者见面，与他不懈的督促分不开。本书在筹备编写时，他协助组织编写团队；编写中出现困难时，他出面协调；初稿完成后，百忙之中的他认真修改，逐一指正。吴董夫人马娟总工程师，也对本书提出了很多专业的修改意见，在此一并感谢。

真诚感谢深圳市中科院仙湖植物园张寿洲研究员、厦门市忠仑公园廖启炘研究员、中科院华南植物园杨科明高级工程师、陕西省西安植物园张莹高级实验师、深圳市公园管理中心陈巧玲工程师等在文稿校对、图片提供，给予了无私的帮助。

感谢棕榈股份各位领导对本书编写的关心和支持，感谢各部门同事在图片和文字资料收集、整理的过程中给予的大力帮助。

编委会虽有长时间园林植物新优品种引种及应用实践经验之沉淀，又历五载之整理编撰，然近年来随着我国园林绿化事业的蓬勃发展，新优园林植物品种不断大量涌现，园林植物造景手法也多方位创新。书中难免有遗漏和错误之处，敬请有志于新优园林植物引种、驯化及推广应用的园林工作者批评指正和交流分享。

愿与各位同行一起投身于建设"美丽中国"的伟大事业中。

编者

2019年9月20日

编写说明

一、本书主要收录了我国华东、华南、西南、西北、华北等 5 个区域的新优园林植物 144 科 483 属 1613 个种或品种。其中乔木 545 种，灌木 691 种，草本 377 种。每种植物均附上 1 到多幅照片，共用图片 2673 幅。一些未能被收录在书中的品种，我们在书后的附表中给出。该书是对棕榈生态城镇发展股份有限公司（原名为棕榈园林股份有限公司，本书以下简称"棕榈园林"） 2009 年至今引种、研究及推广新优园林植物工作的总结及升华，凝聚了各部门员工的汗水与心血。

二、为使各区域的园林工程、设计人员使用方便，本书植物排序以我国的气候地理区域分章，章内先根据乔灌草再根据常绿和落叶的顺序进行排序，最后以科属的拼音顺序进行排序。在书后附按种名或品种名的拼音顺序排序的检索表，便于读者针对单种进行查阅。

三、本书对所收录的植物，从形态特征、产地及来源、生态习性、应用方式 4 个方面进行描述。中文名采用专业名称，别名、俗名置于专业名称之后的括号内。因大量新优品种均来自欧美国家，本书采用的品种拉丁名主要来源于一些专业园艺网站，如 Royal Horticultural Society(http://www.rhs.org.uk/)、Dave's Garden (http://davesgarden.com/)，或者一些专业植物园网站，如密苏里植物园（http://www.missouribotanicalgarden.org/）等，或者一些大型苗圃网站，如 Burncoose Nurseries (http://www.burncoose.co.uk/site/)。品种名的格式严格根据国际命名法规。

四、为便于读者对各品种的适生地域有一个直观的印象，在中国标准地图上进行了标示，气候分区主要依据年平均最低温度来划分：1 区（＜ –45.5 ℃）、2 区（–45.5~–40.0 ℃）、3 区（–40.0~–34.5 ℃）、4 区（–34.4~–28.9 ℃）、5 区（–28.8~–23.4 ℃）、6 区（–23.3~–17.8 ℃）、7 区（–17.7~–12.3 ℃）、8 区（–12.2~–6.7 ℃）、9 区（–6.6~–1.2 ℃）、10 区（–1.1~4.4 ℃）、11 区（＞ 4.5 ℃），如 Ⓩ 3~9 。书中用图标对每个种类的适生区用图进行了直观的标示，如适生区域主要来自推广实践，但部分新优品种在国内推广区域有限，其适生区则主要参考上述网站的记录。但因为我国地域广阔，地形气候复杂，本书适生区范围仅做参考，请园林工作者结合栽培的具体区域气候和土壤情况来进行管理。

五、对园林栽培和工程应用比较重要的生态习性采用相应的图标进行直观表示：喜光 ☀ ；喜半荫或耐半荫 ◑ ；耐荫 ● ；耐寒 ❄ ；耐旱 ◣ ；耐水湿或喜水湿 ◢ ；耐盐碱 Ⓟ Ⓗ ；喜酸 ⒫Ⓗ ；耐修剪 ✂ ；芳香 ✿ ；生长速度快 ➡➡➡ ；生长速度较快 ➡➡▷ ；生长速度中 ➡▷▷ ；生长速度慢 ➡▷▷ 。

六、为方便设计人员对植物的株形有直观的了解，本书特别设计了一套植物株形图标，共 27 个（见附录），基本代表各类植物的常规株形，但还有个别草本株形难以生动体现，敬请各位读者见谅。

七、本书在介绍新优植物应用时，选用了大量来自棕榈园林优秀工程项目的实景图片，展示棕榈园林不同地理区域极富特色的造景手法和棕榈特色花境的营造技术。

八、随着国外园林新品种的不断引进和国内新优植物选育工作的蓬勃开展，越来越多的新优园林植物出现并被推广应用。本书收录仅为国内园林植物新优品种的九牛一毛，希望还有后续的书籍陆续出版。应用成果也将随着植物材料的不断丰富而更上一层楼。

目录
CONTENTS

绪论

一、植物与园林的关系和作用

植物是园林景观的主要造景元素之一，也是营造园林景观的重要材料之一。植物与其他园林要素的区别主要体现在，植物是鲜活的，有生命力的。园林因为有了植物而生动多姿。更重要的是，因植物的蒸腾、光合、呼吸等生理过程，使得园林承担起其最主要的功能——生态功能。而植物的形体美、色彩美、线条美等自然美态，也只有在科学营造的园林生长环境中，才能得到充分展现。

园林专家余树勋先生倡导植物在园林中的主角地位，认为只有用植物创造的环境才是最美好的环境，才是最符合人类生态要求的环境。他在 2012 年 4 月接受《现代园林》编辑部的采访时说道："我始终认为搞园林要把植物放在首位，因为植物是与人共生的最好的伴侣，相对于亭台楼阁，植物更能给人带来变化的享受"。

植物对于园林直接或间接的作用，体现在以下三个方面。

首先，植物具有生态功能，可营造园林宜居环境的自然生态。乔灌草等多样性植物的合理应用，可以净化空气、调温调湿、降声减噪、涵养水源、防风固沙等，营建人与自然和谐交融的园林空间。

其次，植物具有保健功能，这是园林植物的生态功能衍生而来的间接作用。植物通过吸附尘埃、净化空气，对于支气管哮喘、肺部吸尘等呼吸道疾病具有一定的调理作用。此外，如芸香科等类群的植物，会散发一些芳香类物质，具有杀菌或提神的作用。另外，通过提升园林的参与性，让城市居民加入植物的管理中，对于人们（尤其是中老年人）来说，是一种有益身心的康体活动。例如，欧美国家的家庭园艺，已成为人们健康生活的一部分。

最后，植物还是园林美的组成元素。植物在园林中的美，主要包括形态美、色彩美、线条美以及组合美，甚至还有空间美。正如余树勋先生所说，植物就像一个个音符，通过合理的搭配，可以谱写动人的乐曲；植物就像画家的颜料，种类多样

的植物通过调配，可以勾勒出美丽动人的画卷。园林植物通过园林工程师精选的造型，艺术化的修整，科学化的配置，呈现出不同风格的表达，从而达到美化环境的功能。例如，利用长满气生根的阔幅小叶榕、高大俊秀的棕榈科植物、各色鸡蛋花、紫红色的勒杜鹃、丰富多样的热带兰及叶型各异的蕨类植物等，就可营造热带植物景观，传递东南亚风情。

二、世界新植物材料的发展现状

植物新品种的开发应用是丰富城市植物资源、提高城市生物多样性的一个重要、有效的途径，对城市生态化建设具有不可替代的应用价值和实际意义[1]。在园林植物新品种开发方面，国际上已经形成了一套从品种培育、评价、认证到保护的完整机制，并在实践中得到了不断完善。

英国、美国、意大利和荷兰等国家，园艺技术水平相对发达，园林品种数不胜数，为造园者提供了丰富的植物材料。例如，《RHS Plant Finder 2011—2012》已收录超过 70000 种园林植物，每年仍会新收录 3000 个以上的新品种。以美国著名苗圃 *Blooming Nursery* 及 *Fishing Farms* 为例，前者栽培有 119 个属 1800 多个园艺品种，后者栽培的品种也有 1200 多个，仅 2012 年出圃的植物就有 91 个属 559 个品种。

国际上也有一些机构能为园林工作者提供有关新品种的专业信息。例如，英国皇家园艺学会（RHS）对其收集的植物品种通过栽培试验进行严格筛选，记录其相应的观赏性状、适生条件及抗性等，并对表现最优秀的植物授予"皇家园艺学会显异奖（AGM）"。据《世界园林植物与花卉百科全书》记载，获得该奖项的新优植物品种有 6492 个，包括乔木 1945 个，宿根植物 2144 个，球根植物 1196 个，一二年生草本 445 个。如此丰富的园林植物新品种为营造绚丽多彩的园林植物景观提供了广阔的空间。

意大利 Vannucci 苗圃实景

美国 Blooming 苗圃实景

三、我国新植物材料的发展现状

近几年，中国也不断涌现出一批园林植物新品种，但在数量和质量上与欧美等国还有一定的差距。据国际植物新品种保护联盟（UPOV）网站公布，截止至 2012 年 4 月 30 日，国际上已经获得新品种保护的植物品种为 604881 件，我国仅占 384 件。以蔷薇属（Rosa）植物育种为例，在世界范围内获得新品种保护的就有 18068 件，我国仅 86 件。表 1 为中国、欧盟、美国及日本的槭树属（Acer）、山茶属（Camellia）、绣球花属（Hydrangea）、冬青属（Ilex）、木兰属（Magnolia）、杜鹃属（Rhododendron）、蔷薇属、丁香属（Syringa）等 8 个代表性属在 2007—2012 年期间，新品种授权情况的对比。

表 1　8 个属木本观赏植物的新品种授权情况（单位：件）

国家 \ 时期	2007	2008	2009	2010	2011	2012
中国	54	13	24	3	0	22
美国	66	138	88	97	60	57
日本	117	92	250	144	146	0
欧盟	194	190	143	155	206	207
UPOV 总和	710	754	803	591	611	420

据统计，全世界共有 150 000 种以上的乔灌木，我国有 7 500 种或更多。我国原产的乔灌木种类比全球其他北温带地区所产的总和还要多。然而，目前我国园林绿化中已应用到的乔灌木仅为 1600 种。欧美国家由于家庭园艺产业的发达，很多园艺产品，如月季、杜鹃等能够快速推入市场，并因此促进新优品种的不断推出。而我国对植物新品种的保护力度不够，造成对新品种培育的积极性不高，育种者也不愿将培育的新品种推向市场，最终导致新品种在市场中鲜见。目前，我国商品生产中的观赏植物品种，绝大多数都引自欧美，尤其是销量较大的切花、盆花和花坛植物的新品种，如月季、香石竹、唐菖蒲等，通常价格昂贵。在园林植物材料方面，从国外较多引进的是棕榈科、彩叶植物（包括春色叶类、秋色叶类和常绿色叶类）及草坪植物品种。

四、棕榈科植物的推广应用

棕榈园林创始于 1984 年，拥有城市园林绿化一级、风景园林工程设计专项甲级，即行业最高双一（甲）级资质。是一家以技术创新、管理规范、经营稳健而享誉业界的综合型园林企业。棕榈园林注册资本 4.61 亿元，现有员工近 3000 人，在北京、上海、山东等近 20 多个省（市）设有分支机构。2010 年 6 月 10 日，棕榈园林（股票代码：002431）在深圳证券交易所中小板挂牌上市。

棕榈园林主营业务为工程、设计和苗木 3 大板块。20 多年来，棕榈园林始终坚持"科学造园"理念，逐步形成了涵盖园林研发、苗木生产、规划设计、工程施工全产业链的强大技术服务平台，业务足迹遍布全国 100 多座城市，累计完成 2000 多项作品，获得荣誉 140 多项。主要客户有万科、保利、富力、南京栖霞建设、杭州滨江、浙江绿城集团等。

2013 年，棕榈园林主营业务收入达 42.97 亿元，净利润 3.99 亿元。连续多年营业收入、上缴税金、跨区域经营能力、园林科技研发等各项指标均排名全国前 1～2 名，先后被评为"国家级高新技术企业""农业产业化国家重点龙头企业""全国花卉产业示范基地""中国风景园林协会优秀管理奖""广东省住房和城乡建设系统精神文明建设先进单位""广东省守合同、重信用企业"，棕榈园林持有的注册商标被认定为"广东省著名商标"。

棕榈科（Palmae），亦称槟榔科，隶属于单子叶植物纲棕榈目，是世界上热带经济作物三大科之一，全世界有 183 属约 2400 种。棕榈植物具有广泛的观赏价值，一直受到园林和植物学者的喜爱。自 20 世纪 40 年代起，在全世界众多的热带亚热带城市的建设中，棕榈植物的景观效果颇受重视。近年来，随着城市建设的发展，我国园林事业发展十分迅猛。棕榈园林以城市建设的园林绿化需求为导向，大量推广棕榈科植物的种植，极大地丰富了园林景观中植物品种。

棕榈园林已有20多年棕榈植物的引种驯化经验，在棕榈植物推广应用方面做了大量的工作，尤其在耐寒棕榈园林应用与耐寒品系选育、棕榈植物大规格容器育苗与全冠移植相结合的生产应用、棕榈科植物病虫害防治以及棕榈植物的绿化应用等方面有深入的研究及成功的推广案例。棕榈园林在"99昆明世博会粤晖园"中大胆应用棕榈植物造园并获得成功后，激发了全国各地生产应用棕榈植物的积极性。我国的广东、广西、福建、云南、江苏、浙江、上海、重庆等许多地区，都陆续掀起了一股应用棕榈植物的热潮。

据不完全统计，近10年来，棕榈园林先后向10多个省（市）的约40个大中城市共推广应用棕榈植物约80种。通过公司科研投入的加大及实际项目应用实践的努力，目前耐寒棕榈已向北推广至华东、华中地区，如南京、上海、杭州、宁波、苏州、无锡、武汉、长沙、南昌等地，以及西南的成都、昆明、贵阳、重庆、桂林等。总结出珠三角及厦门附近城市适用乡土棕榈品种有：砂糖椰子（*Arenga pinnata*）、南椰（*Arenga westerhoutii*）、鱼尾葵（*Caryota ochlandra*）、大蒲葵（*Livistona saribus*）、棕竹（*Rhapis excelsa*）、金山棕竹（*Rhapis multifida*）、大王椰子（*Roystonea regia*）、假槟榔（*Archontophoenix alexandrae*）、董棕（*Caryota urens*）、蒲葵（*Livistona chinensis*）、琼棕（*Chuniophoenix hainanensis*）、江边刺葵（*Phoenix roebelinii*）等；在华东、华中地区除应用一些乡土棕榈植物种类外，还进行了严格的品种驯化，筛选出南美布迪椰子（*Butia yatay*）、布迪椰子（*Butia capitata*）、棕榈（*Trachycarpus fortunei*）、巨箬棕（*Sabal causiarum*）、牙买加箬棕（*Sabal jamaicensis*）、箬棕（*Sabal palmetto*）、毛华盛顿棕（*Washingtonia filifera*）、智利椰子（*Jubaea chilensis*）、根刺棕（*Cryosophila albida*）、华盛顿棕（*Washingtonia robusta*）、加拿利海枣（*Phoenix canariensis*）、银海枣（*Phoenix sylvestris*）等较为耐寒的种类在棕榈园林的华东、华中、西南地区的绿化工程中使用。其中在上海、杭州等地应用的这12种耐寒棕榈，9种已自然正常开花结实长出小苗，完成整个的引种驯化历程，实现了将棕榈植物大规模应用从北纬23°推广到北纬32°左右，向北推广1000多公里，成为"南棕北移"及棕榈植物推广应用划时代的里程碑。

棕榈园林关于棕榈科植物的引种推广工作也获得了相关政府科研资金的大力资助，2008年获中山市科技计划项目"耐寒棕榈植物的引种驯化与园林应用"（项目编号20082 A036）、2009年获广东省科技计划项目"广东省广东棕榈园林花木繁育农业科技创新中心"（项目编号2009 B020501015）、2009年获广东教育部产学研结合项目"棕榈植物园林新优品种的发掘和规模化生产关键技术"（项目编号2009 B090600123）、2010年获广东省林业厅制标项目"银海枣苗木生产技术规程"（项目编号2010-DB-19）等。鉴于棕榈园林在棕榈科植物的研究和推广应用方面的突出贡献，满足了城乡建设和园林绿化生产应用中对棕榈植物的迫切需求，2009年被授予"广东省科学技术进步一等奖"。

棕榈园林在棕榈科植物推广应用方面所做的工作，不仅顺应我国园林事业迅猛发展的趋势，满足城乡建设和园林绿化生产对棕榈植物的迫切需求，还创造出良好的社会效益和经济效益。

五、棕榈园林对新优植物品种的选育和推广应用

借助设计、工程、苗木三位一体的综合平台，棕榈园林从2009年成立风景园林科学研究院起，便开始大力推动新优园林植物在工程上的应用。一方面收集利用国内外相关的新优园林植物的资源或信息，另一方面通过公司富有创意的园林设计队伍将新优园林植物引入设计，再通过公司经验丰富的施工队伍将其应用到园林景观中，使其在棕榈园林全国的各个工地上得到最有效的示范、应用和推广。

山茶花是我国十大传统名花之一，在欧美、日本等国也是深受欢迎的观赏花卉之一。世界上山茶属植物原种有280多个，我国就有250多个。虽然我国山茶属植物野生资源丰富，但是我国传统保留及近年培育的品种不超过700个，其育种方面的工作还远远落后于国外水平。现有茶花品种的花期多集中在冬春季节，少部分品种可在秋季开花，还没有四季开花或夏季开花的园艺品种。基于国内的茶花品种的研究现状，棕榈园林于2006年成立了山茶育种课题组，以夏季开花或四季开花、抗晒、抗寒等为主要育种目标。课题组成员充分收集和利用国内外山茶属植物资源，广泛开展杂交育种工作，获得了一批在夏季盛花甚至四季有花的"棕榈茶花"新品种，填补了世界上夏季开花的山茶品种空白。夏季盛花的"棕榈茶花"的成功培育，在世界山茶育种进程上具有里程碑的意义。棕榈股份现已独家拥有国家林业局新品种权的茶花品种25个。

"棕榈茶花"不仅在抗性上表现出耐晒、耐热、抗寒和

茶花园种源圃

考察交流。亲眼看到"棕榈茶花"新品种夏季盛开的繁盛景象后，专家们无不伸出大拇指夸赞道"Amazing plant""Magnificent plant"，并对这些茶花新品种给予了高度的评价：棕榈园林培育的茶花新品种将会引领开创一条茶花应用的新途径。在未来的十年，棕榈的四季山茶必将开遍世界各地。棕榈园林山茶新品种是茶花育种史上一场革命，因为它彻底改变了传统茶花固有的性状。"

速生等优势，而且与多数传统山茶品种相比，其抗性也大大增强，克服了山茶品种难养护的缺点，解决了山茶品种在园林绿化应用中的瓶颈问题，为山茶的园林应用及家庭盆栽提供了保证。在观赏性上，"棕榈茶花"的花型各异，花色粉红或深红，具有大花重瓣、单瓣密花等多种类型，树形紧凑、叶片浓绿，可以满足庭院、高档住宅小区、酒店、家庭盆栽等各方面不同的应用需求。例如，大花重瓣品种的'夏咏国色'（品种权号 20130105）、'夏梦文清'（品种权号 20130107）、'夏梦华林'（品种权号 20130109）、'夏梦春陵'（品种权号 20140150）、托桂型的'夏梦衍平'（品种权号 20130110）、文瓣型的'夏梦小旋'（品种权号 20140149）均为重瓣型花，不仅适合庭院绿化、家庭盆栽，也可在园林绿化景观中做近距离观赏；单瓣密花型品种，如'夏梦可娟'（品种权号 20130108）、'夏梦玉兰'（品种权号 20140151），夏季盛花时整体观赏效果突出，适合在园林绿化中做主景植物。在适应区域上，由于这些新品种具有耐热、耐晒及抗寒的特点，低温可以耐 -5℃，高温可以耐 40℃，适合在华南、华东及西南等区域的园林中应用。

棕榈园林的山茶课题组在 2010 年获得中山市科技计划项目"杜鹃红山茶引种栽培及扩繁技术研究"（项目编号 2006A137）、2010 年获广东省产业技术研究与开发资金计划项目"山茶属植物新品种创制种质资源库的营建"（项目编号 2010B060200016）、2013 年获得的国家星火计划项目"四季茶花新品种在华南区域高效繁育与产业化示范"的支持。同时棕榈园林的山茶育种研究工作也得到世界山茶协会及相关科研单位的关注，先后有德国、日本、意大利、美国、澳大利亚、泰国、英国等国家及国内科研单位的相关专家到棕榈育种基地

杜鹃红山茶花品种圃

全世界共有木兰科植物 15 属 240 余种，我国有 11 属，100 余种，是木兰科植物的现代分布中心和多样性保存中心，也是木兰科植物资源最丰富的国家。木兰科植物自然分布范围非常广，最南可至巴布亚新几内亚，最北可至我国的辽宁，东部可至美国的东海岸，西部可至我国的西藏。从常绿到落叶、从乔木到小灌木、从集中开花到持续开花，从小花到大花、从单瓣到多瓣等类型都有，花色也有白、绿、红、紫红、粉红、黄等多种选择，为园林栽培中植物配置提供了丰富的植物类型，也为育种工作提供了丰富的遗传资源和巨大的发展空间。

欧美国家历来都很重视木兰科植物的引种驯化，特别是品种选育工作。据国际木兰协会在网站上公布的资料，注册的木兰品种已超过 1000 个，每年还不断有新的品种涌现。我国对木兰科新品种选育及开发利用工作还少有进行，而且因木本杂交育种工作需要较长的周期，现有的木兰育种工作还多停留在对优良芽变的筛选上，很少进行人工定向杂交培育。棕榈园林对木兰科原生植物材料的引种工作始于 2001 年，具有种质资源圃 150 多亩。现已保存木兰科原种 11 属 130 余种。同时以交换接穗、购买种苗的形式从国外引种观赏价值高的木兰品种已有 107 个。这些品种不仅具有很高的观赏价值，还可作为杂交育种的亲本

材料，培育高观赏性、高适应性的新优品种。相关的人工杂交试验始于 2001 年，已获得百余个组合的杂交实生苗。现已与协作单位合作拥有国家林业局新品种保护办公室授权的新品种 18 个：'绿星'玉兰（品种权号 20090044）植株矮化、花繁密，花初开时绿色；'红玉'玉兰（品种权号 20090046）极速生，分枝均匀饱满，花粉色多瓣；'红金星'（品种权号 20090045）常绿或落叶晚，花红、大，花期长达 1.5 个月；'红吉星'玉兰（品种权号 20120090）常绿或落叶晚，花鲜红，大，花期长达 1.5 个月；'清心'玉兰（品种权号 20090047）花大，花型独特，花极芳香；'甜甜'含笑（品种权号 20140047）花密集，芳香，花期长；'转转'含笑（申请权号 20140048）花密集，芳香，等等。此外还拥有深圳市仙湖植物园转让的玉兰新品种'红笑星'（品种权号 20080015）的品种权。另外还有很多杂交组合的品种优势明显，树形美观，适应性强。

木兰资源圃

棕榈园林的科研人员还掌握了木兰科植物的基本栽培繁殖方法，以及促进木兰实生苗提早开花和多花的途径，将木兰实生苗始花年龄从 10～20 年，减少至 3～6 年，极大缩短了木本植物的育种年限。目前正在对这些新引种、新收集、新培育的品种进行生物学、生态学特性观察研究，并研究其园林配置应用方式、园艺修剪方法以便推广。"新优木兰科植物品种产业化技术研究与园林园艺推广应用"在 2010 年获国家星火计划项目（项目编号 2010 GA780012）立项后，棕榈木兰专利品种不仅在棕榈园林的房地产工程上盛开，还在很多公共公园、绿地中绽放。

棕榈园林还分别在浙江、广东、北京、陕西等地建立新品种的引种推广基地，主要进行蔷薇科、木兰科、彩叶类植物和其它新优植物的引种、评价、筛选和推广应用工作。各基地都配有展示花园，以展示棕榈园林自主研发的新品种，突出新优

园林植物的配置形式，宣传棕榈园林对新优园林植物的推广和应用成果。现已从国内外引种和收集新优植物 97 科 253 属共 1021 个种（含品种）。其中乔木 62 种，小乔木 145 种，灌木 470 种，草本 317 种，藤本 44 种，极大丰富了国内园林观赏植物资源，同时也满足了城市绿化建设的需要。通过相关的适应性观测和扩繁栽培实验，筛选出一大批优良的中下层花灌木品种。这些新优品种多数用于色块和基础种植，均具有长势佳、抗性好、观赏性状突出、适应性强等优点，具有广泛的园林应用前景。新优植物的研究和推广工作先后获得了省部级、地区级科研主管部门的支持和肯定，如"海棠类植物引种驯化、评价与开发应用"在 2005 年获省部产学研结合项目——基地建设专项（项目编号 2009 B090200056）的资助，"华南节约型乡土园林植物的评价、筛选与应用研究"在 2010 年获中山市产学研结合项目（项目编号 2010 cxy010）的资助，"花木新品种与生态园林技术研发基地"在 2009 年获省部产学研结合示范基地的资助。在 2008 年，"花木跨区域规模化引种驯化与人居环境应用研究"还获得中山市科技计划项目（项目编号 20092 A118200）200 万元的项目经费资助。

目前，上海、江苏、浙江、安徽、福建、湖北、湖南新增加项目和成渝地区的棕榈工程绿化项目中都有新优植物的身影。畅销的新优品种有照手桃系列（*Prunus persica*）、北美海棠系列、新优木兰品种系列、锦带花系列、醉鱼草系列、观赏草系列、'白露锦'杞柳（*Salix integra* 'Hakuro Nishiki'、金禾女贞（*Ligustrum × vicaryi*）、银霜女贞（*Ligustrum japonicum* 'Jack Frost'）、矮紫薇（*Lagerstroemia indica* 'Petite Pinkie'）、'美人'榆（*Ulmus pumila* 'Meiren'）、'辉煌'大叶女贞（*Ligustrum lucidum* 'Excelsum Superbum'）、姜花（*Hedychium coronarium*）等。截至 2012 年底，棕榈园林在全国 60 余个工程项目推广新优植物 328 种，成为园林行业中推广新优园林植物的排头兵。

六、棕榈特色花境的推广应用

自 2009 年起，由国内顶级花境专家刘坤良先生领导下的花境设计及营造技术团队，在华东地区创造性地将"花境"这种国外先进的植物营造手法"中国化"，并成功引入到棕榈园林的项目中。花境以其配置理念新颖、植物种类多样、搭配层次丰富、花开绚丽多彩的特点，在业内引起了强烈的反响，获得一致好评，并迅速推广应用至西南、华南、中南、华北等区域

的 70 多个工程项目中。

作为园林植物新品种的应用载体，花境通过丰富的植物新材料营造新颖独特的植物景观，给棕榈公司的园林项目锦上添花。富有中国特色的花境给中国园林景观行业带来的造景新理念和新手法，是开放的我国引进西方先进造园理念建设美丽中国的成功典范。棕榈特色花境在其 4 年的推广应用过程中取得了以下阶段性的成果：

①营建了遍及全国的数十个花境示范项目，其中花境深度参与的成都牧马山·蔚蓝卡地亚园林景观工程获得了 2012 年度中国风景园林学会"优秀园林绿化工程奖"金奖。

②打造了一支富有战斗力的花境设计和营造的专业团队，根据棕榈园林的业务需求，在上海、北京、广州、成都和武汉等地区都专门安排有花境设计和营造人员，为各区域工程项目提供技术支持。

德清展示花园

花境在成都牧马山·蔚蓝卡地亚项目中的应用

七、生态园林景观的推广

作为我国园林行业的龙头企业之一，棕榈园林始终坚持以"创建生态宜居环境、成就大美生活"为使命，在城乡规划设计、建筑及景观的设计与施工等各个环节中，积极探索并融入生态、环保、低碳理念，最终实现对自然环境的最小人工干预，对城市环境的最大生态效益。目前，已成立了广东省生态园林工程技术研究开发中心，并在此平台上开展了绿道建设、湿地公园营建、城乡水质净化、城市雨洪管理、滨海盐碱地生态恢复、生态林营建及有机废弃物的循环再利用等方面的探索和实践。

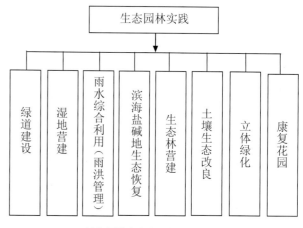

棕榈园林在生态园林方面的实践

目前已取得人工生态浮岛（专利号 ZL 201020671577.2）、生态苔藓毯制作方法（专利号 ZL 201010598187.1）、一种用于粉碎园林植物育苗苗土的碎土机（专利号 ZL 201020538007.6）、一种既能喷灌又能浇水的灌溉系统（专利号 ZL 200820203406.X）、高黏性土绿化植地的局部改良方法（专利号 ZL 200810220354.1）等多项国家知识产权专利局授予的专利。

1. 生态园林研发与实践

（1）绿道 绿道在保护、利用自然资源的基础上，有机串联起了城市的开放空间。棕榈园林积极参与国内多项市政绿道项目，其中"佛山新城滨河景观带设计""花都湖公园设计"等滨水绿道项目，在滨水环境营造、地形塑造、水环境处理、水生及陆生植物造景应用等方面广受赞誉。

（2）湿地营建与水质净化 关注湿地生态，关注生物多样性保护是棕榈园林积极响应国家环境保护、建设"生态文明"发展战略的具体行动之一。棕榈园林成立了专项课题加以研究，以科学保护、修复湿地生态资源为目标，从水文、植物、动物、景观人文等多个方面开展研究，其研究成果有效支持了棕榈园林山东潍坊中央商务区、山东聊城九州洼、湖南长沙施家港、广州莲塘村、甘肃天水马跑泉、广东云浮西江新城等公司多个重大市政设计项目。

（3）雨洪管理 城市"热岛效应""雨岛效应"等典型的城市环境问题在我国许多城市普遍存在，给人身安全、人民财产造成重大经济损失和安全隐患。为此，雨洪管理和雨水资源化利用成为了重要的研究课题。棕榈园林开始关注该问题的研发，并开展了前期调研和国内外优秀研究成果的收集，以期最终为城市雨水利用、缓解城市缺水等问题提供综合解决方案。

（4）滨海盐碱地生态恢复 全国海洋功能区划对我国管辖海域未来10年的开发利用和环境保护进行了战略部署。随着东部滨海城市群的发展，滨海盐碱地生态恢复越来越受到重视。棕榈园林正在探索滨海盐碱地改良工艺方法、适生植物群落推广等，目前实践项目有白浪河土壤改良工程、津南新城项目、潍坊滨海中央商务区景观工程（一期）盐碱区等。

（5）生态林营建 借鉴宫协昭造林手法，结合植物景观设计原理，营造既符合自然规律又富有美感的生态林。减少大树移植对原生态环境的破坏。例如，聊城九州洼生态公园生态林设计方案，将生态与景观技术融会贯通，营造了色叶生态林、引鸟生态林、滨水生态林等。

（6）植物废弃物可持续应用 根据各地情况不同，因地制宜利用植物枯枝落叶、中药渣、甘蔗渣、禽畜粪便及污泥等有机废弃物，经过混合微生物发酵液加速发酵，形成培肥、改土效果良好的有机肥。此项技术主要应用在棕榈园林的生产性苗圃中，如德清引种园、长沙苗圃、湛江苗圃等，实现了有机废弃物的循环利用，在垃圾减量和资源循环利用等方面具有重要意义。

（7）立体绿化 屋顶绿化与垂直绿化技术研发和实践，旨在通过降低建筑温度，发挥植物的滞尘作用，减少雨水径流等自然生态的方式减少城市对能源的消耗，同时起到增加城市绿量、增强建筑景观效果等作用。目前实践项目有上海大华清水湾三期景观工程、豪进新世纪花园一期园林绿化景观工程等多个项目。

（8）康复花园 采用芳香植物，引入自然生态系统，增加人与自然的互动，从而减轻人类的心理压力和痛苦，达到康复的目的，如广东中草药园等项目。

2. 趋势与展望

（1）趋势：跨界合作

低碳城市与绿色生态城区建设越来越受到关注，其中污染土壤恢复、污染水体修复、大气细颗粒物（PM2.5）治理等生态修复问题、 环境保护与生物多样性建设，资源可持续开发与循环利用以及节能减排等，将是国家以及地方政府城市建设与管理中最关心的环境问题。而解决这些问题，必然需要城市规划、水利、林业、风景园林、生物、化学、环境工程、经济、文化、社会等专家通力合作。因而整合专家库资源，组建产业联盟进行多学科合作，将是此类项目的发展趋势。

（2）展望

生态园林是国家实现"生态文明"发展战略的重要组成部分，探索、挖掘其科学内涵需要整个行业的共同努力。棕榈园林作为行业的领军企业，有义务积极寻找实现"美丽中国"这个伟大"中国梦"的一切途径。如何实现我国数亿人口更亲近的享受新型城市的自然资源，舒适、自在地生活是我们棕榈人不懈追求的伟大目标。

棕榈公司市政项目：贵阳阅山湖公园

棕榈公司市政项目：贵阳泉湖公园

New Landscape Plants

第一章　新优园林植物

第一节　华东、中南、西南新优植物

　　华东指我国东部地区的"华东六省一市"，本书的华东区域为狭义的"江南地区"，即江苏、浙江、上海、安徽、江西等全部或部分区域。中南指我国中南部区域，主要包含湖北省、湖南省及广西北部等区域。西南地区则主要包括四川盆地、秦巴山地、云贵高原等地形单元，对应的行政区包括重庆大部、云南大部、四川东部、陕西南部、贵州、湖北西部、湖南西部、广西西北部。

　　"中国地理气候分区图"显示，这3个区域主要在8～9区。为北亚热带向暖温带过渡的地带，气候温暖湿润，雨量充足，但有干湿季之分，四季较分明，很适合各种动植物生长及人类生存。年降水量800～1800 mm，年平均气温16～20℃，最冷月平均温度在0～10℃之间，极端最低气温为-12～-10℃。相比北方的干冷，岭南的湿热，植物生长在这样的气候条件下是非常适宜的。

　　该地区的植被特征为亚热带常绿阔叶林、常绿落叶阔叶混交林等植被类型。大部分土壤属黄壤、红壤，多呈弱酸性，平原农业区有水稻土，江南东部沿海一带还有盐碱土，土壤种类的多样化使这一地区植物的栽植需要重视因地制宜及多样化栽培。

　　华东地区以上海为龙头，苏浙为两翼，是我国经济、科技、文化最发达的地区之一，其园林绿化及房地产行业的景气度也在国内名列前茅。随着该地区园林行业产业链中的苗木、设计与工程施工的不断完善和成熟，对行业的技术和产品需求也不断提高。因此，经济发展国际化趋势越来越明显的江南城市群，也不断地接纳西方的园林植物景观设计手法，并赋予其我国的特色。例如，国内在引入和发展园林花境的过程中，江南地区（尤其是上海）借助天时、地利、人和，成为花境苗木市场最庞大、设计手法最成熟、应用形式最多样的地域。

　　华中、西南地区的经济状况与华东地区有明显差距，但人们对新颖的造景形式和植物新优品种比较容易接受且敢于创新。经过棕榈园林在当地工程项目的大力推广和应用，大大丰富了该区域的植物造景方式和景观效果，如蓝花楹的推广应用等。

秤锤树

Sinojackia xylocarpa
安息香科秤锤树属

形态特征　落叶乔木，高 3 ~ 7 m。秋季叶变黄。总状聚伞花序，花白色。果卵形，顶端具圆锥状喙，红褐色，果形似秤锤。花期 3 ~ 4 月，果期 7 ~ 9 月。

产地及来源　我国特有树种。国家 II 级保护濒危树种。分布于江苏南京及其附近地区，浙江、上海、武汉等有栽培。

生态习性　喜光，耐半阴，不耐旱，喜酸性土壤，耐瘠薄。

    8~9

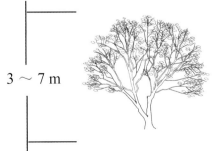

3 ~ 7 m

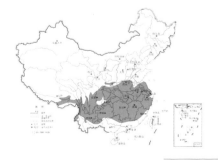

应用方式

枝叶浓密，色泽苍翠，初夏小花洁白可爱，秋季叶落后宿存的悬挂果实，宛如秤锤满树，为优良的观花、观果树木。适合于山坡、林缘，可栽植于儿童植物园、珍稀濒危植物区。

蓝冰柏
Cupressus glabra 'Blue Ice'
柏科柏木属

形态特征 常绿针叶树，高达 5 m；株形圆锥形，直立紧凑，枝条整洁。鳞叶霜蓝色。

产地及来源 国外园艺栽培品种。 在我国上海、浙江、江苏、山东、北京、云南、四川、重庆、湖北等地有栽植。

生态习性 喜全光照或半遮阴。极度耐寒，亦耐高温。能适应多种气候及土壤条件，耐酸碱性强。

 Z 7～9

5 m

应用方式
适用作隔离树墙、绿化背景，是难得的常绿彩叶树种。
也可用于花境，以弥补冬季景观的不足。

Z 7～9

4～6 m

应用方式

适合群植、列植。树形尖塔形，可与球形植物形成对比。是松柏园、岩石园的优良景观树种。

金冠柏

Cupressus magcroglossus 'Goldcrest'

柏科柏木属

形态特征　常绿乔木，株高 4～6 m。树冠呈宝塔形；枝叶紧密，外形美观。叶色随季节变化，全年呈 3 种颜色：冬季金黄色，春秋两季浅黄色，夏季呈浅绿色。叶有浓浓的香味。

产地及来源　培育地为美国加州中部海岸的蒙特雷湾。我国上海、江苏、河南等地有苗源。

生态习性　喜光，耐半阴。非常耐风，喜清凉气候，耐高温，但在高温季节生长缓慢。耐盐碱，宜种植在排水良好的砂壤土中。定植株距不宜过小，否则易影响树形且诱发病虫害。

 ; **Z** 5～9 ;

15 m

应用方式

株形紧凑，斑叶金黄，是优良的彩叶观赏针叶树种。在园林绿化中孤植或三五成群的配置，可提亮景观色彩。也可用于花境中配置，做背景树或做提亮花境色彩的中上层树。

洒金北美翠柏
Calocedrus decurrens
'Aureovariegata'
柏科翠柏属

形态特征 常绿乔木，高 15 m。树冠宽圆锥形。树皮灰色，片状剥落。内部红棕色，叶暗绿色，间有金黄色斑叶。

产地及来源 北美栽培品种。

生态习性 喜光，耐半阴，耐干旱，不耐热，枝叶芳香。

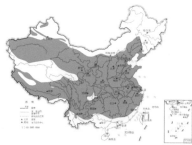

柞木

Xylosma racemosum
大风子科柞木属

形态特征 常绿乔木，高可达 15 m。幼时有枝刺，结果株无刺。叶革质，卵形至长椭圆状卵形。总状花序腋生，花淡黄色或绿黄色，形小，雌雄异株。浆果球形，成熟时黑色。花期 5 月，果期 9 月。

产地及来源 分布于热带和亚热带地区及暖温带南沿。我国上海、湖北、安徽等地有苗源。

生态习性 喜光，较耐寒，耐干旱，不耐水湿，喜肥。耐贫瘠，不耐盐碱。

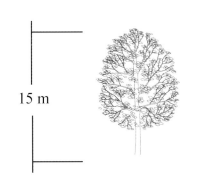

15 m

☀ ◐ ❄ 🌾 🐛 : ⓩ 8～11 : ➡➡➡ ⇨

应用方式
树形优美，孤植、丛植或与其它树木混植成林均适宜。

乌桕（腊子树）

Sapium sebiferum
大戟科乌桕属

形态特征

落叶乔木，株高 15 m。树冠卵圆形，形态优美。发枝能力强，枝条密度大，小枝细，有乳汁。叶纸质，菱形，先端突尖或渐尖，基部楔形，全缘，秋季，叶变红或变黄。花小，黄绿色。种子扁球形，黑色，外被白蜡。花期 5～7 月，果期 8～10 月。

产地及来源

原产于我国秦岭淮河及其以南地区。华东、华中、西南、华南、华北地区有苗源。

生态习性

喜光，有一定的耐旱、耐水湿及抗风能力，抗盐性强。喜温暖气候。适生于多种质地的土壤，喜深厚肥沃且水分丰富的土壤。

 **PH** : **Z** 7～10 ; ➤➤➤⇨

应用方式

著名的秋色叶树种，冬日白色的乌桕子挂满枝头，经久不凋，也颇美观。可孤植、丛植、片植于草坪、湖畔、池边。可作护堤树、庭荫树、行道树、风景林。

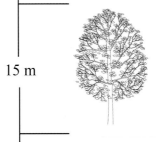

15 m

冬青（红果冬青）

Ilex chinensis

冬青科冬青属

形态特征	常绿大乔木，高 13～20 m。树冠卵圆形。叶长椭圆形至披针形，深绿色浓密，缘有钝齿，薄革质。花淡紫红色，聚伞花序。果小，椭圆形，深红色。花期5～6月，果期10～12月，挂果时间长。
产地及来源	我国长江流域及其以南地区。上海、江苏、浙江、湖南、湖北、江西、广东等地有苗源。
生态习性	喜光，稍耐阴，耐水湿，但不耐积水，抗风。喜温暖气候及肥沃酸性土。耐修剪。

    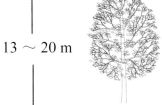

应用方式

构建植物群落的上层材料。适宜在草坪上孤植，门庭、墙际、园道两侧列植，或散植于叠石、小丘之上。

13 ～ 20 m

大叶冬青（苦丁茶）

Ilex latifolia

冬青科冬青属

形态特征 常绿乔木，高达 30 m。叶片大，嫩叶微紫红色，成熟叶绿色，老叶墨绿。花黄色。果红色，挂果期长。花期 4～5 月。果期 10 月至翌年 1 月。嫩叶可作茶用。

产地及来源 原产于江苏、安徽、浙江、江西、福建等地。浙江新昌有规模化栽培。

生态习性 喜光，耐半阴，较耐寒，萌蘖性强。

30 m

应用方式

观叶、观果兼备的好树种，用作庭院、小区或草坪点缀均可。

'垂枝黄金'槐

Sophora japonica 'Chuizhi Huangjin'

豆科槐属

形态特征　落叶观枝、观叶小乔木，高约1.8～3.5 m。枝条下垂，树冠伞形。枝条金黄色。奇数羽状复叶，互生，春秋季呈金黄色。顶生圆锥花序，黄白色，花期7～8月。

产地及来源　园艺栽培品种。浙江、江苏、河南、河北、山东等地有苗源。

生态习性　喜光，稍耐阴，耐寒，耐干旱也耐涝，对土壤要求不高，抗腐烂病。根系深，萌芽力强。

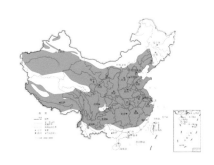

1.8～3.5 m

应用方式

树形独特，枝、叶、花都具有观赏价值。可孤植或对植于建筑物两侧，以点缀庭园。宜与常绿或红色系植物搭配，更显富丽堂皇。

皂荚（皂角）

Gleditsia sinensis
豆科皂荚属

形态特征
落叶大乔木，高可达 30 m。树高而冠大。枝刺粗壮，红褐色，圆柱形常分枝。一回羽状复叶。花淡黄白色，有香味。荚果带状，新月形。花期 3～5 月，果期 10 月。

产地及来源
原产长江流域，栽培广泛。四川、重庆、陕西、山西、江苏、河南、山东、河北等地有苗源。

生态习性
喜光，耐半阴，耐热，耐寒，耐旱，对土壤要求不严，抗污染能力强。

应用方式
植物群落中的骨架树种。耐旱节水，根系发达，可作防护林和水土保持林，可用于城乡景观林、道路绿化。适应性广，抗逆性强，固氮，是退耕还林的首选树种。

30 m

紫叶加拿大紫荆（红心紫荆）

Cercis canadensis
'Forest Pansy'
豆科紫荆属

形态特征
落叶观叶、观花小乔木。株高6～9 m，冠幅8～11 m。株形开展，形态飘逸。叶片心形，基部楔形，春季为亮丽的紫红色，夏季叶色转暗。先花后叶，花淡玫瑰红色。

产地及来源
国外园艺栽培品种。河南、上海、山东、江苏、湖北、四川等地有苗源。

生态习性
喜光，稍耐阴。幼树喜潮湿而排水好的土壤，成年苗喜较为干燥的土壤。能适应炎热、干燥或高湿的生境。对土壤要求不严，酸性、碱性或稍粘重的土壤均可。生长速度比紫荆快。易受蛀干性天牛危害。

6 ～ 9 m

7b～10

应用方式
是集观叶、观花、观型于一体的优秀新品种，可植于庭院、路边作独景树，或与常绿树、黄色叶系植物配置使用。也适合栽植于临水旱地或景石旁。

河桦

Betula nigra
桦木科桦木属

形态特征 落叶乔木，高约15 m。树形优美，树枝开展。树皮薄鳞片状剥落，肉桂色。单叶互生，纸质，菱形或卵形，具重锯齿。

产地及来源 原产美国。上海、浙江有苗源。

生态习性 喜光，不耐阴，不耐旱，耐水湿。

 Z 4~9

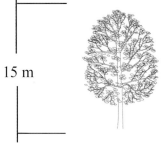

15 m

应用方式

适合作庭荫树，列植道路旁或三五成组植于建筑周围、草地中央或河流水系边。

娜塔栎

Quercus nuttallii
壳斗科栎属

形态特征 落叶乔木，树高可达 30 m。冠型优美，呈尖塔形。主干直立，大枝平展略有下垂。叶椭圆形浅裂，11 月初开始变红，翌年 2 月落叶，可实现冬季观叶的效果。

产地及来源 原产于美国。浙江富阳、海宁有苗源。

生态习性 喜光。喜排水差的重黏土，喜酸性土壤，但在碱性土壤上也可生长。速生，耐移栽。

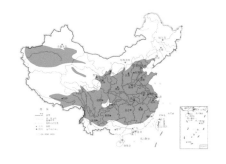

 ☀ ❄ 💧 ⓟₕ ; Ⓩ 6~9 ; ➡➡➡⇨

应用方式
可孤植于公园草地、湖边水畔或庭院中作遮阴树，也可列植于道路两旁作为行道树。

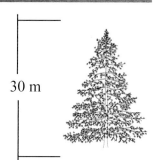

30 m

柳叶栎

Quercus phellos
壳斗科栎属

形态特征

落叶乔木，树高可达 30 m。树姿雄壮优美；枝条细长。叶狭长，似柳叶，秋季（10 月下旬至 11 月上旬）为橙黄色至棕红色。

产地及来源

原产于美国东部。上海、河南、浙江（富阳）以及绍兴（上虞）有苗源。

生态习性

喜光，略耐阴。耐水湿，可生长在低湿土壤中。适应性强，生长速度较快。

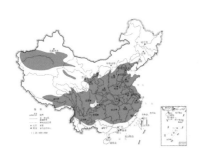

30 m

☀ ❄ 💧 ; Ⓩ 6～9 ; ⇒⇒⇒⇨

应用方式

孤植于公园草地、湖畔，或在庭院作遮阴树，也可列植于道路两旁作为行道树。是优良的秋色叶乔木。

弗吉尼亚栎（弗栎）

Quercus virginiana
壳斗科栎属

形态特征 常绿乔木，高 10～15 m，具独特、优美的延展性拱形树冠。树干有沧桑之美。老枝坚韧硬度强。单叶互生，椭圆状倒卵形，表面有光泽；新叶黄绿色渐转略带红色；老叶暗绿，在春季脱落。种子和嫩叶有毒。

产地及来源 原产于美国、墨西哥。浙江、上海、江苏、河南等地有苗源。浙江有引种。

生态习性 喜光，喜温暖气候，耐寒。对土壤的适应性强，可耐受潮湿、板结的黏土，极耐旱，幼苗期需少量灌溉外，成年植株不需要管护。长寿树，树龄多可达500 年以上。耐盐，可以在含盐量为 0.4%～0.5% 的土壤中生长。

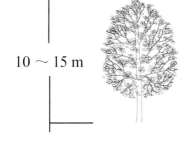

10～15 m

应用方式

优良的城市园林绿化树种，可作为公园、高尔夫球场或校园的行道树、风景树，独植、列植或片植。非常适合沿海滩涂的造林和绿化。

金边鹅掌楸
Liriodendron tulipifera
'Aureomarginatum'
木兰科鹅掌楸属

形态特征 落叶乔木，高30 m。主干挺直，树冠圆锥形。叶奇特，马褂状，近方形，深绿色，边缘黄色，夏季转绿后黄边不明显。花酒杯状，绿白色。花期5～6月。

产地及来源 从荷兰、比利时引进。在我国上海、南京、青岛、昆明等地有栽培。

生态习性 喜光，耐寒，喜湿润、酸性、排水良好的砂壤土。

   Z 7～9；

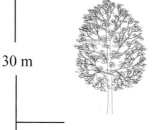

30 m

应用方式
可孤植、丛植或群植，适合群落中点缀，可作遮阴乔木列植于公路、公园、校园等地，也可栽植于运动场、广场、风景区。

油橄榄（木犀榄）

Olea europaea
木犀科木犀榄属

形态特征

常绿小乔木，高达 10 m。树皮灰色，叶正面深绿色，稍被银灰色鳞片，背面浅绿色，密被银灰色鳞片。花白色，有香味。果椭圆形，成熟时蓝黑色。花期 4～5 月，果期 6～9 月。

产地及来源

原产地中海地区。上海、江苏、浙江、安徽、四川、云南、陕西、广东等地有栽培。

生态习性

喜光，耐寒，耐干旱，耐盐碱，耐修剪，对土壤要求不严。

Z 8～9

10 m

应用方式

世界著名的木本油料兼果用树种。树姿优美，四季常青，是优秀的庭院树种。由于生长力强，适应性广，可种植在山丘、坡地等。

辉煌女贞（金边女贞）

Ligustrumlucidum 'ExcelsumSuperbum'

木犀科女贞属

形态特征　常绿灌木或小乔木，高可达4～8 m。叶缘黄色，中间绿色，新叶粉红色。白色圆锥花序顶生，芳香。花期5～6月，果少见。

产地及来源　国外园艺栽培品种。上海、江苏、浙江有栽培。

生态习性　喜光，耐一定的半阴环境。耐旱，耐水湿，不耐涝。耐修剪。在中性至偏碱性条件下生长良好。

应用方式

乔木状的可列植于道路园路两边，灌木状的可三五株一组种植于色块、地被间，或在花境中搭配。

8～10

4～8 m

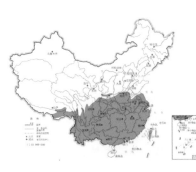

黄连木

Pistacia chinensis
漆树科黄连木属

形态特征　落叶大乔木，高可达30m，长寿树种。树冠浑圆。树皮裂成小方块状。羽状复叶秀气，叶基歪斜，早春嫩叶淡红色，秋叶橙黄色或鲜红色。花小，先叶开放，雌花圆锥花序，紫红色；雄花总状花序。核果球形，熟时褐红色，叶落后果可留存一段时间，远观如花，果期秋季。

产地及来源　产地广泛，华南、华东、华中、西南、西北、华北等地区均有分布。

生态习性　喜光，耐半阴，耐干旱，耐修剪，耐瘠薄。适应性强，萌芽力强。

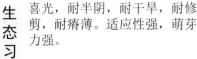  Z 7～10 ；

应用方式

城市及风景区的优良绿化树种，宜作庭荫树、行道树及风景树。可植于草坪、坡地、山谷、亭旁。秋叶可赏，可与槭类、枫香等混植，构成大片秋色红叶林。

30 m

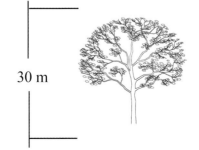

樟叶槭

Acer cinnamomifolium
槭树科槭属

形态特征
常绿乔木，高 10～20 m。叶密荫浓，树冠饱满，干形圆直。单叶对生，革质全缘，树形、树叶都酷似香樟，且无季节性的红叶或落叶现象，故得此名。双翅果长 2.8～3.2 cm，张开呈锐角或近于直角，成熟时随风呈螺旋状飘散。

产地及来源
湖南、广西、湖北、江西、广东、浙江、贵州及福建等地有分布。

生态习性
喜光，耐半阴，喜温暖、湿润气候。对土壤要求不严，忌干旱和积水。对氯气和二氧化硫抗性强。

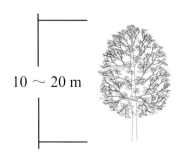

10～20 m

应用方式
在园林中可孤植、列植或群植，是优良的行道树和常绿景观树种。

罗浮槭（红翅槭）

Acer fabri

槭树科槭属

形态特征　常绿乔木，高达 10 m。老树皮淡褐色或暗灰色，幼枝紫绿色，老枝绿褐色或绿色。单叶对生，全缘，革质，披针形或矩圆状披针形。花红色，开在当年的新梢上，花期 4 月。翅果鲜红色，果期从 5 月上旬至 10 月底。

产地及来源　分布于广东、广西、江西、湖南、湖北、四川等地。广东、江西、江苏等地有苗源。

生态习性　喜光，耐半阴，在光照充足的地方结果多。

  Z 8b～10 ; ➡➡⇨⇨

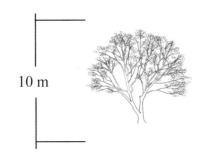

10 m

应用方式

宜作风景林、生态林及四旁绿化树种，特别适宜用作庭院和绿地的景观布置。常可采用孤植、丛植及片植的手法布置于草坪、土丘及溪边等处。

茶条槭

Acer ginnala
槭树科槭属

形态特征
落叶乔木，高达 10 m。叶卵状或长卵状椭圆形，通常 3 裂或不明显 5 裂，秋叶红艳。花有清香，夏季翅果呈粉红色，十分秀气、别致。是北方优良的观赏绿化树种。

产地及来源
分布于日本、俄罗斯、朝鲜、蒙古国以及我国辽宁、河南、陕西、甘肃、内蒙古、吉林、山西、黑龙江、河北等地山地丛林中。我国东北、华北、西北等地有苗源。

生态习性
喜光，较其他槭树耐阴。极耐寒，喜湿润土壤，但耐干燥瘠薄，抗病力强，适应性强。

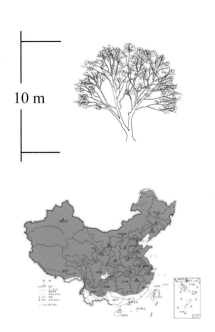

10 m

应用方式
可作行道树，宜孤植、列植、群植，或修剪成绿篱和整形树。

Z 2~9

红叶李（紫叶李）

Prunus cerasifera 'Atropurpurea'
蔷薇科李属

形态特征
落叶小乔木。高达 8 m。叶椭圆形或卵形，叶缘有锯齿，常年暗紫红色。花白色或浅粉色，先叶开放或花叶同放。果近球形，暗红色，微被蜡粉。花期 4 月，果期 8 月。

产地及来源
国外园艺栽培品种。华东、华中、西南、西北、华北、东北等地有苗源。

生态习性
喜光，稍耐阴，耐寒，耐盐碱，耐修剪。喜肥沃、排水良好的土壤。萌枝力强。

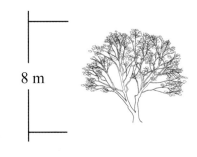

8 m

Z 2~9

应用方式
在整个生长期，叶片都为暗红色，幼叶鲜红色，老叶紫红色，是重要的彩叶观赏树种。与常绿植物或金叶树种搭配，更显其靓丽红色。红叶李颜色醒目，可作为中心景观处理，达到引导视线的作用。可孤植、对植、列植、丛植或林植。

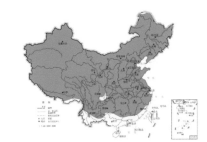

木瓜
Chaenomeles sinensis
蔷薇科木瓜属

形态特征

落叶灌木或小乔木，高达5～10 m。树形圆整，枝干光滑，古朴苍劲，形神俱佳。树皮成片状脱落，形成黄、绿、褐相间的云纹状斑，似迷彩服。叶片椭圆卵形或椭圆长圆形。花单生于叶腋，淡粉红或白色，花叶并举或先叶后花。果实长椭圆形，长10～15 cm，幼时绿色，熟后金黄色，木质，味芳香，持久，落叶后果实依然可以挂枝一段时间。花期4月，果期9～10月。

产地及来源

原产于山东、陕西、湖北、江西、安徽、江苏、浙江、广东、广西。山东、河南、河北、江苏等地有苗源。

生态习性

喜光，不耐阴，耐寒，耐旱，略耐积水。喜疏松排水良好的砂质土壤。

 Z 7～10

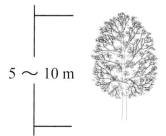

5～10 m

应用方式

春季观花，秋季观果，树形优美，树皮美观，可配植于庭院、公园、绿地中。可孤植、列植、丛植和群植。

枇杷

Eriobotrya japonica
蔷薇科枇杷属

形态特征　常绿小乔木，高可达 10 m。叶子大而长，厚而有茸毛，呈长椭圆形，状如琵琶，叶背灰白色。花白色或淡黄色，5～10 朵一束，有香味。果长圆形，黄色或桔黄色。花期 10～12 月，果期 5～6 月。

产地及来源　原产于甘肃、陕西、河南、江苏、安徽、云南、广东、福建、台湾等地。浙江、江西、湖南、广东、广西等地有苗源。

生态习性　喜光、耐半阴，耐旱，喜酸性土壤，对土壤要求不严。

Z 8～10

10 m

应用方式

叶浓绿色，花香怡人，果熟时金黄灿灿，是优秀的庭院观赏树。树形开张、叶片宽大，可配置于植物组团中或水岸边栽植，在道路转角处栽植可起到视线遮挡效果。

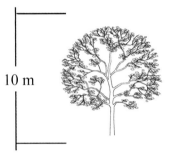

10 m

应用方式

优秀的观花、观果植物，适合群植、列植或在群落中配置。是公园、道路、庭院绿化中优良的大型中层树种。

八棱海棠（楸子）

Malus × robusta

蔷薇科苹果属

形态特征

落叶观花、观果乔木，高可达 10 m，株形圆整。花白色。花期 4 月中旬。春季盛花时白花满树，秋季红果累累，常作为果树栽培，也是园林绿化中非常受欢迎的树种。

产地及来源

分布于北京、河北、陕西、山东、江西等地。是河北怀来的著名特产。

生态习性

喜光，略耐阴。对土壤要求不严，在酸性、中性或碱性土壤中生长良好，黏土、砂土、壤土均可，喜排水良好基质；不耐水湿，对苹果腐烂病抗性不强。

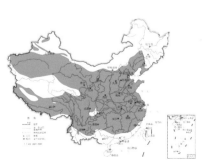

椤木石楠

Photinia davidsoniae

蔷薇科石楠属

形态特征 常绿乔木，高 6 ～ 15 m。树冠圆球形或长椭圆形，整齐。枝具刺。嫩叶绛红色或褐绿色。复伞花序，花多，白色。果球形，黄红色。花期 5 月，果期 9 ～ 10 月。

产地及来源 原产于安徽、浙江、江西、福建、湖北、四川、云南等地。

生态习性 喜光，耐半阴，耐寒，耐旱，不耐水湿，耐修剪。抗污染。

7b～10

应用方式

枝叶茂密，树冠圆整，可孤植、对植、列植，或草地上多株散植。因有枝刺，自然树形的植株不宜近路栽植，但可做刺篱。

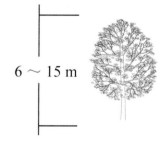

6 ～ 15 m

红叶石楠（红罗宾石楠）

Photinia fraseri 'Red Robin'
蔷薇科石楠属

形态特征

常绿小乔木，高达 12 m。树形圆整。叶革质，长椭圆至侧卵状椭圆形，先端尖，基部楔形，边缘具细锯齿，新叶和新梢亮红色，老叶绿色，长江流域一年发新叶 2～3 次。复伞房花序，花白色，花期夏季。浆果红色。

产地及来源

国外园艺栽培品种，为光叶石楠和石楠的杂交种。华东、华中、西南、河南、山东等地有苗源。

生态习性

喜光，稍耐阴，耐寒，不耐水湿，有一定的耐盐碱性和耐干旱能力，耐修剪，耐移植，耐瘠薄。喜温暖湿润气候，抗性强，栽培容易。黄河流域种植边缘地区需要搭风障保护一到数年，适宜栽植在建筑物南侧避风向阳的场所。

☀ ◐ ❄ **PH** **PH** 🍃 **Z** 8～11 ➜➜➜➜

应用方式

叶红如花，持久艳丽，生机勃勃。应用形式多样，可以修剪片植成地被，或做隔离作用的高篱，也可以修剪成绿柱、灌木球等。因生长较快，可以培养成小乔木做植物群落的中层，或做行道树。大量应用在公园、居住区、厂区绿地、街道或公路绿化隔离带。

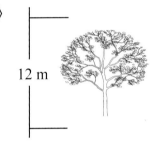

12 m

棱角山矾

Symplocos tetragona
山矾科山矾属

形态特征 常绿乔木，高达 10 m。小枝黄绿色，粗壮。叶革质，狭椭圆形，两面均为黄绿色。穗状花序，花细密，冠白色，芳香。花期 3～4 月，果期 8～10 月。树形优美且四季青翠，枝条自然分布稠密均匀，形成独具风韵的树冠。

产地及来源 原产于湖南、江西、浙江。浙江、江西有苗源。

生态习性 喜光，耐阴。耐寒，-5°C～-8°C 未见冻伤。耐干旱抗污染，对二氧化硫、一氧化硫等有毒气体均具有很强的抗性。深根性，侧根发达，萌芽力较强。

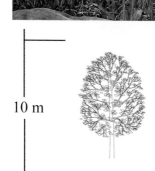

10 m

8～10

应用方式

树形优美且四季青翠，枝条自然分布稠密、均匀，能形成独具风韵的树冠。花多、色白且香气随风飘溢，令人赏心悦目。为庭园绿化及生态风景林中又一新优树种。可做行道树、风景树，也可用于厂区绿化。

中山杉

Taxodium 'Zhongshansha'
杉科落羽杉属

形态特征
半常绿高大乔木，高可达 50 m 以上。树冠圆锥形或伞状卵圆形。羽状复叶，叶呈条形，互生。根系发达，可形成板根及根膝。

产地及来源
为落羽杉、池杉、墨西哥落羽杉 3 个树种的优良种间杂交品系。江苏、浙江、上海有种源。

生态习性
喜光，耐水湿，耐水淹，耐盐碱。抗风性强，病虫害少。生长迅速。

 ;  8～11 ;

应用方式

适用于道路、河道、湿地、沿海滩涂场所等，可与阔叶树种形成树形对比，构建生动的植物群落空间。

50 m

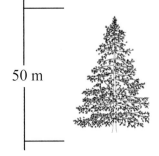

落羽杉
Taxodium distichum
杉科落羽杉属

形态特征 落叶大乔木，高可达 50 m。树冠圆锥形。叶线形，互生，羽状，春叶浅绿色，渐变为深绿色，秋季转为锈红色。花期 3～4 月。球果近球形或卵圆形，果期 10～11 月。

产地及来源 原产于美国东南部。我国长江流域及其以南各地区有栽培。

生态习性 喜光，喜暖热湿润气候，极耐水湿，亦能生长于排水良好的陆地上。抗风性强。

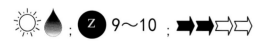

Z 9～10 ;

应用方式
春季叶色明快，秋季叶色可赏，是水景园、湿地公园、河道绿化的优秀湿地木本植物。适于自然形栽植，可孤植、丛植、群植于草坪、路边、林缘、岩石旁等。

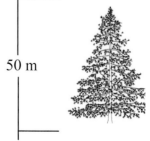

50 m

 ： 8～10 ； ➡➡➡⇨

应用方式

观叶期长，冠形雄伟秀丽，可作为庭院、道路、河道绿化树种和四旁成片造林树种，也是海滩涂地、盐碱地的优良树种。可孤植、对植、丛植和群植。可大片栽植于湿地、浅水中营造水上森林景观。

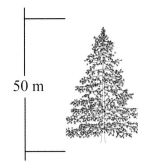

50 m

墨西哥落羽杉
Taxodium mucronatum
杉科落羽杉属

形态特征 常绿或半常绿高大乔木，高达50 m。深根性长寿树种，生长迅速。树冠宽圆锥形。枝条水平开展，小枝微下垂。叶羽状。球果卵圆形。

产地及来源 原产于墨西哥及美国西南部。上海、浙江、江苏、安徽、湖南、湖北、江西、云南等地有苗源。

生态习性 喜光，喜温暖湿润气候，耐湿，耐盐碱，抗风力强，病虫害少，耐瘠薄，抗污染，适应性强。

'金叶'水杉
Metasequoia glyptostro-boides 'Golden Oji'
杉科水杉属

形态特征　落叶乔木，高可达10～15 m。树冠宝塔形。树皮红褐色，春季叶片呈现出明亮的金黄色，夏季转淡黄绿色。

产地及来源　日本培育的芽变品种。我国北京、江苏、上海、浙江、河南、四川等地有引种栽培。

生态习性　喜光，耐寒，耐水湿，抗污染。

Z 5～10

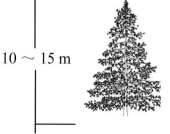

10 ～ 15 m

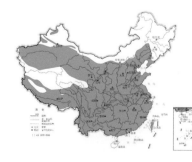

应用方式
树形端庄优美，树冠金黄色，是优秀彩叶湿地乔木。在园林配置中，可孤植观赏，也可列植作行道树。

Z 9～11

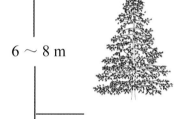

6～8 m

应用方式

其叶色鲜丽，质感细腻，可应用于园林中重要的景观节点，或点缀于群落中。可用于海滨及人工填海造地的绿化造景、防风固沙等。可修剪成各种景观造型或树篱。

千层金（黄金香柳）

Melaleuca bracteata
'Revolution Gold'
桃金娘科白千层属

形态特征　常绿观叶、观花小乔木，主干直立，高可达 6～8 m。枝条细长柔软，分枝细密，嫩枝红色；叶色常年金黄色，芳香，是不可多得的彩叶树种。花白色瓶刷状，花型奇特，夏秋季开花。

产地及来源　国外园艺栽培品种。华东、华南地区均有苗源。

生态习性　抗病虫能力强，既抗旱又抗涝，适宜水边生长，还能抗盐碱、抗强风。移栽时需注意根部保水。长三角地区宜栽植在避风、向阳位置。

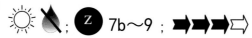

Z 7b～9 ；

20 m

复羽叶栾树 (黄山栾树)

Koelreuteria bipinnata
无患子科栾树属

形态特征

落叶乔木，高可达 20 m。树冠伞形，树姿优美。大型二回羽状复叶，春叶紫红色，夏叶浓绿色，秋叶鲜黄色。圆锥花序大型，花黄色。蒴果膜质灯笼状鲜红色，色彩鲜艳。花期7～9月，观果期8～10月。

产地及来源

原产于广东、广西、江西、湖南、浙江、安徽、湖北、云南、贵州等地。

生态习性

喜光，耐旱，抗烟尘。抗风、抗大气污染。

应用方式

花果观赏期长，抗烟尘能力强，是城市绿化理想的庭荫树、行道树、风景树。

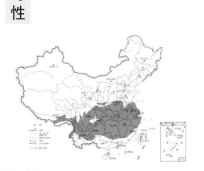

无患子
Sapindus mukorossi
无患子科无患子属

形态特征 落叶乔木，高达 20 m。枝开展。偶数羽状复叶，互生，秋叶金黄色。聚伞圆锥花序，花冠淡绿色。核果近球形，熟时黄色，经冬不落。花期 6 ~ 7 月，果期 9 ~ 10 月。

产地及来源 台湾及淮河以南各地均有分布，各地苗圃常见栽培树种。

生态习性 喜光，稍耐阴，耐寒，喜温暖湿润气候，耐干旱，不耐修剪，耐瘠薄，对土壤要求不严。

 7b~9 ;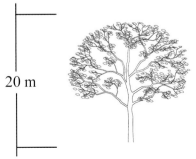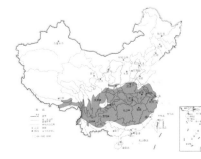

20 m

应用方式
树冠优美，秋叶金黄亮丽，宜作庭荫树或行道树，也可片植成风景林。

杨梅

Myrica rubra
杨梅科杨梅属

形态特征　常绿乔木，高 12 ～ 15 m。亚热带著名果树。枝叶茂密，树冠球形。单叶互生，叶厚革质，长椭圆状倒披针形，常密集于小枝上端部分。花单性异株，紫红色，花期 3 ～ 4 月。核果球形，深红、紫红或淡黄白色，被乳头状突起，果期 6 ～ 7 月。

产地及来源　原产于我国长江流域及以南、海南岛以北地区，以浙江栽培最多。浙江、江苏、上海、江西、湖南、广西、四川、福建、安徽等地有苗源。

生态习性　喜光，稍耐阴，喜温暖湿润气候，不耐寒，喜酸性土壤。深根性，萌芽性强。根具菌根，可以固氮。

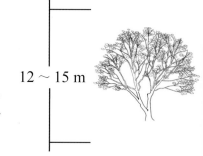

Z 9 ～ 11

12 ～ 15 m

应用方式

枝繁叶茂，树冠圆整，树姿优雅，密荫婆娑，果实密集，红果累累，是长江以南地区构建植物群落的优秀中层植物。孤植、丛植于草坪、庭院、水边、亭际、墙隅、假山石边，或列植于路边都很合适。

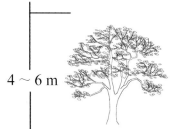

4～6 m

☀ 🌢 ; ⓩ 6～10 ; ➡➡⇨⇨

应用方式

叶片金黄美丽,且黄叶期长,观叶效果佳。可作庭院树、行道树、公园孤植树,也可做成低接灌木树形,与其他色叶植物配植观赏。

万年金银杏 （金叶银杏）

Ginkgo biloba 'Wannian Jin'
银杏科银杏属

形态特征
落叶观叶乔木,高 4～6 m。叶扇形,金黄色,观叶期可持续整个叶期,以春秋两季的观叶效果最好。

产地及来源
银杏的芽变品种。浙江、江苏、河南有苗源。以银杏为砧木嫁接繁殖。

生态习性
喜光,耐干旱,不耐盐碱,不耐瘠薄。

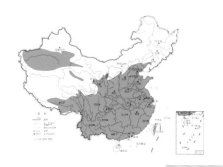

榉树

Zelkova serrata

榆科榉属

形态特征
落叶大乔木，高可达 30 m。树冠广阔，树姿端庄，树形优美。叶卵状椭圆形，锯齿整齐，表面粗糙，背面密生浅灰色柔毛，秋叶褐红色。花淡绿色。花期 4 月，果期 9 ～ 11 月。

产地及来源
原产于秦岭及淮河以南，长江中下游至华南、西南各地区。华东、华中、西南、华北等地有苗源。

生态习性
喜光，稍耐阴，较耐盐碱，抗风力强，耐烟尘。

PH ; Z 5～10 ;

30 m

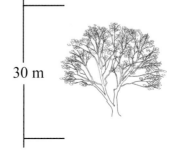

应用方式

秋叶褐红色，是观赏秋叶的优良树种，可与金枝国槐等彩叶树种搭配。可作孤植、对植、列植、丛植等，是做树阵的好材料。适应性强，是城乡绿化的好树种。

朴树
Celtis sinensis
榆科朴属

形态特征　落叶大乔木，高达 20 m。树体高大，成年后显古朴的树姿。花不明显。果近球形或卵圆形，熟时红褐色。花期 4 月，果期 9 ~ 10 月。

产地及来源　原产于河南、山东、江苏、安徽、浙江、福建、湖南、湖北、四川、贵州、广西、广东。全国多地有充足苗源。

生态习性　喜光，耐半阴，适温暖湿润气候，有一定的耐干旱能力，亦耐水湿及瘠薄土壤，对土壤要求不严。对二氧化硫、氯气等有毒气体的抗性强。耐移植。

 Z 7~10

20 m

应用方式

树形多样，树冠圆满宽广，树荫浓郁，绿化见效快，移植成活率高。孤植、对植、列植、片植皆可。对多种有毒气体抗性强，又有较强的吸滞粉尘能力，常被用于城市及矿区，也可作河网区防风固堤树种。

香圆（香泡）

Citrus maxima × C. junos
芸香科柑橘属

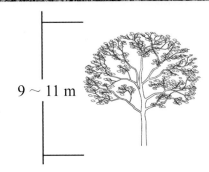

9～11 m

形态特征
常绿乔木，高达 9～11 m。树冠卵圆形。叶互生，革质，叶柄有倒心形宽翅。花两性。柑果球形，果皮厚，表面粗糙，深绿色，成熟时黄色，宿存较久。全株有香味。花期4～5月，果期10～11月，挂果期长。

产地及来源
上海、浙江、江苏、安徽、江西、湖北、四川、云南等地有栽培。

生态习性
喜光，喜温暖湿润、雨水充足气候，耐旱，抗病。在排水良好而较肥沃的土壤、砂壤、黏壤上生长均可。

应用方式
树冠优美整洁，枝叶四季浓绿，是优良的观果树种，可孤植、群植、列植于庭院、道路、广场、水榭等场所。

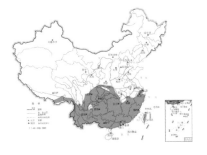

天竺桂

Cinnamomum japonicum
樟科樟属

形态特征
常绿乔木，高 10～15 m。树姿优美，枝叶茂密。枝细弱，几无毛。叶近对生或在枝条上部互生，卵圆状长圆形，至长圆状披针形，革质，亮绿芳香。圆锥花序腋生，长 3～4.5 cm。果长圆形。花期 4～5 月，果期 7～9 月。

产地及来源
原产于江苏、浙江、安徽、江西、福建及台湾。四川、重庆栽培广泛。

应用方式
用作行道树、庭园风景树，或与落叶观花植物配置，也可修剪成球形，或作绿篱。

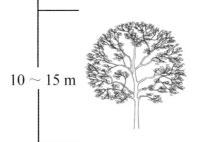

10～15 m

生态习性
喜光，稍耐阴，喜温暖湿润气候，怕涝，耐修剪。在排水良好的微酸性土壤上生长最好。抗污染，对二氧化硫抗性强。病虫害很少。

 PH ; **Z** 9b～11 ; ➡➡➡⇨

应用方式

可孤植、丛植于草坪、湖畔和池边，在园林绿化中可做庭荫树及行道树。也可栽植于广场、公园、庭院中，或成片栽植于景区、森林公园中，能产生良好的造景效果。

12 ～ 15 m

蓝花楹

Jacaranda mimosifolia
紫葳科蓝花楹属

形态特征
落叶观花大乔木，高 12 ～ 15 m，最高可达 20 m。树皮薄，灰褐色，细小鳞状；树枝细长曲折，呈浅红棕色。二回羽状复叶，对生，叶大。圆锥花序顶生或腋生，花序长达 30 cm，花钟形，蓝紫色。春至初夏开花，花期可达 2 个月，是优良的观花乔木，具有极高的观赏价值。

产地及来源
原产于南美洲巴西、玻利维亚、阿根廷。广东、海南、广西、福建、云南有栽培。西南、华南均有苗源。

生态习性
喜光和温暖气候，耐寒性不强。喜深厚肥沃而水分丰富的土壤，对土壤适应性较强。耐短期积水，耐旱，耐盐碱。抗火烧、抗有毒气体。

穗花牡荆

Vitex agnus-castus
马鞭草科牡荆属

4～5 m

形态特征　落叶灌木或小乔木，高4～5 m，全株具有药草香味。掌状复叶。聚伞花序排成圆锥状，花萼钟状，花冠蓝紫色，花期6～9月。

产地及来源　原产于欧洲地中海地区。上海、浙江等地有苗源。

生态习性　喜光，耐寒，亦耐热。耐干旱瘠薄。分枝性强，耐修剪，多次修剪利于植株成形，且利于开花，花后剪除残花可延长花期。

应用方式

宜在庭园、池畔、坡地、林缘处点缀或列植。是装点炎热夏季的好选择，也是药草园的好材料。

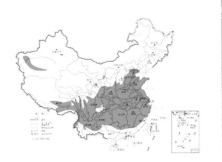

单叶蔓荆

Vitex trifolia var. *simplicifolia*

马鞭草科牡荆属

形态特征 落叶灌木或小乔木，匍匐生长，高达 2 m。茎直立，方形，浅紫色。叶对生，椭圆形，有香气。穗状花序，顶生，唇形花冠淡紫色。7～8 月开花。

产地及来源 原产于山东、浙江、福建、广东等地沿海沙地。浙江和华南地区有苗源。

生态习性 生性强健。喜光，耐寒，耐旱，耐瘠薄，根系发达。具很强的抗风、抗盐碱能力。

 PH ; Z 7～11 ;

 2 m

应用方式

适用于沙地和碱性土地区绿化。可孤植或群植形成庞大的植物群落，覆盖丘陵薄地、瓦砾等劣质土壤地表。

厚叶石斑木

Rhaphiolepis umbellata
蔷薇科石斑木属

形态特征 常绿灌木或小乔木，高达4 m。植株优美，树形伞状。枝条端直，枝多叶茂。叶丛生枝端，厚革质，深绿色，有光泽，倒卵形。花序圆锥形，顶生；小花淡白色至浅粉色。果实球形，紫黑色。花期4月下旬至6月底，果期8～9月。是一种滨海特有的观姿、观叶、观花、观果植物。

产地及来源 原产于浙江及沿海岛屿。江苏、浙江、上海等地有苗源。

生态习性 喜光、耐阴。喜温暖湿润气候，较耐寒，耐干旱、瘠薄，并耐一定的盐碱，适生于排水良好的砂质土壤。抗风性能好，抗一定的空气污染。耐修剪。

Z 8～10

4 m

应用方式

株形紧凑，自然成伞型，花姿、果实都可供观赏，适合作盆景、庭园树、切花材料和药用等。还可与色叶树种搭配，在植物造景中形成独特的对比效果。

  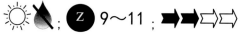

2 ～ 5 m

应用方式

适合花境、庭院栽植，是点缀冬、春两季
景观的优秀植物。

松红梅

Leptospermum scoparium
桃金娘科松红梅属

形态特征 常绿观花灌木或小乔木，高
2 ～ 5 m。枝条浓密，红褐
色，纤细，新梢通常具有绒
毛。叶互生，线状或线状披针
形。花白色、红色或多色，径
8 ～ 15 mm，花瓣 5。花期从
冬季到春季，长达 4 个月。

产地及来源 原产于新西兰、澳大利亚等。

生态习性 喜光，喜凉爽湿润环境。在富
含腐殖质、疏松肥沃、排水良
好的微酸性土中生长最好。

刚直红千层
Callistemon rigidus
桃金娘科红千层属

   ；Z 8b～11；

形态特征
常绿灌木或小乔木，高2～3 m。分枝稠密，嫩枝圆柱形，下垂，潇洒自然。叶片革质，线状披针形，冬季经霜冻后叶色呈暗红。穗状花序稠密，形如瓶刷，鲜艳如火。花期5～8月。

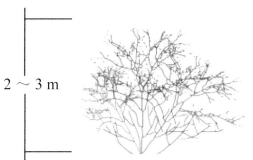

2～3 m

产地及来源
原产于澳大利亚昆士兰。浙江、上海、江苏、四川等地有苗源。

生态习性
喜光，喜干燥，喜中性土壤，耐微酸或微碱土壤；喜排水良好土壤，略耐水湿或积水。

应用方式
可列植于公路两旁、河流两岸或丛植于湖边、池塘边，有杨柳拂水之美，或孤植于公园庭院或片植于山坡上。冬季叶经霜变红，有彩叶效果。

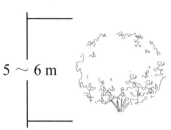

5 ～ 6 m

应用方式

叶色别致，适合用在群落中调节色彩。花色、花型新颖，可用于奇花异木园。也是一种特别的果树。

凤榴（菲油果）

Acca sellowiana

桃金娘科凤榴属

形态特征　常绿观花灌木或小乔木，高达 5 ～ 6 m，株形圆整。叶厚革质，具油脂光泽，蓝灰色。花单生，花瓣红色，外被白色绒毛，花丝和花柱红色，花药黄色。花期 5 月中旬至 6 月中旬。果期深秋至初冬，可食用。

产地及来源　原产于南美洲亚热带地区。浙江、上海、江苏等地有苗源。

生态习性　喜光，亦耐半阴，可耐 -10℃ 低温；适应性强，耐旱、耐盐碱。在多种土壤类型中均可生长，喜排水良好的土壤。

☀ ◗◗ ⒫ℍ ◐ ; ⓩ 7～9 ; ➡➡➡⇨

1 ～ 3 m

应用方式

可广泛应用于湖泊、河道、公路和铁路两侧的绿化美化。可片植于公园做点缀，亦可高接于柳树上作为庭院树。树形优美，春季叶片迷人，是城乡绿化、环境美化的优良树种之一。

'白露锦'杞柳（彩叶杞柳、花叶杞柳）
Salix integra 'Hakuro Nishiki'
杨柳科柳属

形态特征 落叶观叶灌木或小乔木，高1 ～ 3 m，枝条放射状生长。新叶具乳白和粉红色斑，3月下旬至4月底观新叶，夏季叶色转绿。

产地及来源 日本园艺栽培品种。浙江、江苏、上海、湖南、湖北、四川、云南、山东、河南等地有苗源。

生态习性 喜光，耐寒，耐湿。生长势强，冬末需强修剪。

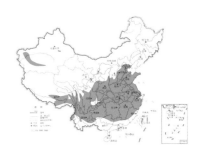

☀ ❄ 💧 🐛 ⓩ 6～10 ➡➡➡⇨

2 ～ 8 m

应用方式

冬叶经久不落，花黄果黑，微有香气。可用作园林点缀树种配植于草坪、花坛和假山隙缝中。

狭叶山胡椒

Lindera angustifolia
樟科山胡椒属

形态特征　落叶灌木或小乔木，高2～8 m。小枝黄绿色，无毛。单叶互生，近革质，椭圆状披针形或椭圆形。叶经冬不凋，枯黄色。核果球形，直径约8 mm，黑色。花期3～4月，果期9～10月。

产地及来源　分布于华东、华中及华南地区，北京有引种。

生态习性　喜光，稍耐阴，抗寒力强，耐水湿。在湿润肥沃的微酸性砂质土壤中生长最为良好。

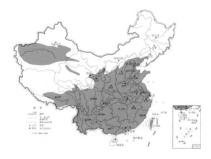

金线柏

Chamaecyparis pisifera
'Filifera Aurea'

柏科扁柏属

形态特征　常绿观叶灌木或乔木，高可达6 m，树冠自然呈尖塔形。树皮红褐色，裂成薄片。叶片鳞形，金黄色。小枝细长而下垂，宛如一条条金丝，姿态婆娑。

产地及来源　国外园艺栽培品种。上海、江苏、河南、北京等地有苗源。

生态习性　喜光，耐半阴。喜温暖、湿润气候，耐寒。耐旱，喜深厚的砂壤土。幼苗期生长缓慢，待郁闭后渐茂盛。

6 m

Z 7～9

应用方式

园林中孤植、丛植、群植均宜。在草坪、坡地上前后成丛，交错配植，丛外点缀数株观叶灌木，相映成趣。列植于甬道、纪念性建筑物周围，颇为雄伟。在规则式园林中列植成篱或修成绿墙、绿门及花坛模纹，甚是别致。也是优秀的岩石园植物。

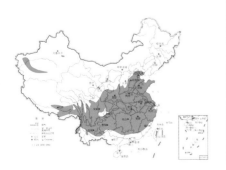

皮球柏

Chamaecyparis thyoides
'Heatherbun'
柏科扁柏属

形态特征
常绿观叶灌木，株高约0.9m。树形紧密，枝条斜展，自然呈圆球状或塔形。叶片条状刺形，长1～2cm，质地柔软，蓝绿色，具白色的气孔线，冬叶褐绿色。

产地及来源
国外园艺栽培品种。上海、浙江、江苏、广东、福建等地有苗源。

生态习性
喜光，耐旱，耐瘠薄。性喜温暖、湿润气候及深厚的砂壤土。幼苗期生长缓慢，待郁闭后渐茂盛。

应用方式
孤植、丛植、群植均宜。在草坪、坡地上前后成丛交错配植，丛外点缀数株观叶灌木。在规则式园林中列植成篱或修成绿墙、绿门及花坛模纹，均甚别致。

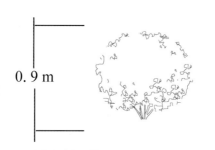

0.9 m

蓝湖柏

Chamaecyparis pisifera
'Boulevard'
柏科扁柏属

形态特征
常绿灌木，株高约1.5m。树形紧凑，自然成球。小枝先端下垂。叶钻形，柔软弯曲；叶色鲜亮，银蓝色，且带着淡蓝色的嫩梢。

产地及来源
国外园艺栽培品种。上海有苗源。

生态习性
喜光，耐半阴，在全阴生境下，叶片会由蓝转绿。喜湿润、排水良好的土壤。枝条较软，需种植在风力较弱的地方。

1.5 m

应用方式
质感细腻，色彩典雅，可点缀于花境或植于庭院中。也是优秀的岩石园植物。

蓝地毯刺柏
Juniperus squamata 'Blue Carpet'
柏科刺柏属

形态特征 常绿观叶灌木,高0.1～0.5 m,冠幅1.5～2.5 m。枝茂密柔软,匍地而生。叶刺形,长0.8～1.3 cm,蓝绿色,质地较硬。

产地及来源 国外园艺栽培品种。上海、浙江等地有苗源。

生态习性 喜光,耐半阴。喜温暖湿润气候,较耐旱。适宜种植在土层深厚的砂壤土上。生长缓慢,植株细弱。浅根性,但侧根发达,萌芽性强。抗烟尘。

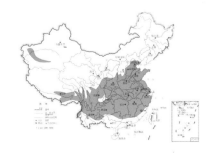

☼ ◐ ❄ 🌢 🌢 : Ⓩ 7～9 ; ➡ ⇨ ⇨ ⇨

应用方式
因其匍匐的生长特性,在园林中适宜配植于岩石园或草坪角隅,又为缓土坡的良好地被植物。亦可盆栽于庭院台坡上或门廊两侧,枝叶翠绿,蜿蜒匍匐,颇为美观。

0.1 ～ 0.5 m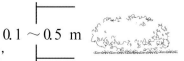

☀ ❄ 💧💧 PH ; Z 2～10 ; ➡➡➡⇨

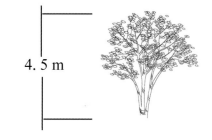

4.5 m

多枝柽柳
Tamarix ramosissima
柽柳科柽柳属

形态特征
落叶灌木或小乔木，高达4.5 m。枝叶多而密。叶披针形，先端尖。总状花序密集，集生枝顶，花淡粉色，先于叶开放或有少许叶开放，花期4月。

产地及来源
原产于欧洲东部至亚洲中部，我国西藏、新疆、青海、甘肃、内蒙古、宁夏有分布。上海、云南、宁夏有苗源。

生态习性
喜光，耐高温，耐寒，耐旱，耐湿，耐盐碱，耐贫瘠，耐风蚀和沙埋。

应用方式
株形自然，枝条婀娜多姿，花色柔美，繁花满枝，适宜水边、旱地、石旁等场所栽植，也是荒漠地区、平原沙区、盐碱地区的主要绿化和固沙造林树种。

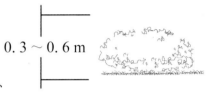

匍匐迷迭香
Rosmarinus officinalis
'Prostratus'
唇形科迷迭香属

应用方式

适合坡地、高台作地被覆盖，可应用在庭院、公园、屋顶花园、芳香主题园等处。

0.3～0.6 m

形态特征	常绿小灌木，高0.3～0.6 m。枝条半匍匐生长，分枝呈扭曲及涡旋状，可横向生长达1 m。叶针状，表面深绿色。花浅蓝色。一年可多次开花，盛花期4～5月。
产地及来源	国外园艺品种。上海、浙江、江苏、四川等地有苗源。
生态习性	喜阳，耐寒，耐旱，忌积水，不耐碱。

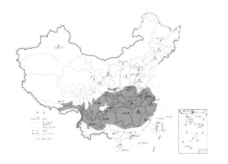

银石蚕（水果兰）

Teucrium fruticans
唇形科石蚕属

形态特征 常绿灌木，高 1.2 m。全株被白色绒毛。叶对生，卵圆形，全年呈淡淡的蓝灰色。花淡灰蓝色。花期 3～5 月。

产地及来源 原产于地中海地区。上海、江苏、浙江、安徽、湖北、四川等地有苗源。

生态习性 喜光，不耐阴。对水分要求不严，极耐干旱。对土壤要求低，宜种植在排水良好的砂壤土中，忌水湿。萌蘖力很强，可反复修剪。抗逆性极强。

☀ ❄ 🌢 🌿 ✂ ; Ⓩ 8～10 ; ➤➤➤⇨

1.2 m

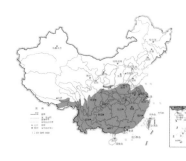

应用方式

既适宜作深绿色植物的前景，也适合作草本花卉的背景。在自然式园林中种植于林缘或花境，或用作规则式园林的矮绿篱。

山麻秆
Alchornea davidii
大戟科山麻秆属

形态特征 落叶灌木，高1～5 m。茎丛生，茎干直立，少分枝，茎皮常紫红色。早春嫩叶初放时红色，后转红褐色、粉黄色，最后转绿色，单叶互生。花紫色。花期3～4月，果期6～7月。

产地及来源 原产于陕西、四川、云南、贵州、广西、河南、湖北、湖南、江西、江苏、福建。

生态习性 喜光，稍耐阴，耐旱，耐湿。对土壤要求不严。可通过萌蘖繁殖。

Z 7～9

应用方式
优良的观干、观叶树种，常丛植于园内一角或假山、建筑物墙基处，也可片植。

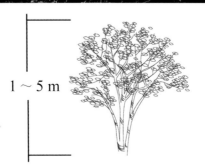

1～5 m

轮生冬青（北美冬青）
Ilex verticillata
冬青科冬青属

形态特征　落叶灌木，高 2 ～ 3 m。嫩叶古铜色。花近白色。浆果红色，密集枝头，不易凋落。花期 5 月。观果期 5 月至翌年 4 月。

产地及来源　原产美国东北部。适合在我国长江流域及以北区域生长。浙江、山东有苗源。

生态习性　喜光，耐半阴，耐寒，耐水湿，喜酸性土壤，耐修剪。

☀ ◑ ❄ 💧 🅟 🍃 ; ⓩ 3～9 ; ➡ ⇨ ⇨

应用方式
优秀的秋冬赏果树种，适宜种植于花坛中、庭院内等小尺度空间，或者三五株群植于色块、地被间。可列植或对植庭前、门旁，丛植于草坪、路边、林缘和山石、水丘之间。亦可切枝观赏。

2 ～ 3 m

☀ ❄ 💧 ✂ : ⓩ 9～11 ; ➡➡➡➡

1.5～3 m

应用方式

是不可多得的秋至初冬季观花灌木。孤植、丛植和群植于林缘，或作低矮花坛、花境的背景材料。

双荚决明

Senna bicapsularis

番泻决明属

形态特征 落叶观花灌木或小乔木，株高 1.5～3 m，多分枝。偶数羽状复叶，互生。伞房式总状花序，顶生，黄色。花期 9 月至翌年 1 月，盛花期在秋季。荚果圆柱状，9～11 月成熟。

产地及来源 原产于热带美洲。广东、福建、广西、海南、四川等地有苗源。

生态习性 喜光，稍耐阴。宜在肥沃、疏松、排水良好的土壤中生长。生长快，耐修剪。长江以南可露地栽培。

☀ ❄ 💧 🌿 ; Ⓩ 8b～11; ➡➡➡➡

2～3 m

应用方式

优秀的秋花灌木，孤植、丛植和群植于林缘，或作低矮花坛、花境的背景材料。亦可用于道路和庭院绿化。

伞房决明

Senna corymbosa

番泻决明属

| 形态特征 | 常绿观花灌木，高达 2～3 m。叶长椭圆状披针形，叶色浓绿，由 3～5 对小叶组成复叶。圆锥花序，鲜黄色。花期 7 月中下旬至 10 月。 |

| 产地及来源 | 原产于华东、华南、华北地区。浙江有苗源。 |

| 生态习性 | 喜光，较耐寒。耐瘠薄，对土壤要求不严。暖冬不落叶，生长快，耐修剪。 |

8b~9；

应用方式

适宜孤植点缀于花境，或植于坡度较高、排水良好的水岸以及庭院、园林绿地道路转角等视觉焦点处。

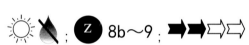

3 m

鹰爪豆
Spartium junceum
豆科鹰爪豆属

形态特征 落叶观花、观枝灌木，株高约3 m。枝细长，放射状生长。翠绿色。叶稀少或无叶。总状花序顶生，花鲜黄色，芳香。花期4月下旬至6月下旬。荚果扁平，深褐色。

产地及来源 原产于地中海地区及大洋洲加罗林群岛。上海地区有苗源。

生态习性 喜光，耐瘠薄，耐旱，忌水湿，不择土壤。

鱼鳔槐
Colutea arborescens
豆科鱼鳔槐属

3.5 m

形态特征　落叶观果、观花灌木，高达3.5 m。叶椭圆形。花鲜黄色，旗瓣反卷有红线纹，3～8朵呈腋生总状花序。花期5～9月，果期7～10月。荚果壁薄而膨胀呈囊状，亮绿色，熟时暗红色。

产地及来源　原产于欧洲南部及非洲北部。上海有苗源。

生态习性　喜光，耐霜冻，耐干旱，瘠薄。对土壤要求不高，但需排水良好。抗污染。

应用方式
果实具有趣味性，是富有童趣的科普植物。宜孤植或丛植于路边、池畔等。

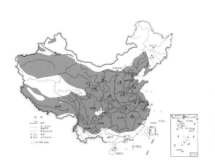

斑叶海桐（花叶海桐）
Pittosporum tobira 'Variegatum'
海桐花科海桐花属

形态特征 常绿灌木，高可达 2.5 m。株形圆整。枝叶密生，干灰褐色。叶互生，厚革质，叶边缘向下内卷，具白斑。花两性，顶生伞房花序，花冠白色或淡黄色，有香味，花期 3～5 月。

产地及来源 园艺栽培品种。广东、福建、江苏、浙江、上海等地有苗源，我司 20 世纪 90 年代后期较早从华南地区引入华东地区推广应用。

生态习性 喜光，稍耐阴，耐寒，耐旱，耐水湿，耐盐碱，耐修剪。

☼ ◐ ❄ ◗ ◗ Ⓟ🅗 ✿ 🦋 ; Ⓩ 8～11 ; ➡➡⇨

应用方式
易修剪成球，可孤植或三五成组栽植于地被上，也可作为绿篱色块苗使用。

2.5 m

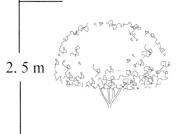

大花山梅花（欧洲山梅花）

Philadelphus coronarius
虎耳草科山梅花属

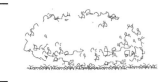

2.5 m

| 形态特征 | 落叶灌木，高达 2.5 m。单叶对生，叶亮绿色，较一般山梅花宽大。花纯白色，单瓣，单生于枝顶，花大，径达 5～7 cm，淡香。花期 5 月，秋季有二次花现象。 |

应用方式

优秀的观花灌木，花量大，洁白如雪，适合列植、丛植，可片植于草坪、林缘。

| 产地及来源 | 原产欧洲南部和亚洲西部。上海有苗源。 |

| 生态习性 | 喜光，较耐阴，喜温暖湿润气候，较耐寒，较耐旱。耐修剪。对土壤适应性强。 |

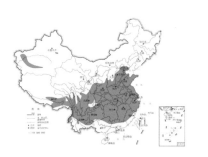

红花檵木

Loropetalum chinense f. *rubrum*

金缕梅科檵木属

形态特征

常绿灌木或小乔木,高3米。枝繁叶茂,新叶鲜红色,后转暗紫红色。花3～8朵簇生于小枝端,花瓣线形,粉红、紫红、玫红或朱红色,花期4～5月,秋季有二次花现象。依据叶色品种被分为嫩叶红、透骨红和双面红3大类。

☀ ☀ 💧 Ⓟ ✂ Ⓩ 8b～11 ➡➡➡⇨

应用方式

易修剪成球,可孤植或三五成组栽植于地被上,也可作为绿篱或色块苗使用。

3 m

产地及来源

原产湖南,我国特有的园林植物。南方各地广泛栽培。华东、华中、西南、华南各地有苗源。

生态习性

喜光,稍耐阴,耐旱。喜温暖,耐寒冷。萌芽力和发枝力强,耐修剪。耐瘠薄,但适宜在肥沃、湿润的微酸性土壤中生长。

小叶蚊母
Distylium buxifolium
金缕梅科蚊母树属

形态特征 常绿灌木，高达 2 m。树形紧凑。嫩枝纤细。嫩叶可呈现出粉绿、黄绿、淡粉红、紫红多色变化，老叶深绿色，倒披针形或矩圆状倒披针形。穗状花序腋生，花丝深红色，花期 3～4 月。蒴果卵圆形，果期 8～10 月。

产地及来源 分布于四川、湖北、湖南、福建、广东及广西等地区。浙江、上海、湖北等地有苗源。

生态习性 喜光，耐阴，耐干旱，耐水湿，耐盐碱，耐修剪，耐瘠薄。萌芽能力强，容易形成紧密的树冠，容易移植。

Z 8～10

2 m

应用方式
叶小质厚，花序密，花药红艳，适合种在水边、岩石旁。枝条平展，是良好的免修剪的地被植物。

海滨木槿
Hibiscus hamabo
锦葵科木槿属

形态特征
落叶观花灌木，高达 2.5 m，分枝多。叶片近圆形，厚纸质，两面密被灰白色星状毛，秋叶橙黄色。花单生于枝端叶腋，亮黄色，直径 5～6 cm。花期 7～10 月。蒴果三角状卵形，10～11 月成熟。

产地及来源
原产于浙江舟山群岛和福建的沿海岛屿。上海、浙江、江苏有苗源。

生态习性
喜光，抗风力强。能耐夏季 40℃ 的高温，也可抵御冬季 -10℃ 的低温。对土壤的适应能力强，能耐短时期的水涝，也略耐干旱。耐盐力强。最佳移植时间为 2～4 月，其他月份移栽死亡率较高。

2.5 m

☀ 💧 **PH** ; **Z** 8～10 ; ➡➡⇨⇨

应用方式
良好的防风固沙、固堤防潮苗木，可用于海岸防护林，也可用于道路和公园绿化。

花叶木槿

Hibiscus syriacus 'Purpu-reus Variegatus'

锦葵科木槿属

形态特征 落叶灌木，株高 1.5～3 m。株形直立紧凑。叶缘分布白色彩斑，幼叶彩斑为鹅黄色。花蕾深紫红色带光泽，花期持久，但不能完全开放，观赏价值不高。花期 6～9 月。

产地及来源 原产于欧洲。适合于我国华北、华中、华东地区栽培。

生态习性 喜光，耐半阴，耐寒，耐盐碱。

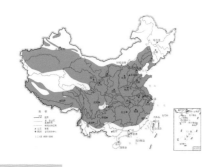

 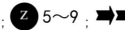

PH Z 5～9

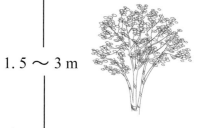

1.5～3 m

应用方式

叶片观赏期长，株形直立，可单植或丛植在花境或植物组团中，与圆冠形植物形成对比。

紫珠
Callicarpa bodinieri
马鞭草科紫珠属

形态特征
落叶灌木，株高 1～3 m。株形小巧，冠型开张，枝繁叶茂。聚伞花序腋生，花蕾紫色或粉红色，花朵有白、粉红、淡紫等色。果球形，9～10 月成熟后呈紫色，有光泽，经冬不落。花期 6～7 月，观果期 9 月至翌年 1 月。

产地及来源
原产于河南南部、江苏南部、安徽、浙江、江西、湖南、湖北、广东、广西、四川、贵州、云南。

生态习性
喜温，在阴凉的环境中生长较好，喜湿，怕旱，怕风，在红黄壤中生长良好。

☀ ◐ ❄ ; Ⓩ 6～11

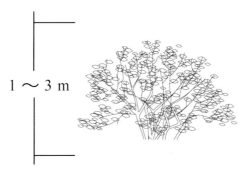

1～3 m

应用方式
片植于光线充足的林缘或水边，也可种植于岩石旁。在花境中也可用作前景植物突出色彩。亦可种植于林下用作地被。

银霜女贞

Ligustrum japonicum 'Jack Frost'

木犀科女贞属

 2.5 m

形态特征 常绿观叶灌木，株高和冠幅可达 2.5 m。枝条斜向生长。幼叶边缘带红晕，成熟叶边缘浅黄或白色。圆锥花序顶生，白色，芳香。花期 5～6 月。

产地及来源 来自美国的优良园艺品种。上海、浙江、江苏、四川、湖北等地有苗源。

生态习性 喜温暖，稍耐阴，较耐寒。萌芽力强，耐修剪。土壤适应范围广，在 pH 值 4.5～9.0 范围内均可生长。

应用方式

株形紧凑，形态自然，是优秀的庭院彩叶植物。也适合用于点缀景石。花芳香，可吸引蝴蝶。

2 m

☀ ☀ ❄ **PH** 🍃 ; **Z** 7～9 ; ➡➡➡⇨

应用方式

株形紧凑，枝叶茂密，叶小雅致，可做色块、矮篱、高篱、球形、柱形、动物造型等多种应用形态。

亮金女贞
（柠檬卵叶女贞）
Ligustrum ovalifolium 'Lemon and Line'
木犀科女贞属

形态特征　常绿观叶灌木，高可达 2 m。树冠近球形。叶小，椭圆状卵形，春叶和秋叶柠檬黄色，有的具柠檬黄色斑块。圆锥花序，直立而多花。花期7月。

产地及来源　园艺品种。上海、浙江、江苏、四川等地有苗源。

生态习性　喜光，耐半阴，较耐寒，耐盐碱，萌芽力强，耐修剪，抗污染性强。

金姬小蜡
Ligustrum sinense
'Swift Creek'
木犀科女贞属

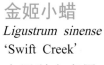 ; **Z** 8～10 ; ▶▶▶▷

2～3 m

应用方式

自然丛生型，可丛植于路边、建筑旁、景石间隙、水畔等区域，也可以作为绿篱密植使用。可与红花檵木、大叶黄杨等进行色块搭配使用。

形态特征	常绿观叶灌木，高达 2～3 m，树冠球形。叶缘金黄色，长椭圆形，极其鲜亮。花白色，花期 6～7 月。
产地及来源	国外园艺栽培品种。上海、江苏、浙江有苗源。
生态习性	喜光，耐半阴，适应性强，耐旱。在肥沃、排水良好的土壤中生长良好。

银姬小蜡

Ligustrum sinense
'Variegatum'

木犀科女贞属

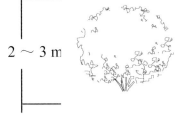

2～3 m

☀ ❄ 💧 🌿 ; Ⓩ 7b～11 ; ➡➡➡⇨

形态特征

常绿观叶灌木，高可达 2～3 m。叶椭圆形或卵形，叶缘镶有乳白色边环，幼叶霜白色，秋冬季转为灰绿色。花序顶生或腋生，白色。核果近球形。花期 4～6 月，果期 9～10 月。全株极细密，极耐修剪，灌木球紧凑，容易成型。

产地及来源

国外园艺栽培品种。上海、广东、福建、四川、湖北等地有苗源。

生态习性

喜强光，耐寒，耐旱，耐瘠薄，耐修剪。

应用方式

自然丛生型，可丛植于路边、建筑旁、景石间隙及水畔等区域。可与红花檵木、大叶黄杨等植物配置，彩化效果突出。可点缀、组团种植，亦可修剪成质感细腻的地被色块、绿篱和球形。

'金禾'女贞

Ligustrum vicaryi 'Jinhe'

木犀科女贞属

形态特征 彩叶灌木，在南方常绿，在北方冬季落叶，株高可达 2～3 m。春夏秋三季的新梢均呈柠檬黄色，观赏性极强。圆锥花序顶生，花小，白色，芳香。花期 5～6 月。

产地及来源 国外园艺栽培品种。华北地区、长江流域及西南地区有苗源。

生态习性 喜温暖，稍耐寒，-10℃不落叶，适应范围广。耐干旱，萌芽力强。耐修剪，抗病性强。

☀ ❄ 💧 ✂ : **Z** 7～10 ; ➡➡➡➡

应用方式

可修剪成质感细腻的灌木球或绿篱，也可做色块和色带，与红叶石楠、红花檵木等搭配效果良好，是替代金叶女贞的好材料。

2～3 m

水杨梅（细叶水团花）
Adina rubella
茜草科水团花属

☀ ❄ 💧 🍃 ; Ⓩ 6～9 ; ➡➡⇨⇨

应用方式

树姿优美，花秀丽繁盛，枝条披散，根深枝茂，是优良的固堤护岸树种。

3 ～ 4 m

| 形态特征 | 落叶小灌木，高达 3 ～ 4 m。叶密集。花小，紫红色；密集成球形头状花序。花期 6 ～ 7 月。蒴果球形，花柱白色，宿存，颇具趣味性。 |

| 产地及来源 | 分布于华东、华南各地。上海、江苏、浙江有苗源。 |

| 生态习性 | 喜温暖湿润和阳光充足环境，较耐寒，不耐高温和干旱。适宜疏松、排水良好、微酸性砂质土壤，但耐水淹。萌发力强，枝条密集。 |

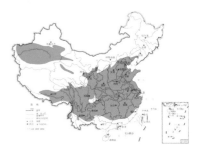

蒂顿火棘（细叶火棘、宝塔火棘）

Pyracantha 'Teton'
蔷薇科火棘属

形态特征 常绿观果灌木，高 2.5～4 m。树形较直立。枝叶繁茂，叶暗绿色。花白色。果橙红色，结果量大，在植株上明显。花期春季。果期秋季，挂果期长。

产地及来源 美国栽培品种。上海等地有苗源。

生态习性 喜光，耐半阴，对土壤要求不严。

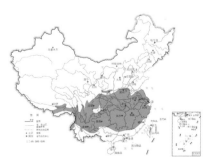

2.5～4 m

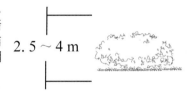

☀ ◑ ❄ ; Ⓩ 7b～9 ; ➡➡➡⇨

应用方式
优秀的秋冬季观果植物，树形有特色，可与其他形态植物形成对比，适合孤植、列植或应用于植物组团中。

小丑火棘

Pyracantha fortuneana
'Harlequin'
蔷薇科火棘属

形态特征 常绿或半常绿小灌木，高达3.5 m。枝叶繁茂。叶色美观有花纹，似小丑的花脸，故名"小丑"火棘。冬季叶片转为红色。花白色。入秋果红如火。花期3～5月，果期8～11月，挂果时间长达3个月。

产地及来源 日本园艺栽培品种。上海、浙江、江苏、安徽、湖南、湖北、河南、四川等地有苗源。

生态习性 喜光，抗寒，耐干旱瘠薄，耐盐碱。根系密集，保土能力强。生长快，耐修剪。抗污染，能吸附二氧化硫、氯气等有毒气体，是优良的生态树种。

3.5 m

应用方式
优良的庭院绿化材料，可丛植，也可孤植于草坪边缘及园路转角处，或做地被、配色植物。

小红罗宾红叶石楠
（小叶红叶石楠）

Photinia fraseri 'Little Red Robin'

蔷薇科石楠属

形态特征 常绿灌木或小乔木，高2～3 m。株形紧凑。枝叶密集而细小，嫩枝、新叶均具鲜红亮丽颜色。

产地及来源 国外园艺品种。江浙地区有栽培。

生态习性 喜光、耐半阴，较其他品种耐寒性好，有一定的耐干旱、耐盐碱能力，耐修剪，耐土壤贫瘠，萌芽力强。

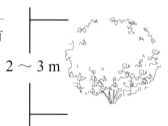

2～3 m

Z 8～10 ;

应用方式

红叶期长，绿化效果好，可用于绿化道路、花坛、花境、公园、小区等，作色块苗、绿篱苗和大球造型均可，成型速度快，成本低。

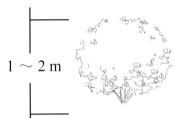

1 ～ 2 m

应用方式

株形整齐、紧凑，可作绿篱。可配植在花境，也可栽于庭院观赏，是不可多得的优秀冬季观赏植物。

地中海荚蒾

Viburnum tinus

忍冬科荚蒾属

形态特征 常绿灌木，高 1 ～ 2 m。树冠圆整。叶椭圆形，深绿色。聚伞花序，花蕾暗红色，盛开后花白色。果卵形，深蓝黑色。观花期从 11 月至翌年 4 月。

产地及来源 原产欧洲地中海地区。长三角地区、华中地区、西南地区有栽培。

生态习性 喜光、耐半阴，耐旱，不耐水湿，怕涝，耐修剪，对土壤要求不严。

Z 8～10

2 m

应用方式

在园林中适用作阳性彩叶地被植物。丛植、片植于空旷地块、水边、建筑物旁，做色块、地被、花篱、花境等。

金叶大花六道木

Abelia × *grandiflora* 'Francis Mason'
忍冬科六道木属

形态特征 常绿观叶、观花灌木，高达2 m。小枝细圆，弓形，阳面紫红色。叶长卵形，春季叶金黄色，夏季转为绿色。圆锥状聚伞花序，花小，白色带粉色，有香味。花期5～11月，红色花萼可宿存至冬季。

产地及来源 原产于法国。华东、西南及华北地区均可露地栽培。上海、浙江、江苏、安徽、湖南、湖北、四川、云南、重庆等地有苗源。

生态习性 喜光，耐半阴，喜温暖湿润气候。耐热，耐寒。有一定的耐旱、耐瘠薄能力。适宜中性偏酸性的肥沃、排水良好的土壤。耐修剪。

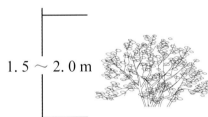

1.5 ～ 2.0 m

: 7～9 ;

应用方式

观果期长达 3 个月，是秋冬季优良的新优观果植物。适宜种植在庭院、公园、住宅小区及高架桥周围，用途广泛。

圆果毛核木
Symphoricarpos orbiculatus
忍冬科毛核木属

形态特征 落叶观果灌木，高达 1.5 ～ 2 m。幼枝红棕色，老枝皮条状剥落，枝条拱形，密集较柔软。叶菱形至卵形，小而密生。花小，白色（淡粉红色），穗状花序。果卵圆形，秋后红色，成串簇生在长条形枝条上。花期 7 ～ 9 月，果期 9 ～ 11 月。

产地及来源 云南（北部）、湖北、四川、陕西和甘肃有分布。

生态习性 喜光，耐寒，耐热，耐湿，耐瘠薄。病虫害极少。萌枝力强，是适应性强的树种。

匍枝亮绿忍冬
Lonicera nitida 'Maigrun'
忍冬科忍冬属

形态特征 常绿低矮灌木。株高可达 2～3 m。枝叶十分密集，小枝细长，横展生长。叶对生，细小，卵形至卵状椭圆形，革质，全缘，正面亮绿色。花腋生，并生两朵花，花冠管状，乳白色，具清香。花期晚春到早秋。浆果蓝紫色。

产地及来源 国外园艺栽培品种。江苏、浙江、上海、四川等地均有苗源。

生态习性 喜光，耐阴，耐寒，耐修剪。对土壤要求不严，抗性较强。

 Z 8～10 ;

2～3 M

应用方式
四季常青，叶色亮绿，为匍匐生长的木本地被植物中的佼佼者。
适合作耐阴下木，亦可点缀园林花境。

下江忍冬
Lonicera modesta
忍冬科忍冬属

形态特征 半常绿灌木，高达 2～3 m。叶厚纸质或带革质，形态变异很大。花先于叶或与叶同时开放，芳香，花冠白色或淡粉红色，唇形。果实鲜红色。花期 2 月中旬至 4 月，果期 4 月下旬至 5 月。

产地及来源 原产于安徽、浙江、江西、湖北、湖南。上海、浙江、江苏有苗源。

生态习性 喜光，耐阴，耐寒。喜肥沃湿润土壤，忌涝。

☀ ◐ ❄ ☙ ; Ⓩ 7～9 ; ➡ ➡ ⇨ ⇨

2～3 m

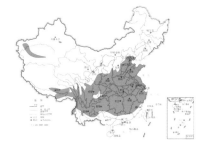

应用方式
适宜于庭院、林缘、路旁、转角一隅、假山上或亭际附近栽植，也是春花园和芳香园的好材料。

Z 8～10

应用方式

适合沿海要求耐盐碱、抗海风树种的绿地应用。做地被，或以其做背景，与其他彩叶植物做色块拼图。也是边坡绿化的优良材料，亦可用于布置花境等。

1～2 m

滨柃

Eurya emarginata
山茶科柃木属

形态特征 常绿小灌木，株高 1～2 m。树冠紧密，自然状态下树冠多平展，树姿优美。嫩枝圆柱形，密被短柔毛。叶厚革质，倒卵形或倒卵状披针形，细密、墨绿色，有光泽。

产地及来源 原产于浙江沿海和福建沿海地区。尚处开发初期，浙江（舟山、德清）、广东有少量种苗供应。

生态习性 喜温暖、半阴蔽、温润的环境。在通风及排水良好的肥沃土壤中生长良好。极耐瘠薄、干旱，抗风性强，并耐一定的盐碱，可在海边石缝或海边山坡等生境生长。

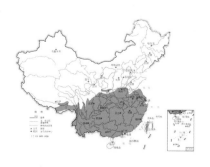

毛枝连蕊茶
Camellia trichoclada
山茶科山茶属

形态特征	常绿低矮灌木，高 1 ~ 2 m。多分枝，嫩枝被长粗毛。叶革质，排成两列，细小椭圆形，新叶发红。花白色，顶生及腋生，无毛。蒴果圆形。
产地及来源	分布于台湾、浙江、福建等地。福建、浙江有苗源。
生态习性	喜半阴、弱光环境。喜温暖、湿润气候。

   Z 8~10 ；

1 ~ 2 m

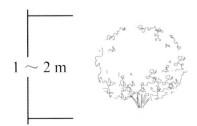

应用方式
可植于花境、庭院或水边，是优良的冬季观花植物。

轮叶蒲桃

Syzygium grijsii
桃金娘科蒲桃属

形态特征 常绿灌木，高达 1.5 m。嫩枝纤细，有 4 棱。叶片革质，细小，常 3 叶轮生，狭窄长圆形或狭披针形，无光泽，新叶红色。花白色，吸引蝴蝶，花期 5～6月。果黑色，可食用。

产地及来源 分布于长江中下游以南的湖南、湖北、浙江、江西、福建、广东、广西。

生态习性 喜阳，耐半阴，喜温暖湿润气候，耐贫瘠，耐水湿。喜富含腐殖质、排水良好的微酸性砂质土壤。耐修剪。

1.5 m

Z 8b～10

应用方式

质感细腻，可修剪成灌木球、灌木丛，孤植或配置在花境、庭院、花坛中。也可作盆景。

香桃木（茂树、爱神木）
Myrtus communis
桃金娘科香桃木属

形态特征
常绿观花灌木，高3～5 m。小枝密集。叶对生，革质，深绿色有光泽，在枝上部常3～4枚轮生，叶揉搓后有香气，入冬后部分幼树的叶片转为紫红色。花腋生，白色，有"银海花"之称，花期5下旬至6月中旬。浆果黑紫色，11～12月成熟。

产地及来源
原产于亚洲西部及地中海沿岸。上海、浙江、江苏等地有苗源。

生态习性
喜光，耐半阴。喜温暖、湿润气候。不耐水湿，适应中性至偏碱性土壤，非常适合上海地区种植。萌芽力强，耐修剪，病虫害少。

3～5 m

应用方式
适用于庭院栽种。可作为花境背景树，栽于林缘，或栽于向阳围墙前，形成绿色屏障。也可用作居住小区或道路的高绿篱。含桃金娘烯醇，有强烈的杀菌作用，对气管炎等呼吸道疾病疗效较好，还有镇静、安眠的功效，是生态绿化的优良树种。

☀ ◐ ⓅⒽ 🌿 🌱 : Ⓩ 8b～10 ; ➡ ➡ ⇨ ⇨

2～4 m

应用方式

具有杀菌功能,可广泛用于城市绿化,适用于庭院、公园、小区及高档居住区的绿地栽植。或可成片种植作色块、绿篱,亦可修剪成球形作造型苗。

花叶香桃木

Myrtus communis 'Variegata'
桃金娘科香桃木属

形态特征　常绿观花、观叶灌木,高2～4 m。叶对生,革质,叶片具金黄色条纹,有光泽,常3～4枚轮生,具香味。花白色,花期6～7月。全株常年金黄,色彩鲜艳,叶形秀丽,是优良的新型彩叶花灌木。

产地及来源　国外园艺栽培品种。上海、浙江等地有苗源。

生态习性　喜光,耐半阴。喜温暖、湿润气候。不耐水湿,适应中性至偏碱性土壤。耐修剪,病虫害少。

☀ ◑ 🍃 🌿 : Ⓩ 7～9 ; ➡ ⬜ ⬜ ➡

1.5～3 m

应用方式

秋叶似火，可孤植、列植、群植于景区、校园、庭院、湖旁、草坪中，具有较高的观赏价值。

密冠卫矛（火焰卫矛）

Euonymus alatus 'Compactus'
卫矛科卫矛属

形态特征 落叶观叶灌木，高 1.5～3 m，冠幅可达 3 m。幼枝绿色，叶椭圆形至卵圆形，夏季深绿色，秋季为火焰红色。花浅红或浅黄色，聚伞花序。花期 5 月至 6 月上旬；果红色，果期 9 月至秋末。初秋叶色就开始变为血红色或火红色，如遇天气干旱，则叶片变色较早。在酸性土中变色效果更好。

产地及来源 国外园艺栽培品种。北京、山东、河南、上海、浙江等地有苗源。

生态习性 喜光，稍耐阴。耐寒。喜排水良好的弱酸至弱碱土壤。

熊掌木

Fatshedera lizei

五加科熊掌木属

形态特征 常绿灌木，高约 1.2 m。叶互生，亮绿，掌状裂叶，裂片 5 枚，全缘，因状似熊掌而得名。

产地及来源 1912 年法国某一苗圃用八角金盘与常春藤杂交而成。上海、浙江、江苏、四川等地有苗源。

生态习性 耐阴，喜温暖，耐旱。在荫蔽和湿润生境，疏松、肥沃的砂质土壤中生长良好。能吸附灰尘。

Z 8b～10 ;

1.2 m

应用方式

常修剪成矮灌木，用做绿篱、绿带、色块等，植于庭前、门旁、窗边、栏下、墙隅、高架桥下等阴性区域，也可点缀在池畔、桥头、桥下，或在草地边缘、林地之下成片群植。可用作花境的背景材料。

花叶熊掌木
× *Fatshedera lizei* 'Variegata'
五加科熊掌木属

形态特征
常绿观叶小灌木，高达 1 m。初生时茎呈草质，后渐转木质化。单叶互生，掌状五裂，叶端渐尖，叶基心形，叶缘有白色不规则斑纹；在寒冷地区，叶片在冬季转为红褐色。优良的常绿耐阴彩叶灌木。

产地及来源
法国园艺栽培品种。上海、浙江、广东等地有苗源。

生态习性
喜半阴，叶片边缘容易被夏季阳光灼伤枯焦，过热时枝条下部的叶片易脱落。有一定的耐寒力，喜较高的空气湿度，耐干旱。

1 m

Z 8b～11

应用方式
适宜在林下群植，作观叶地被，也可用于花境、花坛。

  ☀ ❄ 💧 ; Z 8~10 ; ➡ ⇨ ⇨ ⇨

1 m

应用方式

可作地被或色块植物，可点缀景石，或在重要景观节点处丛植亮化秋冬季景观效果。是优良的冬季观叶地被。

火焰南天竹

Nandina domestica 'Firepower'

小檗科南天竹属

形态特征 常绿观叶灌木，高达 1 m。株形紧凑，低矮成球。叶片呈椭圆或卵形，与原种披针形有明显区别；叶入冬成为鲜红色，经霜不落，至隆冬初春似火焰迎风。

产地及来源 国外园艺栽培品种。上海、浙江、安徽、江苏、河南等地有苗源。

生态习性 喜半阴环境，喜温暖、湿润气候。耐寒性较强。不耐水湿及盐碱土，坡地或排水良好的中性及微碱性土均可栽培。

安坪十大功劳
Mahonia eurybracteata
subsp. *ganpinensis*
小檗科十大功劳属

形态特征 常绿灌木，高达 0.5～2（4）m，株形紧凑。叶长圆状倒披针形，宽 1.5 cm 以下。总状花序 4～10 个簇生，长 5～10 cm，花黄色。浆果倒卵形或长圆形，蓝色或淡红紫色。花期 7～10 月，果期 11 月至翌年 5 月。

产地及来源 原产于贵州、四川及湖北。四川、上海、浙江等地有苗源。

生态习性 喜温暖湿润，喜光也较耐阴湿。经多年栽培，适应性不断增强，抗寒能力和抗旱能力有所提高。对土壤要求不严，但须排水良好。萌蘖能力强，对有毒气体有一定的抗性。

Z 8～10

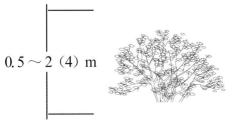

0.5～2（4）m

应用方式
枝叶细巧雅致，是优秀的庭院植物，可丛植点缀景石，或在混合花境中作为骨架植物应用。

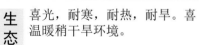

红花玉芙蓉
Leucophyllum frutescens
玄参科玉芙蓉属

形态特征 常绿小灌木，高可达 3 m。株形圆整。叶互生，椭圆形或倒卵形，密被银白色毛茸，质厚，全缘，微卷曲，如银白色芙蓉。花腋生，铃形，五裂，紫红色，花期长，夏秋开放。

产地及来源 原产于自墨西哥至美国南部。广东、福建等地有苗源。

生态习性 喜光，耐寒，耐热，耐旱。喜温暖稍干旱环境。

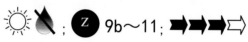

☀ ◗ : **Z** 9b～11 : ➡➡➡⇨

3 m

应用方式
枝叶茂密，叶色独特，优秀的银灰色彩叶树种，适合与黄色、红色等其他彩叶植物搭配点缀，也可修剪做灌木彩篱使用。

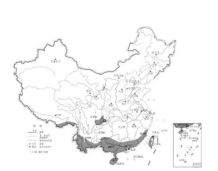

月桂

Laurus nobilis
樟科月桂属

形态特征 常绿小乔木或灌木，高达6 m。树冠卵圆形。叶边缘波状，有醇香。聚伞花序，花小，黄色。核果椭圆状球形，暗褐色。花期3～5月，果期6～9月。

产地及来源 原产地中海及小亚细亚一带。上海、江苏、浙江、台湾、福建、陕西、云南等地有栽培。

生态习性 喜光，耐半阴，喜温暖湿润气候，稍耐寒，耐旱，不耐盐碱，耐修剪。

Ｚ 8～10

6 m

应用方式

树姿优美，四季常青，叶有浓郁香气，为优良的园林绿化观赏树种。孤植、群植、列植均可。也适于在庭院、建筑物前栽植。可修剪做绿篱。叶可做烹饪香料。

常春油麻藤

Mucuna sempervirens

豆科黎豆属

形态特征 常绿大型木质藤本，茎长可达30 m 以上。三出羽状复叶，互生，革质，顶生小叶卵状椭圆形，侧生小叶斜卵形，全缘。花大蝶形，深紫色。花期4～5月，果期8～10月。

产地及来源 分布于我国西南至东南部。浙江、上海、江西、湖南、江苏、安徽等地有苗源。

生态习性 喜光、耐阴。喜温暖湿润气候，不耐寒，耐干旱。

☀ ◐ 💧 ; Ⓩ 8b～11 ; ➡➡➡⇨

应用方式

适于攀附于建筑物、围墙、陡坡、岩壁等处生长，是棚架和垂直绿化的优良藤本植物。

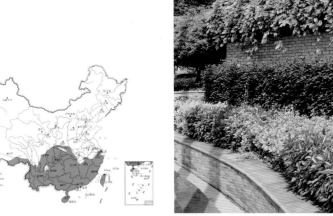

应用方式

匍匐性和攀爬性均较强,是优良的攀援和地被植物。可植于庭园、公园,院墙、石柱、亭、廊、陡壁等攀附点缀,十分美观。又可做疏林草地的林间、林缘地被。由于络石耐修剪,四季常绿,可搭配作色带、色块收边用。盆栽也可用于家庭园艺,垂吊效果好。

'黄金锦'亚洲络石
Trachelospermum asiaticum 'Ogon Nishiki'
夹竹桃科络石属

形态特征 常绿观叶蔓性藤本。枝条长可达数米。叶革质,椭圆形,金黄色,有绿色、黄色、橙色到红色斑纹,常年色彩斑斓,景观效果独特别致。

产地及来源 日本园艺栽培品种。上海周边苗圃有精品容器苗,浙江萧山有大量苗源。

生态习性 喜光,耐半阴,但不耐高温暴晒,夏季的强光照和冬季的低温对叶色影响不大。对土壤要求不严,适应性强,抗病能力强。养护简单,耐修剪。

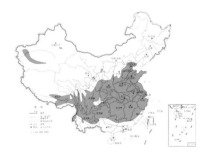

五彩络石

Trachelospermum jasminoides 'Tricolor'
夹竹桃科络石属

形态特征 常绿观叶蔓性藤本。枝条长度可达6 m。叶革质，椭圆形，老叶近绿色或淡绿色，新叶咖啡色、粉红色、全白色、绿白色等相间，常年色彩艳丽，冬季经霜冻之后叶片呈现粉色，非常精致。

产地及来源 国外园艺栽培品种。上海、浙江、江苏、安徽、湖北、四川、广东、福建有苗源。

生态习性 喜光，耐半阴。对土壤要求不严，抗病能力强，根系发达，萌芽、萌蘖力强，耐修剪，养护简单。

 Z 8~11

应用方式

匍匐性和攀爬性均较强，可植于庭园、公园，院墙、石柱、亭、廊、陡壁等攀附点缀，十分美观。也是理想的地被植物，可做疏林草地的林间、林缘地被。由于耐修剪且四季常绿，可搭配作色带、色块收边用。

千叶兰

Muehlenbeckia complexa
蓼科千叶兰属

形态特征 落叶或半常绿草质藤本，常呈蔓状，株形紧凑。叶片小，长椭圆形或近圆形。花近白色，花径约 0.3 cm，7 月下旬至 8 月上旬开花。果实半透明状，白色。

产地及来源 原产于新西兰。上海、浙江等地有苗源。

生态习性 适应性强。喜半阴，略耐阳，阴蔽生境下少花，植株稀疏。稍耐寒，在上海冬季气温低时越冬困难。喜潮湿、肥沃土壤，耐修剪。

 Ｚ 9～10 ➡➡➡➡

应用方式

株形紧凑，叶片精致，观赏期长。可用于花境或景石周围，覆盖效果较好。也可用于植物吊篮。

 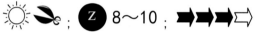  **Z** 8～10 ;

应用方式

金黄色的叶片在深色背景下会显得更加鲜艳亮丽，适用于假山、岩石、墙面、林缘等绿化，或在庭院筑架栽培。

1～3 m

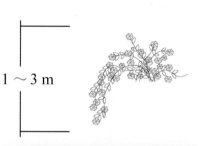

金叶素馨
Jasminum officinale 'Fiona Sunrise'
木犀科素馨属

形态特征 落叶观叶灌木，枝下垂。高 1～3 m。叶椭圆形或卵形，叶色多部分呈金黄色。花单生或数朵成聚伞花序顶生，白色，芳香。花期 3～4 月。

产地及来源 国外园艺栽培品种。上海、浙江有苗源。

生态习性 喜光。喜温暖环境，畏寒，要求空气湿润。在肥沃、排水佳的环境中生长良好。畏旱，不耐湿涝。

蓝花西番莲

Passiflora caerulea

西番莲科西番莲属

 Z 8b～10 ；➡➡➡➡

应用方式

生长迅速，花色奇异，是攀爬廊架、墙体、立柱的好材料，也可用于童趣园、奇花异卉园。

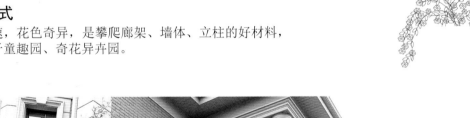

形态特征 常绿草质藤本。茎具卷须，叶互生，掌状5深裂，裂片披针形。花瓣5枚，淡绿色，与萼片近等长，外副花冠裂片3轮，丝状，顶端天蓝色，中部白色，下部紫红色，内轮裂片丝状，顶端具1紫红色头状体，下部淡绿色，内副花冠流苏状，裂片紫红色。浆果橙黄色。花期5～10月。

产地及来源 原产巴西。上海、浙江、江苏、江西、广东、广西等地有栽培。

生态习性 喜阳，耐晒，耐寒。生长迅速。

地涌金莲

Musella lasiocarpa
芭蕉科地涌金莲属

形态特征	多年生大型草本。高0.6～1m。丛生，具水平根状茎。叶片宽大，灰绿色。花序直立，苞片干膜质，黄色或淡黄色，开花时犹如涌出地面的金色莲花，花期长达半年之久，十分壮丽。

☀ ◣◣ ： Ⓩ 8b～11 ； ➡➡➡▭

应用方式

为佛教寺院的"五树六花"之一。既可孤植于假山石旁、小溪边作衬景，亦可片植布置花坛，还可盆栽观赏。庭院中适于窗前、墙隅、假山石旁配植，或成片种植。可与其它南方大叶植物如海芋、春羽、仙茅、姜科植物等一起搭配栽植，形成热带风情景观。

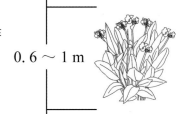

0.6～1 m

产地及来源	我国特有花卉，原产云南中部山区，四川也有分布。上海、浙江、云南、四川等地有苗源。

生态习性	喜阳光充足、温暖湿润气候，耐旱、耐水湿，但喜排水良好、肥沃而疏松的土壤。

火把莲（火炬花）

Kniphofia uvaria

百合科火炬花属

形态特征 多年生观花草本，株高 0.5～0.8 m。基生叶片长剑形。花梗长约 0.8 m，密集总状花序长约 0.3 m，小花下垂，花冠红色、橙色至淡黄绿色，整个花序好似燃烧的火把。花期 5～6 月。

产地及来源 原产于非洲南部地区。华东、华中、西南、华北地区有苗源。

生态习性 喜温暖、湿润、阳光充足的环境，也可耐半阴。要求土层深厚、肥沃及排水良好的砂壤土。耐寒。华北地区在小气候环境中可露地越冬，长江流域可常绿生长。

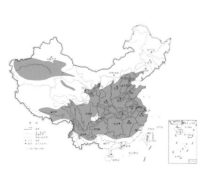

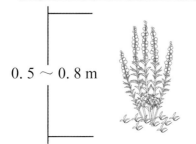

0.5～0.8 m

☀ ◑ ❄ : Ⓩ 6～9 : ➡➡⬜⬜

应用方式

宿根花境材料。多在庭园中群植作背景，以表现出翠绿的叶丛中艳丽犹如火把状的独特花序。

金边阔叶麦冬
Liriope muscari
'Variegata'
百合科山麦冬属

形态特征 多年生常绿草本，株高0.3～0.45 m。叶宽线形，革质，叶片边缘为金黄色，边缘内侧为银白色与翠绿色相间的竖向条纹，基生密集成丛。总状花序，花色亮紫罗兰色。种子球形，初期绿色，成熟时紫黑色。花期7～9月，果期8～10月。

产地及来源 国外园艺栽培品种。华东、华中、西南地区有苗源。

生态习性 喜半阴，忌阳光曝晒，适生于丛林下阴暗处、草地边缘及水景四周。较耐寒，耐热，耐旱。喜湿润、肥沃的土壤。

 Z 6～10 ;

0.3～0.45 m

应用方式
是现代园林景观中优良的林缘、草坪、水景、假山及台地的彩色地被材料，也是优秀的花境材料。

浙江山麦冬

Liriope zhejiangensis

百合科山麦冬属

形态特征

多年生常绿草本，株高 0.2～0.5 m。叶线性，丛生密集，深绿色，具光泽。总状花序，花亮紫罗兰色。种子近球形，紫黑色。花期7～10月，果期8～10月。

产地及来源

原产于我国及日本。浙江、上海、江苏等地有苗源。

生态习性

耐阴，对光照适应性强。耐热、耐寒性均好。可生长于微碱性土壤。

0.2～0.5 m

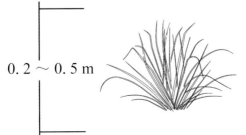

☀️ ❄️ 💧 PH ; Z 8～11 ; ➡️➡️⇨⇨

应用方式

长势强健，株形饱满，耐阴性强，是良好的林下地被材料及花境的镶边材料。也可配置于水边、假山、建筑及石头边缘。

玉龙草（玉龙麦冬）
Ophiopogon japonicus 'Nana'
百合科沿阶草属

形态特征 多年生常绿草本，株高约0.1m。叶狭线形，单叶丛生，墨绿色，上下表面光滑。总状花序，花小，花色淡紫色至白色。花期5月。

产地及来源 国外园艺栽培品种。

生态习性 喜光，耐阴性强，既能在强光照射下生长又能忍受阴蔽环境，在遮光率为70%～90%的林荫下也能正常生长。但光照过弱易使叶片徒长，影响分蘖。耐热，耐寒。对土壤要求不严，在排水良好的砂质土壤中生长较好。喜湿润环境，在生长期间保持微湿可使其快速生长及分生。

0.1 m

☽ ☀ ❄ ; Ⓩ 7～10 ; ➡➡⇨⇨

应用方式
可用于庭园地被、花坛缘植、盆景配植、迷你观叶盆栽及花境镶边。

黑龙草（黑龙麦冬）

Ophiopogon planiscapus 'Nigrescens'

百合科沿阶草属

形态特征

多年生常绿草本，株高0.1～0.15 m。叶狭线形，单叶丛生，墨绿近黑色，上下表面光滑。总状花序，花小，花色淡紫色至白色。浆果蓝色。花期5～7月，果期 8 ～ 10月。株形短小饱满，叶色独特，且较一般草皮耐践踏，是极佳之地被材料。

产地及来源

国外园艺栽培品种。上海、浙江、江苏、云南、四川等地有苗源。

生态习性

需半阴到阴生环境。耐低温。抗旱，水分要求低到中等，在气候比较干燥的北方地区也可种植。喜肥沃、排水良好的土壤条件。

0.1 ～ 0.15 m

☀/🌓 ☀ ❄ 💧 PH · Ⓩ 8～10 ; ➡➡⇨⇨

应用方式

长势强健，株形饱满，耐阴性强，是良好的林下地被材料及花境的镶边材料。也可配置于水边、假山、建筑及石头边缘。

一叶兰

Aspidistra elatior
百合科蜘蛛抱蛋属

形态特征
常绿宿根草本，高 0.5～1 m。地下根茎匍匐蔓延。具长叶柄，自根部抽出，直立向上生长。叶形优美，生长健壮，是理想的荫生绿化植物。

产地及来源
原产于我国南方各地区。华东、华南、西南多地有苗源。

生态习性
性喜温暖湿润、半阴环境，极耐阴。较耐寒，可生长温度范围为7℃～30℃。越冬温度0℃～3℃。

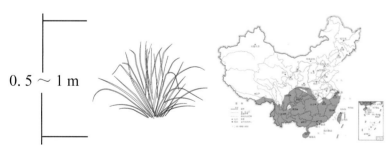

0.5～1 m

Z 9～11

应用方式

长势强健，适应性强，极耐阴，是优良喜阴观叶植物，片植于林下，也可以与其它观花植物配置，衬托出其它花卉的鲜艳和美丽。

紫叶大车前

Plantago major 'Purpurea'
车前科车前属

形态特征　宿根观叶草本，高约 0.3 m。全株亮紫色。叶基生，薄纸质，卵形至广卵形，暗紫色。春、夏、秋 3 季从植株中央抽生穗状花序，花小，花冠不显著。

产地及来源　国外园艺栽培品种。上海、浙江、云南等地有苗源。

生态习性　喜向阳、湿润的环境，耐寒，耐旱。对土壤要求不严。可以自播繁衍。

Z 7～10

0.3 m

应用方式

优良的彩叶地被植物。可点缀于林下、路旁；也可栽种在溪边、河岸、湖旁，增添水景绿化的色彩。

美国薄荷

Monarda didyma

唇形科美国薄荷属

形态特征
多年生落叶观花草本，株高
0.7～1 m。茎直立，四棱形。
叶对生，卵形或卵状披针形，
背面有柔毛，缘有锯齿。轮伞
花序，多花，花色为粉红、深
红、粉紫等。花期6～9月。

产地及来源
原产于北美洲。上海、浙江、
江苏等地有苗源。

生态习性
喜凉爽、湿润、向阳的环境。
耐半阴，耐寒，忌过于干燥。
在湿润、半阴的灌丛及林地中
生长最为旺盛。不择土壤，叶
片具薄荷味，花易招引蜜蜂和
蜂鸟。

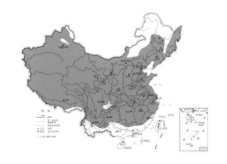

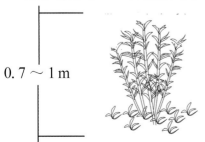

0.7～1 m

Z 4～9

应用方式
植株高大，开花整齐，园林中常作背景材料，也可供花境、
坡地、林下、水边栽植。

迷迭香

Rosmarinus officinalis
唇形科迷迭香属

形态特征　常绿芳香小灌木,高可达1.5 m。茎及老枝圆柱形,幼枝四棱形,密被白色星状细绒毛。叶常在枝上丛生,具极短的柄或无柄,叶片线形,上面稍具光泽。花近无梗,对生,少数聚集在短枝的顶端组成总状花序,花冠蓝紫色。花期11月。

产地及来源　原产于地中海地区。华东、西南、华南、华北地区均有苗源。

生态习性　喜日照充足、温凉干燥的环境,生长适温为10℃～25℃。较耐旱,宜栽植于富含沙质、排水良好的土壤中。生长缓慢,修剪需适度。

Z 8～9;

应用方式

可修剪成低矮绿篱,或植于花境中,作为常绿芳香成分招蜂引蝶。

1.5 m

深蓝鼠尾草
Salvia guaranitica
唇形科鼠尾草属

形态特征　多年生观花草本或亚灌木，株高 0.5～1.5 m。叶对生，卵圆形，色灰绿，质地厚，芳香。花深蓝色，花萼绿色略带蓝绿色，穗状花序顶生或着生叶腋，花偏生一侧。花期 5～10 月。

产地及来源　原产于南美洲的巴西、巴拉圭、乌拉圭和阿根廷等国家。上海、浙江等地有苗源。

生态习性　喜光，耐半阴，耐寒。一般土壤中均可生长，喜疏松肥沃、排水良好的土壤。

 Z 8～10

0.5～1.5 m

应用方式
适宜在景观中作背景材料。略微松散的株形多布置于花境或庭院中，也是芳香保健园的好材料。

墨西哥鼠尾草

Salvia leucantha

唇形科鼠尾草属

形态特征　多年生观花草本，株高可达0.8 m。茎直立多分枝，茎基部稍木质化。叶片条状披针形，对生，具绒毛，有香气。轮伞花序，顶生，小花紫色，具绒毛，花萼紫色，花冠紫色或白色。花期长，8～12月。

产地及来源　原产中南美洲。上海、浙江、广东、四川、云南等地有苗源。

生态习性　喜光，稍耐阴，喜湿润、疏松而肥沃的土壤，吸引昆虫，为蜜源植物。

Z 9b～10

0.8 m

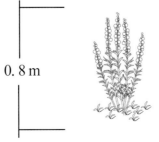

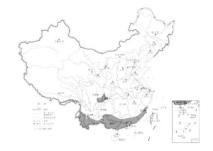

应用方式

花叶俱美，花色高雅，观花期长，是亚热带地区很好的秋季花境植物，适于公园、庭园等路边、坡地栽培。

天蓝鼠尾草
Salvia uliginosa
唇形科鼠尾草属

形态特征
多年生观花草本，株高0.9～1.8 m。茎基部略木质化，分枝极多,叶对生,黄绿色,柳叶形,先端渐尖,具锯齿。唇形花10个左右轮生,开于茎顶或叶腋,花天蓝色,约为1.3 cm,吸引蜂蝶。花期夏末至中秋。具地下根,可快速蔓延覆盖地面。

产地及来源
原产于巴西(南部)、乌拉圭和阿根廷。浙江、江苏、上海、四川等地有苗源。

生态习性
喜温暖,阳光充足的环境,抗寒,可耐 -15°C 低温。喜湿润、排水良好的土壤,也可在黏重土壤中生长。

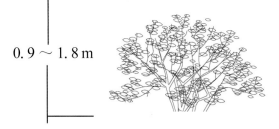

0.9 ～ 1.8 m

☀ ; Ⓩ 7～9 ; ⇒⇒⇒⇨

应用方式
可形成近 2 m 高,宽 0.5 m 的灌丛。用作堤岸镶边,或用于花境背景及混合花境中,吸引蝴蝶及蜂鸟。

绵毛水苏

Stachys lanata

唇形科水苏属

形态特征 多年生常绿草本，株高 0.2～0.4 m。卵形叶，叶片宽大肥厚，密被银白色丝状线毛。轮伞花序，花小，紫红色。花期 5～7 月。叶色银白，花色美丽，观赏期长久。

产地及来源 原产于巴尔干半岛，黑海沿岸至西亚。上海、江苏、浙江、四川等地有苗源。

生态习性 喜全光照或半阴，耐寒，可耐 -29℃ 低温。对炎热潮湿的气候较敏感，避免从叶上浇水，在南方雨季注意保持排水和通风良好，防止叶片积水腐烂。耐热，耐旱，亦耐瘠薄，勿施肥过度。

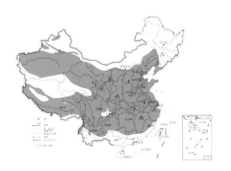

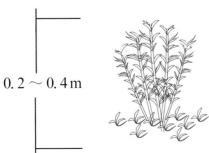

0.2～0.4 m

Z 5～9

应用方式

常在花境中用作色块填充材料，宜与各色花卉搭配。植株低矮，也是理想的花境镶边材料。可作地被成片栽植或点缀于景石旁，尤其适合配置点缀岩石园。

假龙头花（随意草）
Physostegia virginiana
唇形科假龙头花属

形态特征 多年生落叶草本，株高 0.5～0.6 m。小型叶，长圆形对生。穗状花序，花色有白色、紫红色、红色至粉色。株形整齐挺拔，花色淡雅。花期 5～9 月。

产地及来源 原产于北美洲。上海、浙江、江苏、山东、北京、河北、四川等地有苗源。

生态习性 喜光，耐半阴，耐寒，耐热。栽培容易，对土质要求不高，以排水良好的肥沃砂质土壤为佳，干旱时须及时给水。

 Z 4～9

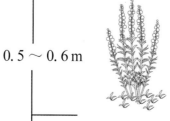

0.5～0.6 m

应用方式
宜群植营造夏、秋淡雅的单色花境，或作花境背景材料，也可与其它花灌木、多年生草本配置混合花境，用于花坛或草地成片种植。

  ; **Z** 9～11 ;

5.5～7.5 m

应用方式

可在湖泊、滩涂荒地种植，固土防浪、净化水体。
用于人工湿地，营造富有自然野趣的湿地景观。树
体高大似竹，可做背景植物。

南荻

Triarrhena lutarioriparia

禾本科荻属

形态特征 多年生高大竹状草本，具发达
的根状茎，高 5.5 ～ 7.5 m。
秆直立，深绿色或略带紫色、
褐色，有光泽，常被蜡粉，成
熟后宿存。叶片带状，秋叶变
黄色。圆锥花序大型，灰白色。
花果期 9 ～ 11 月。

产地及来源 产于我国长江中下游以南各地。

生态习性 喜光，耐旱，耐湿，耐瘠薄。
根系发达，可保持水土，固堤
防洪。

细叶芒

Miscanthus sinensis 'Gracillimus'
禾本科芒属

形态特征	多年生落叶草本，株高1～2 m，丛生。叶直立、纤细、柔软，叶片绿色。顶生圆锥花序，花序大而饱满，密集而又开展；花盛开时为红色，后渐转为银白色直至干枯。花期9～10月。
产地及来源	国外园艺栽培品种。上海、浙江、江苏、安徽、河南、山东、北京、河北、湖南、湖北、四川、重庆、云南等地有苗源。
生态习性	喜光，耐半阴。耐旱，耐涝，适宜在湿润、排水良好的土壤中种植。

 ⓩ 6～10 ; ➡➡➡➡

1～2 m

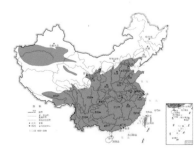

应用方式

有轻柔、细腻的质感，是非常优秀的观赏草。可以充当主景，群植观赏或作为背景屏障，也可与其它的植物对比体现质感。可用于水边或湿地，也可用于花坛、花境、岩石园，是搭配小型景石的绝佳材料。

斑叶芒

Miscanthus sinensis 'Strictus'
禾本科芒属

形态特征　多年生落叶草本，株高0.75～1.5 m。草质叶基生，线性，具倒刺，叶片边缘具有金黄色或白色的斑纹。圆锥花序大而饱满，密集而又开展，花色盛开时为红色后逐渐转为银白色直至干枯。花期9～10月。

产地及来源　国外园艺栽培品种。上海、浙江、江苏、安徽、河南、山东、北京、河北、湖南、湖北、四川、重庆、云南等地有苗源。

生态习性　喜光，耐半阴。耐旱，耐涝，适宜在湿润、排水良好的土壤中种植。

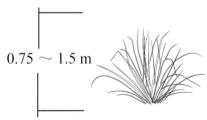

0.75 ～ 1.5 m

应用方式

在园林中可充当主景，常丛植或群植，起衬托与点缀的作用，也适宜作花境背景或中景栽植，与其它植物形成质感对比。还可种于水边或湿地。

Z 6～10 ;

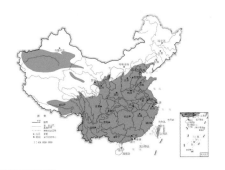

银边芒

Miscanthus sinensis 'Variegatus'

禾本科芒属

形态特征
多年生落叶草本，株高 1.2～1.8 m。叶有白色纵条纹。圆锥花序，花序大而饱满，密集而又开展；花色盛开时为红色后逐渐转为银白色直至干枯。花期 9～10 月。是非常优秀的彩叶观赏草。

产地及来源
国外园艺栽培品种。上海、浙江、江苏、广东、湖北、四川、重庆、云南等地有苗源。

生态习性
喜光，耐半阴。耐旱，耐水湿，喜排水良好的土壤。

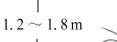

1.2～1.8 m

 Z 6～10 ;

应用方式
在园林中可扮演多种角色，既可当主景、群植观赏，搭配景石、景墙和平台以柔化景观效果，或与其它植物形成对比来体现质感，也可种于水边或湿地。

矮蒲苇
Cortaderia selloana 'Pumila'
禾本科蒲苇属

形态特征　多年生暖季型观赏草，株高1.5～2 m，丛生。叶片灰绿色，聚生于基部。圆锥花序，银白色，似羽毛状。花期9～11月。

产地及来源　国外园艺栽培品种。上海、浙江、江苏、湖北、云南、四川、广东等地有苗源。

生态习性　喜光，耐寒。对土壤要求不严，在肥沃、湿润、排水良好的土壤中长势旺。

1.5～2 m

☀ ❄ 💧 ⬤Z 8～10 ➡➡➡▷

应用方式
优秀大型观赏草，可用作花境点缀，也可用于岸边自然景观的营造，效果独特。

重金属柳枝稷
Panicum virgatum 'Heavy Metal'
禾本科黍属

形态特征 多年生暖季型观赏草，株高0.8～1.2 m，株形松散。植株秋后变为枯黄色，直立不倒。叶片灰绿色。圆锥花序，种子成熟后变为黄色。最佳观赏期为7月至冬季。

产地及来源 国外园艺栽培品种。上海、北京等地有苗源。

生态习性 喜全光，耐半阴，在荫蔽处易倒伏。土壤适应性强，干旱或潮湿土壤均可。耐水湿，耐火烧，抗空气污染。较少需要管理，以根茎繁殖，在条件适合的生境中可自播繁衍。

Z 5～9；

0.8～1.2 m

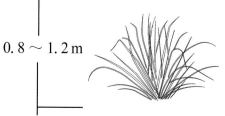

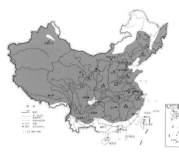

应用方式
常用于野生花园、植物园、草原草甸及自然景区等。也适用于水边和沼泽地自然景观的营造。

细茎针茅（墨西哥羽毛草）

Stipa tenuissima
禾本科针茅属

形态特征
多年生常绿草本，高 0.3 ～ 0.5 m。叶细长如丝，基部丛生，叶色嫩绿，质地极其细腻。穗状花序，花银白色，富有透明感。花期 6 ～ 9 月。

产地及来源
原产于美国德克萨斯州、新墨西哥州及墨西哥中部地区。上海、浙江、江苏、四川等地有苗源。

生态习性
冷季型草，喜冷凉气候。需全日照或部分遮阴。耐湿、耐旱，喜肥沃、排水良好的土壤，对土质要求不高，重黏土、砂质土壤均能适应。抗风，可生长于海滨环境。栽培容易，养护简单，夏季注意通风，不宜过于潮湿。

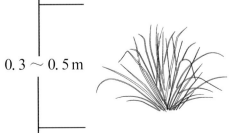

0.3 ～ 0.5 m

Z 7～9

应用方式
质地细腻、色彩明快，能与硬质材料相配，在园林中应用能有效软化硬质线条，适合与岩石配置，或种于石缝中、路旁等。亦可作花坛、花境镶边。与茎干挺拔，株形高挑的花卉（如薰衣草、菩草、紫娇花、虞美人等）搭配景观效果较好。

姜花

Hedychium coronarium

姜科姜花属

形态特征 落叶观花大型草本，植株高大挺拔，高 1 ~ 2 m，株形紧凑。叶宽大，长椭圆形。花白色，具浓香，花径约 5 cm。6 月下旬至 8 月上旬开花，观赏期长。

产地及来源 原产于尼泊尔和印度。上海、浙江、广东、福建等地有苗源。

生态习性 喜半阴，略耐阳，适应性强，喜潮湿、肥沃土壤。

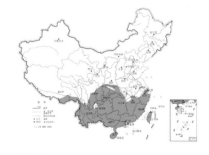

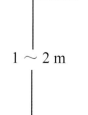

1 ~ 2 m

 Z 8b ~ 11;

应用方式

可用在花境、花坛或盆中观赏，成片栽植或孤植于角隅及林下。

戟叶孔雀葵

Pavonia hastata

锦葵科孔雀葵属

形态特征 半常绿亚灌木,株高0.9～1.2 m,冠幅0.9～1.2 m,株形飘逸。叶较小,呈戟状。花白色,花心暗紫红色,花径约4～5 cm;6月下旬至8月上旬集中开花,其余月份均有零星开花。花量大,花期极长,观赏价值高。

产地及来源 原产于美洲、非洲和亚洲的热带地区。上海有苗源。

生态习性 适应性强,喜阳,略耐阴,荫蔽生境下少花。喜温暖湿润气候,耐寒。喜肥沃土壤。

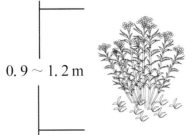

0.9～1.2 m

应用方式

在夏季少花的绿化带中显得格外靓丽。可用于花境、花坛中。

芙蓉葵（大花秋葵）

Hibiscus moscheutos

锦葵科木槿属

形态特征　多年生落叶草本，可呈亚灌木状，株形紧凑。株高可达 2 m，也有矮生种。叶纸质，阔卵形。花白色、粉白色、大红色等，有深色花眼，花大艳丽，花径可达 20 cm。6 月下旬至 9 月上旬开花。

产地及来源　原产于北美洲。上海、江苏、河南、山东、河北、北京、四川、云南等地有苗源。

生态习性　喜阳，稍耐寒，喜温暖湿润的气候，耐水湿。喜肥沃土壤。

 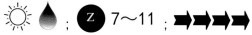 7～11 ;

2 m

应用方式

可丛植、列植，或点缀于草坪，也可用作花境的背景材料。因耐水湿，可在湿地栽培。冬季枝干枯而不倒，灰白色，仍有一定观赏价值。

金梳菊

Euryops chrysanthemoides
× E. pectinatus
黄蓉菊属

形态特征	常绿观叶、观花亚灌木，株高约0.7 m。叶互生，羽状深裂，灰绿色。头状花序，径约5 cm，单生枝顶，缘花舌状，金黄色。花期4～11月。
产地及来源	原产于南非。上海、浙江、江苏、四川等地有苗源。
生态习性	喜光，耐寒性差，不能在华东地区露天过冬。不耐旱。需排水良好的砂质土壤栽培。

0.7 m

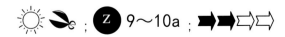 9～10a ;

应用方式

优良地被植物，可点缀树林草地或做带状种植，效果俱佳。

黄金菊

Euryops chrysanthemoides
× E. pectinatus 'Viridis'
菊科黄蓉菊属

形态特征　常绿观花亚灌木，株高可达 0.7 m。叶互生，羽状深裂，叶色亮丽。头状花序，径约 5 cm，单生枝顶，金黄色。花期 4～11月。

产地及来源　园艺栽培品种。上海、浙江、江苏、四川、云南、重庆、湖北、广东、福建等地有苗源。

生态习性　喜光、耐高温。栽培时需日照充足、通风良好，以排水良好的砂质土壤或土质深厚土壤为佳，土壤中性或略碱性。较耐寒，在上海如遇极寒天气，地上部分会冻死。

0.7 m

 Z 8～10

应用方式
优良地被植物，可点缀树林草地或带状种植，效果佳。

非洲菊

Gerbera jamesonii
菊科大丁草属

形态特征 多年生观花草本,高0.3～0.6m。全株具细毛。多数叶为基生,羽状浅裂。花序单生,高出叶面0.2～0.4 m,总苞盘状,钟形,花色有大红、橙红、淡红、黄等。四季有花,春秋两季最盛。

产地及来源 原产于南非。上海、浙江、广东、福建、云南等地有苗源。

生态习性 喜冬暖夏凉、空气流通、阳光充足的环境,不耐寒,忌炎热。喜肥沃疏松、排水良好、富含腐殖质的砂质土壤,忌粘重土壤,宜微酸性土壤,生长最适pH值为6.0～7.0。

☀ (PH) ; (Z) 9～10 ; ➡➡➡⇨

0.3～0.6 m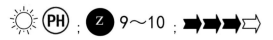

应用方式
花色亮丽丰富,极具热带风情。适用于点缀花坛、花境。

大吴风草

Farfugium japonicum

菊科大吴风草属

形态特征　常绿观花、观叶草本。株高0.6～0.9m。叶基生，肾形，浓绿色。头状花序排成伞房状，舌状花黄色。花期10～12月，果序灰白色，亦有观赏价值。

产地及来源　原产于我国、日本。上海、浙江、江苏、湖南、湖北、四川等地有苗源。

生态习性　喜半阴和湿润环境。耐寒，在江南地区能露地越冬。对土壤适应度较好，以肥沃疏松、排水好的土壤为宜。露地栽培后管理较粗放，冬季地上不倒苗。

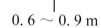

0.6～0.9m

应用方式

优秀的常绿阴生地被，适宜片植于林下或立交桥下，可与玉簪、紫萼等品种套种。

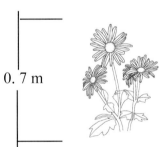

0.7 m

应用方式

为宿根花卉花境、混合花境、阳地花境、旱地花境材料。可在草地边缘、坡地、草坪中成片栽植。生长粗放，可自播繁衍，是高速公路绿化的新材料。

大花金鸡菊
Coreopsis grandiflora
菊科金鸡菊属

形态特征
多年生常绿观花草本，株高达 0.7 m。茎直立多分枝。花单生，径 6 cm，金黄色。花期 6～9 月。

产地及来源
原产于美国，现已广泛栽培。华东、华北、华中、西南多地有苗源。

生态习性
喜光，也耐半阴。较耐寒，忌暑热。耐干旱瘠薄，但宜肥沃且排水良好的土壤。开花期及时去除枯花可延长花期。

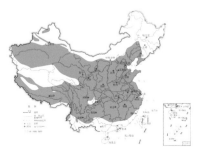

雪叶菊（银叶菊）
Senecio cineraria
菊科千里光属

形态特征 多年生观叶草本，高达 0.5～0.8 m，全株被银白色柔毛。叶片 1～2 回羽状分裂。头状花序单生枝顶，花小、黄色。花期 6～9 月。主要观其颜色似白雪一般纯净优雅的叶片。

产地及来源 原产于南欧。华东、华北、西南多地有苗源。

生态习性 喜凉爽湿润、阳光充足的气候。较耐寒，长江流域能露地越冬；不耐酷暑，高温、高湿时易死亡。喜疏松、肥沃的砂质土壤或富含有机质的黏质土壤。

 8～9

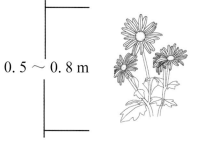

0.5～0.8 m

应用方式
与其他色彩的纯色花卉搭配栽植，效果极佳。是优秀的花坛、花境观叶植物。

蛇鞭菊

Liatris spicata

菊科蛇鞭菊属

形态特征

多年生观花草本，高 0.6～1.2 m。茎基部膨大呈扁球形，茎直立，无分枝。叶互生或近轮生，线形。4～10 朵管状花组成头状花序，再聚集成长穗状花序；花茎挺立呈鞭形；花冠分裂为扭曲的丝状，粉色、紫色或白色，自下而上开放。花期8～9月。

产地及来源

原产于美国东部地区。上海、浙江、江苏等地有苗源。

生态习性

耐寒，喜光或稍耐阴，喜温暖湿润气候，耐热亦可耐 -25℃ 低温。耐贫瘠，对生境要求比较粗放，在黏土、砾石土壤中也可以生长，喜疏松、肥沃、湿润的土壤。

0.6～1.2 m

☀ ❄ ; ⓩ 7～9 ; ➡➡⇨⇨

应用方式

花序直立，花色艳丽，多片植于花坛、花境或庭院中，也可点缀在山石旁。

蓍（千叶蓍）
Achillea milleflium
菊科蓍草属

形态特征 多年生宿根观花草本。丛生型，高可达 0.5～0.8 m。茎直立，中上部有分枝，密生白色长柔毛。叶矩圆状呈披针形，2～3回羽状深裂至全裂，似许多细小叶片，故名"千叶"。花序呈现水平线条，花色有白色、粉红色、黄色等。花期5～10月。

产地及来源 广泛分布于北温带。华东、华北、西南多地有苗源。

生态习性 喜光，在半阴处也可生长良好。耐寒，耐旱。对土壤及气候的条件要求不严，非常耐瘠薄。在夏季对水分的需求量较少，是城市绿化中的节水型植物。

 Z 6～9 ;

0.5～0.8 m

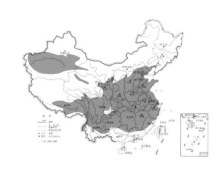

应用方式
植株质感细腻，宜作花坛、花境和庭院植物。

'Flame Thrower'　'Hot Papaya'　'Hot Summer'　'Marmalade'

'Meringue'　'Pink Double Delight'　'Rosberry Truffel'　'Tomato Soup'

松果菊

Echinacea purpurea
菊科松果菊属

形态特征　多年生观花草本，株高达 1.5 m，全株被粗毛，因花序似松果而得名。基生叶卵形或三角形，茎生叶卵状披针形。头状花序单生于枝顶或多数聚生，中心的管状花多为橙黄色，外围舌状花有紫红、白色、粉色、复色等。花期 6～9 月。

产地及来源　分布于北美洲，近些年，国际上培育出一批新花色、新花型的新品种，有很好的推广价值。

生态习性　喜凉爽、湿润和阳光充足环境，也耐半阴。稍耐寒，可耐受 -20℃低温。宜肥沃、疏松和排水良好的微酸性土壤，忌积水和干旱。

Z 6～9

1.5 m

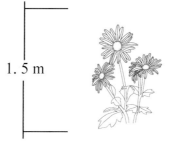

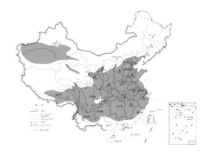

应用方式

株形整齐，花大色艳，可栽植作为背景或作为花境、坡地材料，是庭院、公园、街头绿地和道路绿化常用种类。亦可作切花。

太平洋亚菊

Ajania pacifica
菊科亚菊属

形态特征	常绿亚灌木，丛生，高0.3～0.5m。叶缘有银白色边，叶背密被白毛。深秋开金黄色小花，花量大。
产地及来源	原产于东北，西北、华北、华中至西南地区均可栽培。上海、江苏、浙江、湖北、四川等地有苗源。
生态习性	适应性强，抗热，也耐寒。植株更新能力很强，发生倒伏后，应强修剪促使基部幼苗更新。

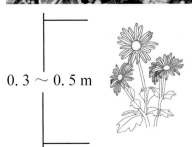

0.3～0.5m

☀ ❄ 🍂 : Ⓩ 6～9 ; ➡➡⇨⇨

应用方式

可用于草坪及地被花坛、地被、路边、林缘镶边，也适用岩石园或做花境中的前景植物。

荷兰菊

Aster novi-belgii

菊科紫菀属

形态特征　多年生观花草本。茎丛生、多分枝，高0.6～1m。叶呈线状披针形，光滑，幼嫩时微呈紫色。在枝顶形成伞状花序，花蓝紫色或玫红色。花期10月。

产地及来源　原产于北美洲。华东、华南、华北、东北、西南、西北多地有苗源。

生态习性　性喜阳光充足和通风的环境，适应性强，耐寒，喜湿润也耐干旱，耐瘠薄，对土壤要求不严，适宜在肥沃和疏松的砂质土壤中生长。耐粗放管理。

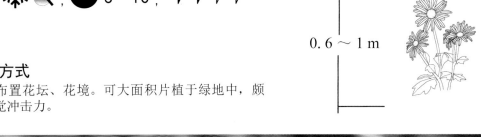

Z 3～10

0.6～1m

应用方式

适于布置花坛、花境。可大面积片植于绿地中，颇具视觉冲击力。

千鸟花（山桃草）

Gaura lindheimeri

柳叶菜科山桃草属

形态特征
多年生草本，株高可达 1.5 m。叶披针形或匙形。总状花序顶生，花白色，花瓣匙形，具柄。花期 5～9 月。

 Z 5～10

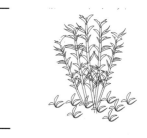

1.5 m

应用方式
花坛配置，坡地栽植，亦可点缀于草坪、花境等。

产地及来源
原产于美国。现国内已广泛栽植。华东、华中、华北、西南多地有苗源。

生态习性
喜阳光充足，也耐半阴。耐寒，喜凉爽的气候，可耐 -12℃～-7℃低温。耐旱，喜湿润、肥沃、疏松且排水良好的砂质土壤。

紫叶千鸟花（紫叶山桃草） *Gaura lindheimeri* 'Crimson Butterflies'

多年生草本，株高达 1.3 m。叶片紫色，披针形。穗状花序顶生，细长而疏散，花小而多，粉红色。

美丽月见草

Oenothera speciosa

柳叶菜科月见草属

形态特征 多年生常绿草本，株高达 0.6 m。叶互生，狭披针形，边缘有锯齿，基部羽状深裂。花粉红色，单生于茎、侧枝上部叶腋，花瓣4片，具有红色羽状纹脉。花期4～11月。

产地及来源 原产于北美洲。上海、浙江、江苏、四川、湖北等地有苗源。

生态习性 适应性强，喜温暖、阳光充足的环境，耐半阴。耐寒，耐旱。忌水湿，适宜生长在排水良好的土壤中。耐贫瘠。容易自播繁衍。

Z 8～9

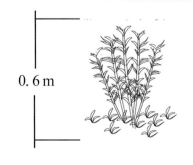

0.6 m

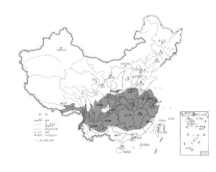

应用方式

可用于公园、绿地等绿化，片植于缓坡、湖边、林缘作地被，或点缀于景石旁来柔化其质感。

柳叶马鞭草

Verbena bonariensis
马鞭草科马鞭草属

形态特征
多年生观花草本，高 0.6～1.5 m。株形整齐。茎秆方形，偶见五棱形，直立。叶稀少，十字对生，有锯齿，基生叶椭圆，茎生叶披针形如柳叶。聚伞花序，花小，浅紫色，柔和淡雅，花序繁茂，花期长。花期 5～10 月，春季修剪后容易产生二次花。

产地及来源
原产南美洲。华东、华南、华中、华北、西南、东北地区有引种栽培。

生态习性
喜光照充足，喜温暖气候，耐旱能力强。

 Z 7～10；➡➡➡⇨

0.6～1.5 m

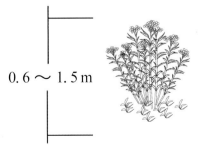

应用方式
植株挺立，开花期长，是优秀的花境材料。片植效果极其壮观，适合布置营建花海景观。可以沿路带状栽植，分隔空间的同时，还可以丰富路边风景。花吸引蝴蝶。

密花千屈菜
Lythrum 'Mordens Rose'
千屈菜科千屈菜属

形态特征
多年生宿根挺水观花草本，高0.4～0.8m，比原种明显低矮而紧凑。穗状花序顶生，花红紫色或淡紫色。花期7～9月。只要温度适宜，可持续开花。花较千屈菜更密集，观赏价值更高。

产地及来源
国外园艺栽培品种。上海、北京等地有苗源。

生态习性
喜温暖、光照充足、通风好的环境。较耐寒，在我国南北各地均可露地越冬。喜水湿，在浅水中栽培长势最好，也可旱地栽培。对土壤要求不严，在土质肥沃的塘泥基质中花色鲜艳，长势强壮。

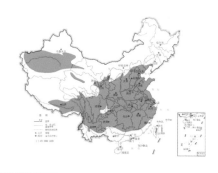

☀ ❄ 💧 ; Ⓩ 6～9 ; ➡➡➡⇨

0.4-0.8 m

应用方式
可丛植或片植，常用于庭园花境或城市湿地景观营造。

白鹭莞（星光草）

Rhynchospora colorata
莎草科刺子莞属

形态特征

多年生挺水植物，高达 0.3 m。茎挺出水面直立半空中，株形纤细，姿态优美。狭披针形的白色叶片，轮生在茎顶上，米黄色花序聚集在中间，整体看起来就像仙女棒的火花。花型奇特，为优良的水生植物。花期 6～10 月，果期 8～11 月。

产地及来源

原产于美国南部。上海、浙江、云南、湖北等地有苗源。

生态习性

喜光，荫蔽会使茎秆萎软倾倒。喜水湿。细茎禁不起强风吹袭，叶片很容易因此纠缠在一起。繁殖以分株法为主。

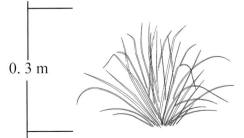

0.3 m

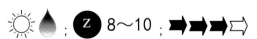

☀ 💧 ; ⓩ 8～10 ; ➡➡➡⇨

应用方式

适于湿地、水池栽培或盆栽。质感轻盈，颇具趣味性。

金叶薹草

Carex oshimensis 'Evergold'
莎草科薹草属

形态特征 多年生常绿草本，丛生，株高达 0.2 m。叶细条形，边缘绿色，中央有黄色纵条纹。穗状花序，花期 4～5 月。其叶色优美，植株生长密集，具有很好的覆盖性。

产地及来源 国外园艺栽培品种。上海、浙江、江苏、四川等地有苗源。

生态习性 喜温暖、湿润和阳光充足的环境，耐半阴。有一定的耐寒性，在黄河以南地区可露地越冬。耐瘠薄，对土壤要求不严，但怕积水。

Z 8～9

0.2 m

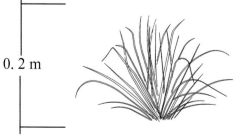

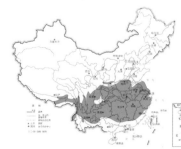

应用方式
既可作地被植物成片种植，也可作为草坪、花坛、园路的镶边。

早花百子莲
Agapanthus praecox
石蒜科百子莲属

形态特征

多年生常绿观花草本，株高 0.5～0.8 m。叶线状或带形，生于短根状茎上，左右排列，叶浓绿色。伞形花序，每个花葶可着花20～50朵，花蓝色、白色。花期6～8月。

产地及来源

原产于南非。上海、浙江、江苏、广东、云南、四川等地有苗源。

生态习性

喜全光或部分遮阴，喜暖湿润气候。有一定的耐寒能力，霜冻可致叶片枯萎。在肥沃疏松、排水好的土壤中生长良好。无严重的病虫害发生。

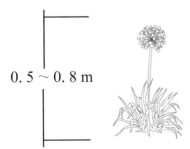

0.5～0.8 m

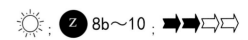

Z 8b～10

应用方式

花球蓝色，直径大，直立，花期长。叶翠绿、秀丽，在南方可置半阴处栽培。作岩石园和花境的点缀植物，可以植于树下、林缘、屋角、花坛，均有醒目的效果。

☀ ◐ ◣ ; **Z** 8b～10 ; ➡➡➡ ⇨

应用方式

叶丛翠绿,花朵俏丽,花瓣肉质,花期长,是夏季难得的花卉。适宜作花境中景,或作地被植于林缘或草坪中。在庭院栽培时,可与葱兰、韭兰搭配植于石景边缘,能充分体现其幽雅;或植于疏林下,与麦冬或石蒜混栽则更显出它娇俏美丽的身形。

0.6 m

紫娇花
Tulbaghia violacea
石蒜科紫娇花属

形态特征 多年生常绿草本,高达0.6 m。叶多为半圆柱形,中央稍空,长约30 cm。花茎直立,伞形花序球形状,花淡粉紫色。花期5～10月,春季花盛。

产地及来源 原产于南非。江苏丹阳有引种。

生态习性 喜光,耐半阴,不宜庇荫。喜高温,耐热。对土壤要求不严,耐贫瘠。

花叶紫娇花 *Tulbaghia violacea 'Silver Lace'*

株高达0.5 m。叶子狭长,叶边银色。花茎细长而直立,顶端簇拥着数十朵粉红或淡紫色的小花,花形俏丽。花期5～8月。

花叶菖蒲
Acorus calamus
'Argenteostriatus'
菖蒲科菖蒲属

形态特征 多年生挺水植物，高达 0.5 ～ 0.8 m，全株有特殊香味。根茎横走。叶茎生，剑状线形，宽约 0.5 cm，叶片纵向近一半宽为金黄色。肉穗花序斜向上或近直立，花黄色。花期 3 ～ 6 月。

产地及来源 国外园艺栽培品种。上海、浙江、江苏、湖北、云南、四川等地有苗源。

生态习性 适应性较强。喜光又耐阴。耐寒。喜湿润，忌干旱。不择土壤。

0.5 ～ 0.8 m

 Z 7～11 ;

应用方式
叶片挺拔又不乏细腻，色彩明亮，是优良的彩叶植物。可栽于池边、溪边、岩石旁或林下。可作为花境、花坛的镶边材料，亦可作为室内盆栽观赏。

金叶石菖蒲
Acorus gramineus 'Ogon'
菖蒲科菖蒲属

形态特征 多年生常绿观叶草本，株高 0.3～0.4 m，全株具香气。根状茎横走，多分枝。叶剑状条形，两列状密生于短茎上，全缘，有光泽，金黄色叶片有绿色条纹。4～5月开花，肉穗花序，花小而密生，黄绿色。浆果肉质，倒卵圆形。

产地及来源 日本园艺栽培品种。上海、浙江、江苏、湖北、四川等地有苗源。

生态习性 喜光亦耐阴，耐寒，适应性强。耐水湿，可生长在湿地环境。春季容易得叶斑病，需及时喷药预防。

 Z 7b～10 ;

0.3～0.4 m

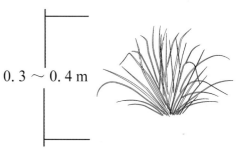

应用方式
丛植于湖、塘岸边，或点缀于庭园水景和临水假山一隅，还可作彩叶地被或用于花境中。

粉绿狐尾藻
Myriophyllum aquaticum
小二仙草科狐尾藻属

形态特征	多年生挺水或沉水草本，高 0.1～0.2 m。茎半蔓生。叶轮生，羽状排列，小叶针状，绿白色；沉水叶丝状，朱红色。穗状花序。花期4～9月。
产地及来源	原产欧洲。华东、华南、西南地区有栽植。
生态习性	喜阳，在阳光强烈的沟渠或池塘中生长旺盛。

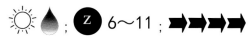 ☀ 💧 ⓩ 6～11；➡➡➡➡

0.1～0.2 m

应用方式
叶秀美，群植观赏效果颇佳，是水景园、河道绿化的浮性绿化材料，可净化水质，抑制蓝藻暴发，但生长迅速，需采取人工手段控制，如每年定期打捞。

毛地黄钓钟柳

Penstemon laevigatus subsp. *digitalis*

玄参科钓钟柳属

形态特征 多年生常绿草本，株高达1 m。叶较大，冬季发红。小花钟状，白色，略带蓝紫色晕彩。花期5月上旬至7月上旬。

产地及来源 原产于美国东部及东南部。上海、浙江、四川等地有苗源。

生态习性 喜光亦耐半阴，喜温暖，不耐寒，耐旱。在富含腐殖质、排水良好的土壤中生长最好。

Z 8～9

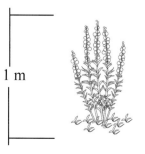

1 m

应用方式

适宜片植或作为花境背景及中景植物。

穗花婆婆纳
Veronica spicata
玄参科婆婆纳属

形态特征 多年生落叶观花草本，株高可达 0.6～0.9 m。叶对生，披针形至卵圆形。花葶长穗状，淡蓝色。花期 5～11 月。植株紧凑，花色淡雅。

产地及来源 原产于美国。上海、浙江、江苏、北京、四川等地有苗源。

生态习性 喜光，也耐半阴。在各种土壤上均能生长良好，忌冬季土壤湿涝。

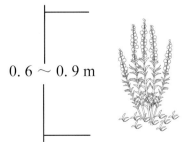

0.6～0.9 m

 Z 5～10

应用方式
适用于花境中，表现优雅的竖线型。是点缀夏季景观的好材料。

梭鱼草

Pontederia cordata

雨久花科梭鱼草属

形态特征

宿根挺水草本,株高0.6～1.2 m。叶柄绿色,圆筒形;叶片深绿色,叶形多变,常呈倒卵状披针形,长可达25 cm,宽可达15 cm。花葶直立,通常高出叶面,小花密集排列成穗状花序,顶生,长5～20 cm,蓝紫色或白色。花期5～10月。

产地及来源

原产于美洲。华南、西南、华中、华东、华北等地区有苗源。

生态习性

喜光,喜湿,怕风,不耐寒。静水及水流缓慢的水域中均可生长,适宜在20 cm以下的浅水中栽培。适温15～30℃,越冬温度不宜低于5℃。生长迅速,繁殖能力强,条件适宜的生长条件下,可在短时间内覆盖大片水域。

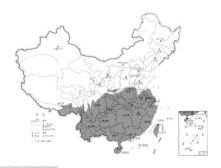

0.6～1.2 m

☀ 💧 ; **Z** 8～11 ; ➡➡➡➡

应用方式

叶色翠绿,花色迷人,花期较长,是优良的水生花卉。栽植于河道两侧、池塘四周、人工湿地,与千屈菜、花叶芦竹、水葱、再力花等相间种植。

大果庭菖蒲

Sisyrinchium macrocarpum
鸢尾科庭菖蒲属

| 形态特征 | 多年生常绿草本，高达 0.6 m。叶呈莲座丛状，叶蓝绿色。花金黄色，多分枝，径约 1.5 cm。花期 5 月中旬至 7 月上旬。 |

| 产地及来源 | 国外园艺栽培品种。上海、浙江等地有苗源。 |

| 生态习性 | 喜阳光充足及土壤湿润生境。栽培简易，自播性强。 |

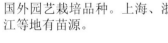

0.6 m

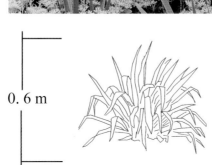

8～10

应用方式

可用于花境、路边及草地边缘，或作常绿地被材料。

火星花

Crocosmia × crocosmiiflora

鸢尾科雄黄兰属

形态特征	多年生观花草本，株高约 0.5 m。叶多基生，剑形。复圆锥花序从葱绿的叶丛中抽出，高低错落、疏密有致，花橙红色，漏斗形。花期6月下旬至8月上旬。
产地及来源	原产于南非。我国南方多有栽培。上海、浙江、江苏、河南、山东、四川、湖北等地有苗源。
生态习性	喜阳光充足、温暖湿润的环境，在半日照条件下生长良好。耐寒，在长江中下游地区球茎露地能越冬。喜排水良好、疏松肥沃的砂壤土。

Z 7~9 ;

0.5 m

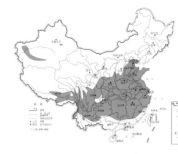

应用方式

花美色艳，花期长，是宿根花卉花境的好材料，适于庭园丛植、片植。

第二节　华南新优植物

华南地区包含广西南部、福建南部、广东、海南及香港、澳门特区。"中国地理气候分区图"中显示，这个区域主要在 10 ～ 11 区，为高温多雨、四季常绿的热带到南亚热带气候带。最冷月平均气温 ≥ 10℃，极端最低气温 ≥ -4℃，日平均气温 ≥ 10℃的天数在 300 天／年以上。多数地区年降水量在 1400 ～ 2000mm。土壤类型多为砖红壤、赤红壤。在本区域内，植物生长茂盛，种类繁多，有热带雨林、季雨林和南亚热带季风常绿阔叶林等植被类型。

作为中国最早开放改革的区域，华南地区总体经济水平在全国处于领先。随着经济的快速发展，物质和文化的需求也急剧提升，市政园林及房地产等作为园林产业的载体也随之迎来了空前的大发展。该地区孕育了许多大型的房地产公司，如万科、富力、恒大等。同时棕榈园林、普邦园林等一大批竞争力十足的大型综合上市园林企业也如雨后春笋般涌现，从华南地区开始向全国范

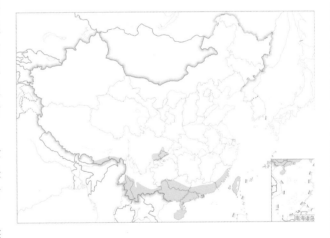

围迅速开展业务。华南苗木基地主要集中在广东中山、顺德、湛江遂溪，广西桂林、北海，福建漳州等地。中山市已建成华南地区最大、最完善的苗木交易市场——华南中山苗木中心，中山花卉苗木生产面积从 2005 年的 4 万多亩*，增加到现在的 10 万亩，产值从当时的近 5 亿元发展到现今超 20 亿元，成为华南地区最大的花木产业基地，也成为当地农业的核心产业。通过几十年的发展，华南地区在苗木、设计以及施工上形成了一条完善和成熟的产业链。而新优植物的推广使用，如杜鹃红山茶、越南抱茎茶、嘉宝果、广东含笑、福建山樱花、琼崖海桐、花叶榆、苏里南蓼树（蚂蚁树）、红火箭紫薇、银叶金合欢、哥顿银桦、福斯特红千层、雨虹花等观花期长、花色鲜艳的新优植物正推动着华南地区，乃至全国范围内园林行业快速发展。

树头菜（单色鱼木）
Crateva unilocularis
山柑科鱼木属

形态特征 落叶乔木，高达 15 m。枝褐色，中空。三出复叶，指状，小叶卵状披针形，聚生于小枝前端。总状花序顶生，花瓣叶状，淡黄色或白色。浆果球形。花期 3～4 月，果期 7～8 月。

产地及来源 原产于广东、广西、云南和台湾等地区。

生态习性 喜光，喜温暖湿润的气候，稍耐寒，不耐旱。喜肥沃、排水良好的土壤。

   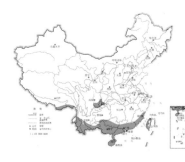

Z 10～11

15 m

应用方式
树形优美，花色淡雅高贵，可作庭院树、景观树和行道树，孤植、丛植或列植。

珍珠金合欢（银叶金合欢）

Acacia podalyriifolia
豆科金合欢属

形态特征 常绿灌木或小乔木，高达6 m。树冠椭圆形或圆形，树形开展。叶银灰绿色。总状花序，小花球状，密集，黄色，有香味。荚果棕色。花期1～4月，果期4～5月。

产地及来源 原产澳大利亚。云南、福建、四川、广东、广西等地有栽培。

生态习性 喜光，耐半阴，对土壤要求不严，耐干旱，不耐水湿，耐瘠薄。

 **Z** 9b～11

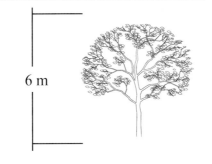
6 m

应用方式

树型优美，枝条密集，可修剪成球形、伞形、柱形等各种形状，适宜种植在草坪、庭院或道路中间绿化带。叶色特别，适合在植物群落中调和配色。

彩虹决明

Cassia fistula × *C. javanica*
豆科决明属

形态特征
落叶观花乔木，高可达13 m。树干及枝条下垂状，具针刺。偶数羽状复叶，小叶8～12对，卵形，长椭圆形或卵状长椭圆形，先端圆，浅凹头状，基部钝，两面光泽，厚纸质。总状花序，大型，有红、黄、白3色，苞片显着，卵形，先端长尾状。夏季开花。

产地及来源
为爪哇决明与腊肠树的杂交种。西南、华南地区有栽培。

生态习性
喜高温，生长适温23～30℃，忌酷寒、潮湿。华南地区中南部生育甚佳。生性强健，成长迅速。以土层肥厚、排水良好的壤土或砂质壤土为佳。日照充足则生育旺盛。

  ; Z 10～11 ; ➡➡➡➡

13 m

应用方式
花色娇艳非凡，花姿轻柔美观。适合种植于庭园作观花树种或作行道树。

粉花山扁豆

Cassia javanica subsp. *nodosa*

豆科决明属

形态特征　半落叶观花乔木，高达 10 m，冠圆整、广阔。小枝纤细下垂，薄被灰白色丝状绵毛。复叶有小叶 6～13 对，伞房状总状花序腋生，花瓣粉红色，长卵形，具短柄，长 2.5～3 cm。荚果圆筒形，黑褐色，长 30～45 cm。花期 5～6 月。

产地及来源　原产于热带美洲。广东、云南南部有栽培。

生态习性　喜阳光充足。能耐轻霜及短期 0℃低温。喜土层深厚肥沃、排水良好的酸性土，生长快。

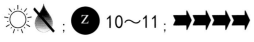 

10 m

应用方式

优美的行道树种，也可丛植、孤植于庭园、公园等处。

美丽山扁豆（美丽决明）

Senna spectabilis

番泻决明属

形态特征　常绿观花乔木，高达 20 m。嫩枝密被黄褐色绒毛。叶互生，长 25～33 cm，小叶纸质，披针形。顶生总状花序，长约 30 cm，花黄色，径 5～6 cm，有明显的脉。荚果圆筒形，长 20～30 cm。花期 8～12 月，果期 3 月。盛花时节金黄色的花朵在绿叶的衬托下显得非常俏丽，十分引人注目。

产地及来源　原产于美洲热带地区。广东、云南有苗源。

生态习性　喜阳光充足，喜土层深厚肥沃、排水良好的酸性土，生长快。

20 m

应用方式

树形飘洒，花色美丽，是优秀的景观树。

中国无忧花
Saraca dives
豆科无忧花属

形态特征 常绿观花小乔木，高达 5 m。大型偶数羽状复叶，小叶 3～6 对，嫩叶呈垂状，淡粉紫色。大型圆锥花序生枝顶，花橙色。荚果带形。花期夏季，果期秋季。

产地及来源 原产于印度、斯里兰卡、马来西亚和中国云南、广西。云南、广东有苗源。

生态习性 喜光，喜高温、湿润气候。播种繁殖，春至夏季为适期，种子发芽适温约 24～28℃。栽培土质以壤土或砂质壤土为最佳。排水、日照需良好。

Z 10～11

5 m

应用方式
树姿宏伟，叶大荫浓，花盛如火，适合庭院绿化或作为行道树。被视为佛教圣树之一。

花叶灰莉
Fagraea ceilanica
'Variegata'
马钱科灰莉属

形态特征　常绿观叶乔木，常作灌木使用，高可达 15 m。树皮灰色。叶椭圆形或倒卵形，顶端渐尖或急尖，叶片有黄色斑块，稍肉质，全缘。花单生或二岐聚伞花序顶生；花冠 5 裂，漏斗状；花白色，芳香。浆果卵形或近球形，顶端具短喙。花期 4～8 月，果期 7 月至翌年 3 月。

产地及来源　灰莉的栽培品种。广东、福建有苗源。

生态习性　喜半阴。喜温暖、多湿环境，不耐干旱。栽培土质须肥沃、富含有机质、湿润且排水良好。

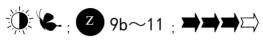 9b～11；

15 m

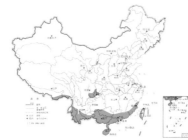

应用方式
株形整齐，分枝茂密，彩叶美观，花大芬芳，为优秀的园林绿化材料。

美丽异木棉（美人树）

Ceiba speciosa
木棉科吉贝属

形态特征 落叶乔木，高 10 ～ 15 m。树冠伞形，树干基部呈佛肚状。树皮深绿色，长满皮刺。掌状复叶有小叶 5 ～ 9 片，小叶椭圆形。花单生，花色有粉红、浅粉、深粉或白等，叶前开放或花叶同放。蒴果椭圆形，种子次年春季成熟，似白色棉花。花期 9 月至次年 1 月，冬季为盛花期。

产地及来源 原产南美洲。广东、福建、台湾、广西、海南、重庆、四川、云南等地有栽培。

生态习性 喜光，较耐寒，耐干旱，耐水湿。

Z 9b ～ 11

10 ～ 15 m

应用方式
暖热地区优秀的公园、绿地行道树、观花树、庭荫树，可孤植、对植、列植、片植等。

花叶高山榕（富贵榕）

Ficus altissima 'Golden Edged'

桑科榕属

形态特征

常绿观叶大乔木，高达15 m。叶长圆形，厚革质，色泽光亮，叶片边缘具不规则金黄色斑块。隐头花序卵球形，成熟时橙黄色，几乎全年可开花结果。

产地及来源

国外园艺品种。华南地区有栽培。

生态习性

喜光或半阴。适应性强，耐干旱和贫瘠，抗风和大气污染。生长迅速。对土质要求不严，需排水良好。

应用方式

南方园林难得的彩叶大乔木，尤其适宜庭院栽植，具有很好的观叶、观树形效果。

15 m

花叶橡胶榕

Ficus elastica 'Asahi'

桑科榕属

形态特征

常绿观叶大乔木，高达30 m。单叶互生，叶长椭圆形，叶具不规则黄白色、粉红色斑纹，全缘。花序生于已落叶的叶腋，黄绿色。瘦果卵形。花期11月。

产地及来源

国外园艺品种。华南地区有栽培。

生态习性

喜光，耐半阴，喜高温，耐旱，喜高湿，耐风。生长快，生性强健。对土质要求不严，但以肥沃、排水好的壤土或砂质壤土为佳。

30 m

应用方式

生性强健，树姿雄劲，叶质厚重，而且耐害虫，是优良的园林绿化树种。可孤植、列植或群植，既可作绿荫树种，又可作行道树。

牛乳树

Mimusops elengi
山榄科枪弹木属

形态特征 常绿乔木，高可达 20 m。植物体有乳汁。叶互生，近革质，无毛，长椭圆形，边缘波状。花通常数朵簇生于叶腋；花萼裂片 8；花冠白色，芳香。核果椭圆形，成熟时橙红色。花期 7～8 月，果期翌年 6～7 月。

产地及来源 原产于非洲热带。广东、海南等地有引种栽培。

生态习性 喜光，喜高温多湿气候。播种繁殖。栽培地需日照充足和土层深厚，土质为肥沃的壤土。

  ; **Z** 10～11 ; ➡➡⇨⇨

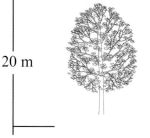

20 m

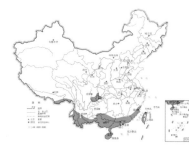

应用方式

树姿美观优雅，叶色终年翠绿，花芳香，开花及坐果数量多。可作为香花及观果植物在庭院中栽培。

锦叶榄仁

Terminalia mantaly
'Tricolor'

使君子科诃子属

形态特征
落叶观叶、观形乔木，高可达10 m。侧枝轮生，呈水平展开，层次分明。叶丛生枝顶，椭圆状倒卵形，叶面淡绿色，具乳白色或乳黄色斑，新叶呈粉红色。穗状花序下垂，花小。花期3～6月，果期7～9月。

产地及来源
国外园艺栽培品种。亚洲东南部、中国南部等热带、亚热带地区均有栽培。

生态习性
喜光；喜温暖、湿润气候，生长适温为22～32℃。对土质要求不严。春至夏季需加强水、肥管理。冬季落叶后修剪整枝。

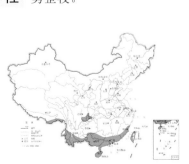

10 m

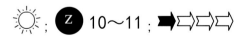

应用方式
树形美观，树冠、侧枝层次分明，全枝似雪花披被，颇为壮观，风格独特。为高级的风景树、行道树。

红花白千层 *Melaleuca viridiflora* 'Red'

常绿小乔木，高可达 10 m。树皮灰白色，疏松，呈剥落状。枝开展或下垂。叶互生，披针形，平行纵脉 3 ～ 6 条。花鲜红色，瓶刷状，圆柱形穗状花序密集。

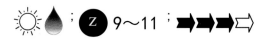

金蒲桃（澳洲黄花树、黄金熊猫）

Xanthostemon chrysanthus
桃金娘科金蒲桃属

形态特征 常绿乔木，高达 15 ～ 20 m。叶片披针形，互生，革质，聚生于枝顶。聚伞花序顶生，花冠和花丝金黄色，花丝细长。蒴果半球形。全年有花，盛花期为每年 11 月至 2 月。

产地及来源 原产于澳大利亚。广东、广西有栽培。

生态习性 喜光，喜温暖湿润气候。喜排水良好的肥沃土壤。

应用方式

盛花时满树金黄，极为亮丽壮观。适宜作园景树、行道树。树冠广阔，叶色浓绿，适宜森林公园或荒山绿化。

15 ～ 20 m

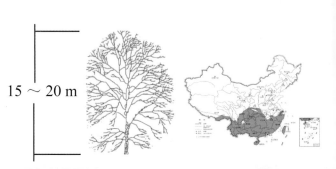

嘉宝果
Plinia cauliflora
桃金娘科树葡萄属

形态特征 常绿小乔木，高 3～10 m，生长缓慢。树形圆整。树皮浅灰色，呈薄片状脱落。叶对生，革质，深绿色。花簇生于主干和主枝上，有时也长在新枝上，花小，白色，芳香，春、秋两季开花。果似葡萄，黑色，果可鲜食。

产地及来源 产台湾。广东、福建、广西、海南有苗源。

生态习性 喜光，喜酸性土壤。

3 ～ 10 m

应用方式

树型优美，可做高档的观赏和果用植物栽植于庭院中。

澳洲火焰木（槭叶桐、火焰酒瓶树）

Brachychiton acerifolius
梧桐科瓶树属

形态特征　常绿乔木（原产地为落叶乔木），高达 12 m。主干通直，冠幅较大，枝叶有层次感，株形立体感强。叶互生，掌状裂叶 7～9 裂，裂片再呈羽状深裂，先端锐尖，革质。圆锥花序，花形似小铃钟或小酒瓶，先叶开放，量大而红艳。花期 4～7 月，一般可维持 1～1.5 个月。蓇葖果。长圆状棱形，果瓣赤褐色，近木质，长约 20 cm。

产地及来源　原产于澳大利亚。广东、广西、福建、海南、四川、重庆有引种栽培。

生态习性　喜光，喜高温湿润气候。稍耐寒，可耐短暂 -4℃ 低温。耐旱，以湿润、排水良好的土壤为佳，砂质土亦可。耐酸。抗病性强，虫害较少。易移植。

 Z 10～11 ;

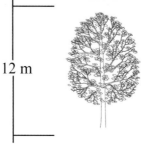

12 m

应用方式

树形十分优美，呈塔形或伞形，叶形优雅，四季葱翠美观，花色艳丽，花量丰富，是优良的观赏树种，适合作行道树、庭院树等。

银叶树
Heritiera littoralis
梧桐科银叶树属

形态特征 常绿乔木，高达 10 m。嫩枝被白色鳞秕。叶长圆状披针形，背面密被银白色鳞秕。圆锥花序生于叶腋，花红褐色，萼钟状。花期夏季；果熟期秋季。

产地及来源 原产于广东、广西、台湾。日本、印度等国也有分布。

生态习性 喜光，喜高温多湿气候。不耐荫蔽，耐干旱和瘠薄，耐盐碱，抗风。为红树林环境中分布较少的植物。不拘土质，但以肥沃的砂质壤土为最佳。成年树不耐移植，移植前需作断根处理。

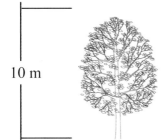

10 m

10～11

应用方式
优秀的滨海绿化植物。荫浓抗风，板根干基稳固，为优良的庭园树、防风林树。开花时节，红花满树，银叶纷飞，极为引人注目。

幌伞枫

Heteropanax fragrans
五加科幌伞枫属

形态特征 常绿大乔木，高达30 m。树形端正，枝叶茂密，树冠圆形，如罗伞。叶色亮绿，叶大，三至五回羽状复叶。花期10～12月，果期翌年2～3月。果黑色。

产地及来源 原产于海南和广东、广西南部。云南、四川、福建、广东、海南、广西等地有栽培。

生态习性 喜半阴，耐阴，抗寒力低，稍耐水湿，忌干旱贫瘠土壤。喜疏松、肥沃、湿润的土壤，黏土生长不良。

应用方式
树形端正，枝叶茂密，可在庭院中孤植、片植。可盆栽作室内观赏树。

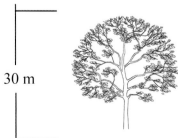

30 m

玉蕊

Barringtonia racemosa

玉蕊科玉蕊属

形态特征　常绿观花乔木，高可达20 m。叶丛生枝顶。总状花序顶生，下垂，长达70 cm，花多，几乎每个枝条都有花芽，晚间开放，白天闭合，有淡香，花期几乎全年。

产地及来源　原产于海南、台湾。非洲、亚洲和大洋州的热带和亚热带地区有分布。广东、海南有苗源。

生态习性　喜光，喜高温、高湿气候。耐旱，以排水良好的砂质土壤为佳，若土壤肥沃则生长迅速。

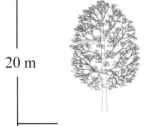

☀ ◐ ；Z 10～11 ；➡➡⇨⇨

20 m

应用方式

树冠圆整，成树枝浓叶密，四季常绿，为高级的庭园树、行道树。

银鳞粉铃木

Tabebuia aurea

紫薇科粉铃木属

形态特征 落叶观花乔木，株高可达 8 m。掌状复叶，小叶 5～7 枚，具长柄，披针状长椭圆形，先端钝圆，银灰绿色，两面均被银白色鳞片。圆锥花序或总状花序，顶生，花冠漏斗状铃形，先端 5 裂，金黄色。花期 3～4 月。

产地及来源 原产于热带美洲。

生态习性 性喜高温，生育适温为 20～30℃，冬季需温暖避风越冬。需排水良好，以富含有机质的砂质土壤为佳。

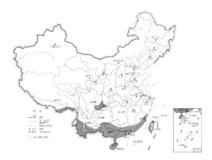

 ☀ 💧 ; **Z** 10～11 ; ➡➡⇨⇨

8 m

应用方式

优良行道树，也可在庭院、校园、住宅区等种植。或在公园、绿地及水岸边缘的栽培。

黄花风铃木

Handroanthus chrysanthus

紫葳科风铃木属

形态特征　落叶观花乔木，高4～6m，树冠圆伞型。掌状复叶，小叶4～5枚，倒卵形，叶黄绿色至深绿色。圆锥花序顶生，花冠风铃状，花缘皱曲，花色鲜黄。花期花多叶少，满树金黄亮丽，颇为壮观。花期3～4月。

产地及来源　原产于墨西哥、中美洲、南美洲。现我国也有栽培。

生态习性　性喜高温，生长适温20～30℃，需在温暖避风处越冬。需排水良好，以富含有机质的砂质土壤为佳。

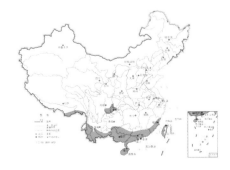

 ; **Z** 10～11 ; ➡➡➡⇨

应用方式

优良行道树，也可在庭院、校园、住宅区等种植，适合公园、绿地、路边及水岸边栽培。

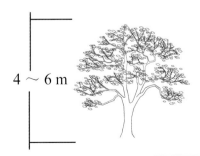

4～6 m

紫花风铃木

Handroanthus impetiginosus
紫葳科风铃木属

形态特征 落叶乔木。高 10 m，树冠圆伞形。掌状复叶。圆锥花序，花冠漏斗形，花缘皱曲，紫红色，先花后叶。蒴葖果。花期3～4月，果期5～6月。

产地及来源 原产于中美洲、南美洲。广东、福建、云南等地有苗源。

生态习性 喜光，喜高温，不耐寒。栽培土质以富含有机质且排水良好之砂质土壤为最佳。

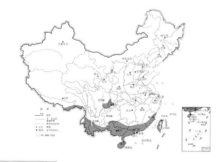

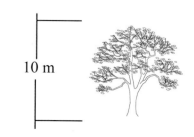

☀ 💧 ; **Z** 10～11 ; ➡➡➡⇨

10 m

应用方式

早春繁花满树，是优良行道树，也可在庭院、校园、住宅区等种植，适合公园、绿地等路边、水岸边的栽培，也可片植形成群花灿烂的效果。

火焰树

Spathodea campanulata
紫葳科火焰树属

形态特征　常绿或半常绿观花乔木，高10 m。叶对生，羽状复叶，小叶卵状至卵状披针形，全缘。伞房状总状花序密集，花萼佛焰苞状，花冠杯形，橘红色，具紫红色斑点。花期4～8月，果期6～7月。

产地及来源　原产非洲热带。我国华南地区、台湾有栽培。

生态习性　喜光，耐热，不耐寒，耐旱，耐湿，耐瘠薄。

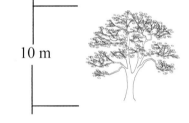

10 m

Z 10～11；

应用方式
冠大荫浓，花色艳丽，可作行道树和庭园风景树，常孤植、丛植或列植。

草海桐

Scaevola taccada

草海桐科草海桐属

形态特征

多年生常绿直立或铺散灌木，或为小乔木，高达 2～3 m。茎丛生，粗大，光滑无毛，有时枝上生根。叶片肉质，倒卵形，螺旋状排列，聚生于枝顶。聚伞花序腋生，花冠白色或淡黄色，歪筒状。核果卵球形。花果期 4～12 月。

产地及来源

原产于华南沿海地区和南海诸岛。澳大利亚和东南亚各国也有分布。福建、广东有苗源。

生态习性

喜光，喜温暖湿润环境。不耐寒，抗旱性、耐盐碱性强。抗风性强，耐贫瘠。

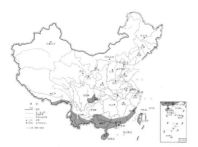

2～3 m

PH : Z 10～11 ;

应用方式

海滨植物，可作海岸固沙防风林，亦可作庭院美化。

仪花

Lysidice rhodostegia

豆科仪花属

形态特征 常绿观花乔木或灌木，高达20 m。小叶 3 ～ 5 对，纸质，长椭圆形或卵状披针形。圆锥花序长 20 ～ 40 cm，苞片、小苞片粉红色，花瓣紫红色，阔倒卵形。荚果倒卵状长圆形，长 12 ～ 20 cm。花期 6 ～ 8 月，果期 9 ～ 11 月。

产地及来源 原产于广东高要、茂名、五华等地，广西龙州、云南，华南、西南地区有栽培。

生态习性 喜温暖气候。耐旱，在富含砂质、排水良好的土壤中生长良好。

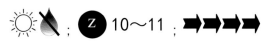 10～11

20 m

应用方式

可孤植、丛植或片植，也可作庭荫树、行道树和园景树。是极具开发潜力的华南乡土树种。

台琼海桐（台湾海桐花）

Pittosporum pentandrum var. *formosanum*

海桐花科海桐花属

形态特征 常绿小乔木或灌木，高达12 m。嫩枝被锈色柔毛，老枝秃净。叶簇生于枝顶，呈假轮生状，幼嫩时纸质。圆锥花序顶生，由多数伞房花序组成；花淡黄色，有芳香。蒴果黄色，扁球形，结实量大。花期5～10月，果期10～12月。

产地及来源 产于海南、台湾。越南也有分布。广东有苗源。

生态习性 喜光，在半阴环境也可生长开花。喜温暖、湿润环境，稍耐寒，不耐干旱。以富含有机质的壤土为佳。

12 m

Z 10～11

应用方式

优秀的乡土观果树种，适宜作庭园美化树种。

七彩红竹
Indosasa hispida 'Rainbow'
禾本科大节竹属

形态特征 常绿散生竹，株高 3 ～ 5 m。杆茎直立，竹秆呈现不同程度的紫红色。叶绿色，分布不规则的黄白色条纹，叶长 20 ～ 25 cm，宽 3 ～ 5 cm。

产地及来源 云南浦竹仔的园艺栽培品种。

生态习性 喜光，耐半阴，喜温暖湿润气候。

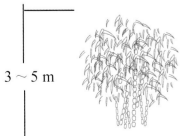

3 ～ 5 m

应用方式
株形秀美，紫红色的竹秆与彩纹叶片相衬，非常醒目，可用于竹专类园、庭院美化、盆栽观赏等。可丛植、片植，配置于草地上、小园角隅处、山石小品旁。

花叶黄槿

Hibiscus tiliaceus 'Tricolor'

锦葵科木槿属

形态特征 常绿观叶灌木或乔木，株高可达4 m。叶互生，阔心形，先端突尖，全缘，叶面有乳白色、粉红色、红色、褐色等斑点或斑块。聚伞花序，腋生，花冠黄色，喉部暗红色。性强健，叶色雅致美观。花期6～8月，果期9～11月。

产地及来源 黄槿的栽培品种。广东、海南、福建、台湾等省有栽培。

生态习性 性喜高温高湿，园林应用时要种植在阳处，光照越强，色彩越鲜艳。

4 m

☀ ; **Z** 9b～11 ; ➡➡⇨⇨

应用方式
适作行道树、园景树，可孤植、群植。

☀ 💧 Ⓩ 9b～11 ➡➡➡➡

应用方式

株形优美，花形奇特，色彩鲜艳，是优良的观花树种，适合用于公园、道路、小区景观绿化。

5 m

帝王红千层
Callistemon 'Kings Park Special'
桃金娘科红千层属

形态特征 常绿灌木或小乔木，株高达5 m。树干及枝条表皮褐色。分枝多，小枝略下垂。叶披针形，互生，嫩叶浅绿色，老叶墨绿色。顶生穗状花序瓶刷状，深红色，长8～13 cm。花期春季和初夏。

产地及来源 国外园艺栽培品种。广东、海南有苗源。

生态习性 喜光照，喜肥沃、排水良好的土壤。生长迅速，适应性强，耐旱。能忍耐中等强度的霜冻。

繁花红千层　*Callistemon* 'Prolific'

常绿灌木或小乔木，高可达5 m。株形紧凑，枝干直立。叶狭椭圆形，互生，新叶棕红色。艳红色的穗状花序瓶刷状，顶生，长4～8 cm。花量大，花期3～5月。盛花时满树繁花，甚为壮观。秋季二次开花。

福斯特红千层　*Callistemon* 'Mr. Foster'

常绿灌木,株高 1～4 m。株形紧凑,枝条柔软。叶狭椭圆形,互生,嫩叶浅红色。花鲜红色,花量大,盛花时鲜红的瓶刷状穗状花序压弯了枝头。

马六甲蒲桃 (马来蒲桃)
Syzygium malaccense
桃金娘科蒲桃属

形态特征
常绿灌木或小乔木，高可达 4 m。枝叶稠密，株形紧凑。叶椭圆形，革质，对生。聚伞花序顶生或腋生，花红色。蒴果球形，红色。花期夏季，果期秋季。

产地及来源
云南勐腊、易武、景洪、河口有分布。广东、福建有苗源。

生态习性
喜阳光，喜温暖湿润的环境。栽培基质以疏松、肥沃的土壤为佳。

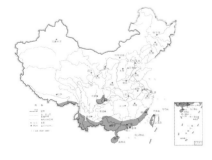

  Z 10～11 ; ➡➡➡⇨

应用方式
优良的观型、观花、观果树种，适宜作行道树或布置在公园、庭院阳光充足处。

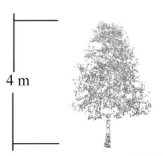

4 m

花叶红背桂

Excoecaria cochinchinensis 'Variegata'
大戟科海漆属

形态特征　常绿观叶小灌木，高0.5～1 m。叶对生，倒披针形或长圆形，长8～12 cm，形状极似桂花叶，正面绿色带白色斑纹，叶背紫红色。花单性，雌雄异株。初开花时黄色，后渐变为淡黄白色。夏、秋季开花。

产地及来源　国外园艺栽培品种。华南、西南地区有栽培。

生态习性　喜光，耐半阴，喜温暖至高温高湿气候。不耐严寒。生活力强，耐干旱，耐瘠薄，忌强阳光暴晒。土壤以富含有机质、肥沃和排水良好的砂壤土为佳。

 **Z** 10～11 ;

0.5～1 m

应用方式
叶背紫红色，叶面有明亮的彩纹，是庭院、公园和绿地中的观叶植物新品种，可孤植、丛植或做地被。

细叶红桑
Acalypha wilkesiana 'Kilauea'
大戟科铁苋菜属

形态特征 常绿彩叶灌木，高达 1 m。叶互生，叶线状披针形，叶面铜红色，叶缘红色，有不规则的波状缘或卷曲。叶色受温度影响，四季差异大，冬季叶色较为红艳。茉萸花序。

产地及来源 原产美国。广东、福建等地有苗源。

生态习性 喜光，耐热，耐旱，性喜高温高湿。以湿润且排水良好的壤土或砂质壤土为佳。植株老化时需强剪，促使枝叶新生。

1 m

应用方式
适合作彩色地被、花境配置等。

南非羊蹄甲（嘉氏羊蹄甲）

Bauhinia galpinii
豆科羊蹄甲属

形态特征	蔓性常绿观花灌木，高可达2.5 m。叶互生，肾形，中央前端微凹，两半片叶稍闭合，呈蚌壳状。总状花序，花冠橙红色。荚果。花期5～10月。果熟期为褐色。挂果时期较长。
产地及来源	原产于热带非洲。华南地区有栽培。
生态习性	适应性强。喜光，喜温暖、湿润气候，耐干旱。抗大气污染。

☀ ❄ ◭ ; **Z** 10～11 ; ➡➡➡➡

2.5 m

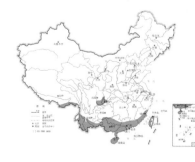

应用方式
是优秀的乡土观果树种，优良观花灌木，可用于庭园、校园、公园、游乐区、庙宇等，单植、列植、群植均美观。

红粉扑花 (凹叶红合欢)

Calliandra emarginata
含羞草科朱缨花属

形态特征 半常绿观花灌木，高 1～3 m。分枝多。2 回羽状复叶，仅有 1 对羽叶，小叶各 3 片，歪斜状椭圆形或倒卵形，长 4～5.5 cm，先端钝或凹。20～35 朵花组成头状花序，腋生，每朵小花细长，花丝艳丽，聚合成束，形似粉扑。花期 5～9 月。

产地及来源 原产于南美洲。我国西南、华南有苗源。

生态习性 喜温暖、湿润及阳光充足的环境，耐热，不耐寒，生长适温为 22～30℃。耐旱，在富含砂质、排水良好的土壤中生长良好。

  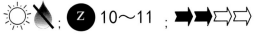 Z 10～11 ;

1～3 m

应用方式

优良的观花灌木，适合庭院点缀，可孤植、丛植或列植。

芙蓉菊

Crossostephium chinense
菊科芙蓉菊属

形态特征 常绿亚灌木，高达 0.6 m。植株圆球状，分枝浓密，分支点低。叶柔软，互生，聚生枝顶，狭匙形或倒卵形。头状花序盘状，直径约 7 mm，生于枝端叶腋，排成有叶的总状花序；总苞半球形；边花雌性，盘花两性；花冠均管状。花、果期全年。

产地及来源 产于我国中南和东南沿海。中南半岛及日本、菲律宾也有栽培。

生态习性 喜光照充足，温暖、湿润的环境。喜排水良好的砂质土壤。极耐干旱、贫瘠，抗风性强，并耐一定的盐碱。

 **PH** : **Z** 9b～11 ;

0.6 m

应用方式

优秀的旱地花境调色前景植物，与红色叶、黄色叶、绿色叶植物形成鲜明而和谐的对比。适合用于码头、滨海公园绿化，可作为沿海风景林、防护林营建时的地被植物。

喜花草
Eranthemum pulchellum
爵床科喜花草属

形态特征

常绿观花亚灌木，高可达2 m。枝四棱形。叶对生，椭圆形，先端渐尖，基部圆或宽楔形并下延。穗状花序顶生或腋生；苞片大，叶状，白绿色；花萼白色；花冠蓝色或白色，高脚碟状。蒴果，有种子4粒。花期夏季。

产地及来源

原产于印度及热带喜马拉雅地区。我国南部和西南部有栽培。

生态习性

植株茂密，蓝色的作小花淡雅宜人，在园林中可密植做花篱，也是优良的华南花境植物。

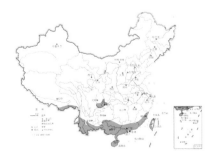

2 m

☀ ◐ ✂ : Ⓩ 10～11; ➡➡➡⇨

应用方式

植株轻盈，蓝色小花淡雅宜人。可密植作绿篱，也可盆栽观赏。

红背马蓝（波斯红草）
Perilepta dyeriana
爵床科耳叶爵床属

形态特征 半常绿灌木，高达 0.6 m，多分枝。茎四棱，明显具沟，绿色。叶片泛布沿中脉两侧均匀排列的紫色斑彩，叶背紫红色。穗状花序腋生，长 2～3 cm。花密，花冠略弯曲，淡紫色。

产地及来源 原产于缅甸、马来西亚。广东、云南有栽培。

生态习性 耐阴性强，忌强烈日光直射。喜高温多湿，生长适温在 22～28℃，不宜低于 10℃。

   10～11 ;

0.6 m

应用方式
植株色彩亮丽，叶色独特，颇为优雅，可用于花境、花坛配置。

烟火树
Clerodendrum quadriloculare
马鞭草科大青属

形态特征
常绿大灌木，株高达4 m。幼枝方形，墨绿色。叶对生，长椭圆形，先端尖，全缘或锯齿状波状缘，叶背暗紫红色。聚伞状花序密生；花顶生，长筒形，花筒紫红色，小花多数，外卷成半圆形。果实椭圆形。吐露的花蕊如金丝银柳一般。花期6～11月。

产地及来源
原产于菲律宾及太平洋群岛等地，我国也有零星分布。广东、云南、福建有引种栽培。

生态习性
喜温暖湿润的气候，不耐寒，稍耐干旱与瘠薄。

4 m

Z 10～11

应用方式
花形、叶色奇特，十分美丽，是优良的园林绿化树种。还具有一定的药用价值。

乌干达赪桐（蓝蝴蝶）

Clerodendrum ugandense
马鞭草科大青属

形态特征 常绿小灌木，高 1～2 m。花冠蓝白色，唇瓣蓝紫色，花瓣完全平展，杯形花萼 5 裂，绿带紫色，花丝 4 条，细长、弯曲，为紫或白色。花期长，春季至秋季。

产地及来源 原产于非洲乌干达。广东有苗源。

生态习性 喜光、耐半阴，喜疏松、肥沃、排水良好的砂质土壤。

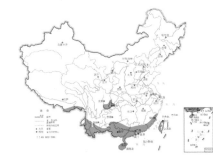

1～2 m

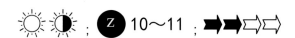

Z 10～11

应用方式
花色淡雅，花姿优美，花形奇特，酷似蝴蝶翩翩起舞。适用于花境、庭院。

冬红

Holmskioldia sanguinea
马鞭草科冬红属

形态特征 常绿观花灌木，高仅 1～2 m。枝条长，弯垂。叶对生，卵形，渐尖，长达 10 cm，近全缘，具柄。总状花序，砖红或橙红色。花期 10 月至翌年 2 月。

产地及来源 原产于马达加斯加。热带地区有栽培。广东、福建有苗源。

生态习性 喜光，喜温热及排水良好的环境。

1～2 m

 Z 10～11；

应用方式

冬季不错的观花灌木，可植于林缘、溪边、岩石旁，也可诱引于花架或墙壁上。

千头木麻黄

Casuarina nana

木麻黄科木麻黄属

形态特征 常绿灌木，高可达 2.5 m。单叶呈鞘齿状，5 片轮生，偶有 4～6 片轮生。雌雄异株，雄花柔荑状，雌花头状。花小，不明显。果近似球形，直径约为 8 mm；圆柱状或长椭圆形，直径约 2 cm。花期 4～5 月。

产地及来源 原产于澳大利亚。广东有苗源。

生态习性 喜欢生长在低海拔且阳光充足的地方。生长速度较快，适应性较强。耐旱，耐盐碱。喜沙地至砂质土壤。耐修剪。

Z 10～11

2.5 m

应用方式

小枝浓密，容易整型，适合做灌木球，为庭园美化的高级树种。

木曼陀罗
Brugmansia arborea
茄科木曼陀罗属

形态特征 常绿灌木，高约2 m。树冠伞形。叶片宽大。花大，单生，下垂，花冠喇叭状，花冠有黄色、红色、白色等。花期7～10月。

产地及来源 原产美洲热带。广东、福建、四川、重庆、浙江、上海、湖北、陕西等地有引种，10区以南终年常绿，8 b和9区落叶或冬季需要适当防护。

生态习性 喜光、耐半阴，对土壤要求不严，忌干燥。

Z 8b～11；

2 m

应用方式
小枝浓密，容易整型，适合做灌木球，为庭园美化的高级树种。

非洲芙蓉
Dombeya wallichii
梧桐科非洲芙蓉属

形态特征
常绿灌木或小乔木，高可达 4～6 m。分枝多，茎皮具韧性，全体密被淡褐色的星状毛。叶互生，心形，长 8～15 cm。复伞形花序呈圆球形，有多数花，花冠粉红色。花期春季。

产地及来源
原产于非洲。广东、云南等地有苗源。

生态习性
喜光，耐半阴；喜高温、湿润的气候。耐瘠薄，对土壤选择不严，在阳光充足、土层深厚、肥沃和湿润之地则生长迅速、着花多。扦插繁殖四季可进行，极易成活。

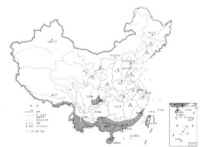

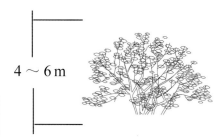

4～6 m

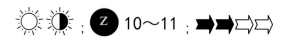

应用方式
分枝茂密，常形成密丛，春季花团锦簇，缤纷灿烂，为优良的灌木花卉。可栽植于城市绿地中。

通脱木（通草）
Tetrapanax papyrifer
五加科通脱木属

形态特征	落叶灌木或小乔木，高可达 4 m。植株挺立。叶片宽大，掌状深裂。圆锥花序，花淡黄或白色，有香味。果球形，紫黑色。花期 10 ~ 12 月，果期次年 1 ~ 2 月。
产地及来源	分布于长江以南各地，陕西也有。
生态习性	喜光，耐半阴，耐寒，不耐旱。生命力强，能根蘖自行繁衍。

 ; ⓩ 8~10 ; ➡➡➡⇨

应用方式
宜在公路两旁、庭园边缘的大乔大下种植，可以起到压制杂草、减少土壤流蚀的作用。它叶片极大，果序也大，形态较为奇特，可在庭园中少量配植。

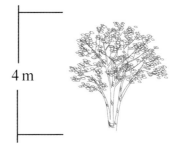

4 m

巴西野牡丹
Tibouchina semidecandra
野牡丹科蒂牡花属

形态特征 常绿观花小灌木，高可达 3 m。小枝四方形。叶对生，长椭圆形或卵状披针形；叶柄密生绒毛。顶生总状或圆锥花序，花紫红色，有茸毛。在广州以南的暖热地区，花期近乎全年。

产地及来源 国外园艺栽培品种。广东、广西、海南、福建、四川、重庆、上海有苗源。

生态习性 喜温暖、湿润、向阳之地。栽培介质以腐殖土或砂质壤土为佳。春季至秋季生长期施肥 3～4 次。春季修剪整枝，对老化植株施以强剪。

3 m

Z 9b～11

应用方式
适合作为花篱或道路列植，也可在公园、庭园中成片栽植。

弯叶画眉草

Eragrostis curvula

禾本科画眉草属

形态特征 多年生暖季型草本，高 0.9～1.2 m，细密丛生。叶片细长丝状，向外弯曲。圆锥花序开展，花序主轴及分枝单生、对生或轮生。花果期4～9月。

产地及来源 原产于非洲。江苏、湖北、广西、广东、云南、上海均有栽培。

生态习性 喜光照，耐高温，较耐干旱。耐瘠薄土壤，栽培管理简单，抗病虫害能力强。

0.9～1.2 m

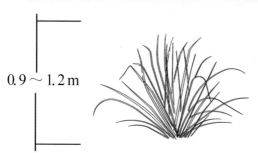

 ☀ 💧 ; ⓩ 7～11 ; ➡➡⇨⇨

应用方式

种植广泛，园林中可与岩石配置，也适宜花坛镶边或花境、地被栽植。在冬季温暖之地可四季常青。也可用于公路护坡、河岸护堤及水土保持等。

叉花草

Diflusossa colorata
爵床科叉花草属

形态特征　多年生观花草本，高达 1 m。茎基部稍木质化，多分枝，茎节明显。叶对生，叶片倒卵状长圆形至卵状长圆形，先端渐尖，边缘有浅锯齿。穗状花序，花少数，着生枝顶；花冠筒状漏斗形，淡紫色，冠檐 5 裂。花期 9 ～ 11 月。

产地及来源　园艺栽培种。广东有苗源。

生态习性　喜半日照的环境，喜半阴、耐阴，夏季忌强光照直射，需适当遮阴。喜高温、多湿气候，耐湿。喜酸性到微酸性土壤。

 Z 10～11 ;

 1 m

应用方式

叶浓绿色，光亮，花形别致，花期长，植株优雅秀丽，适合用于花境，也可植于林下作观花地被。

中斑万年麻
Furcraea foetida 'Mediopicta'
龙舌兰科万年麻属

形态特征 常绿灌木状草本，高可达1.5 m。叶大型，呈放射状生长，波状弯曲，剑形，叶面有明亮的乳黄色和淡绿色纵纹。

产地及来源 原产加勒比及南美洲北部。广东、福建、广西、海南有苗源。

生态习性 喜光，耐旱，忌积水，抗风，抗污染。喜疏松肥沃排水良好的砂质土壤。

1.5 m

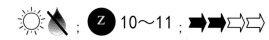

Z 10~11

应用方式
可作花境的中景材料，成为视觉中心，或丛植于街头绿地等开阔场地，也可在庭院中孤植点缀石头等。

垂花水竹芋（红鞘水竹芋）

Thalia geniculata
竹芋科水竹芋属

形态特征 多年生大型挺水植物，株高 1～2 m，具地下根茎。叶片宽大，叶色嫩绿，叶鞘为红褐色。花冠粉紫色，先端白色，花期夏秋。

产地及来源 原产中非及美洲。华东、华南、西南地区有栽培。

生态习性 喜光、耐半阴，不耐寒，耐水湿。

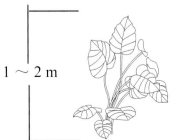

1～2 m

Z 9b～11

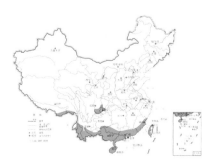

应用方式
优秀挺水植物，适于湿地、浅水区、水池或水盆栽培，有净化水质的功能。

第三节　东北、华北、西北新优植物

　　华北地区指秦岭淮河以北，东临渤海、黄海，西邻青藏高原，北与东北、内蒙古地区相接的区域，包括的行政区域有北京、天津、河北、山东、山西、内蒙古南部地区；本书中的西北地区为狭义的地域，主要包括陕西、山西、甘肃东南边角、宁夏南部的地理范围；东北地区包括中国东北部的三个省区。其中华北、西北两个地区的地理气候属6～7区，东北地区的气候区域属1～5区。

　　华北地区为典型的暖温带半干旱、半湿润大陆性季风气候，四季分明，光照充足，夏季炎热多雨，冬季寒冷干燥，春、秋短促；年平均气温5～20℃，冬季低温在-23～-17.7℃；年降水量400～800mm，且主要集中在7、8月份。西北地区靠近内陆，为温带大陆性气候，更加干旱少雨，年降水量仅有200～500 mm。该地区在近50年来气温和降水有明显的上升趋势，以冬季升温最明显。气温升高程度在不同省份间存在差异，此种气候趋势非常利于该地区新优植物材料的推广和应用。东北地区属于温带湿润、半湿润大陆性季风气候，冬季寒冷干燥，南北气温差别大；夏季暖热多雨，南北气温差别小；四季分明，天气的非周期性变化显著，在气候上具有冷湿的特征。华北和西北地区以黄壤土为主，其耕性和肥力较好，且通气透水，供肥保肥能力适中，耐旱耐涝，抗逆性强，适种性广。东北地区主要为肥沃的黑色土壤，富含腐殖质，非常适合植物的生长。

　　在植被类型上，华北和西北地区为典型的温带落叶阔叶林，植物抗逆性较强，即耐寒性较强，耐热性相对弱；耐旱性较强，耐涝性相对弱；喜欢深厚肥沃的壤土，但耐瘠薄能力较强；喜光，耐半阴；多为落叶阔叶树种，少有常绿阔叶树种，大多数常绿树种为针叶树种。东北地区有着大面积针叶林、针阔叶混交林和草甸草原。

　　受华北、西北、东北地区气候特点四季分明的影响，人们对景观的审美观也有别于华南和华东地区。冬季干冷，常绿植物在园林中的应用无法保证，为了让萧条的冬季不再灰白，观枝、观干、观果、观株形树种近年来在市场上逐渐走俏。对景观的要求更注重骨架大乔木的栽植搭配，而中下层灌木种类较单调，在配置形式上通过采用相对单一的植物材料塑造整齐规矩的植物景观。这与北方长期作为政治中心，人们思想受到帝王之家、王者之风、整齐划一的影响有密切的联系。其次，各区域的经济状况参差不齐，北京、天津、青岛等经济状况较好的区域，园林绿化受到的重视度高，投入资金相对多，园林行业发展快；而经济状况欠佳的区域，园林绿化水平尚待提高。

　　寒冷或干旱的气候条件限制了新优植物在该区域的推广和发展。在高校、科研院所的影响下，一些新优植物在北京、天津、青岛、大连等相对发达的地区得到成功推广。例如'美人'榆、金叶国槐、紫叶稠李、金叶复叶槭、金叶水蜡、紫叶风箱果、金枝国槐、芽黄红瑞木、绚丽海棠、红丽海棠、菊花桃、寿星桃、照手桃、细叶芒、银边芒等优良观赏品种都得到一定范围的推广应用。

柽柳

Tamarix chinensis
柽柳科柽柳属

形态特征
落叶乔木或灌木，高可达
8 m。枝叶细柔，姿态婆娑。
叶灰绿色，秋季变黄。总状花
序，花小，淡粉色。花期4～9
月。

产地及来源
原产辽宁、河北、山东、江苏、
安徽、河南等地；我国东部至
西南部各地均有栽培。

生态习性
喜光，不耐阴，耐旱，耐水湿，
耐盐碱，耐修剪。抗风，对土
壤要求不严。

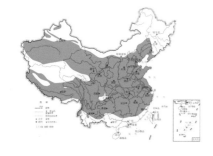

☀ ❄ 🝆 💧 🅟🅗 🌱 ⓩ 5～9 ➡➡➡⇨

8 m

应用方式
适植于海边、水滨、池畔、桥头、河岸、堤坝，也可
栽植于岩石园观赏。可防风固沙，是改造盐碱地的优
良树种之一。

金叶刺槐

Robinia pseudoacacia 'Frisia'
豆科刺槐属

形态特征	落叶乔木，高可达 15 m。树冠椭圆状，倒卵形。春季叶金黄色，夏季变为黄绿色，秋季落叶时变为橙黄色。总状花序腋生，花冠白色。花果期 5 ~ 9 月。
产地及来源	国外园艺品种。上海、安徽、河南、北京等地有苗源。
生态习性	喜光，耐寒，耐干旱、不耐水湿，花芳香。耐瘠薄，对土壤要求不严。

☀ ❄ 💧 🦋 ; Ⓩ 4~9 ; ➡➡➡⇨

应用方式

树冠高大，叶色鲜艳，花素雅芳香。可作行道树、庭荫树，可孤植观赏，点缀草坪，也可用于林相景观改造。

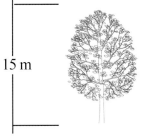

15 m

'金叶'国槐

Sophora japonica 'Jinye'
豆科槐属

形态特征
落叶观枝、观叶乔木，高可达25 m；树冠伞形，也可通过低接培育灌木状株形。奇数羽状复叶，春季萌发的新叶及后期长出的新叶在8月前全部为黄色；在8月后上半部为黄色，下半部为淡绿色。

产地及来源
河北省林业科学研究院选育。河南、山东、河北、北京、上海、浙江、江苏、四川等地有引种栽培。

生态习性
喜光，耐寒，耐旱。对土壤要求不严，在酸性、中性、微碱性的土壤中均能正常生长。根系深，萌发力强。高抗二氧化硫、硫化氢等污染。

☀ ❄ 💧 Ⓟ Ⓗ ⓟⓗ : Ⓩ 4～9 ; ➡ ➡ ➡ ⇨

25 m

应用方式
可广泛应用于园林孤植造景或行植、片植。如与其他红色、绿色乔木、灌木树种配置，更会显示出其鲜艳夺目的效果。

'金枝'国槐
Sophora japonica 'Jinzhi'
豆科槐属

形态特征 落叶观叶、观枝乔木，高可达25 m。树冠圆球形或倒卵形，也可通过低接培育灌木状株形。奇数羽状复叶。幼芽及嫩叶淡黄色，5月上旬转黄绿色，秋季9月后又转黄色。顶生圆锥花序，花黄白色；花期6～9月。 每年11月至翌年5月，可观其金黄色枝干。

产地及来源 由山东省园林工作者培育的品种。现在已成为华北、西北、东北、华东、华中、西南地区的优良绿化树种。

生态习性 喜光及温暖湿润的气候，抗寒。在肥沃土壤上生长旺盛，在石灰性及轻度盐碱土壤上能正常生长。

 25 m

应用方式
可用作庭荫树和行道树，或配植于各种绿地，如建筑物周围和住宅区，可孤植、丛植或行植。枝条金黄，好似金缕飞扬，景观效果十分动人。

巨紫荆

Cercis gigantea
豆科紫荆属

形态特征 落叶观花乔木，高可达15 m。长寿树。树姿飘逸，枝条有些弯垂。叶心形或近圆形，叶柄红褐色。花簇生于老干上，花冠紫红色，形似紫蝶。花在叶前开放。花期3～4月，可达半月之久。果荚呈暗红色；果熟期9～10月。

产地及来源 原产于浙江、河南、湖北、广东、贵州等地。山东、河南、河北、江苏、上海、浙江、湖北、四川等地有栽培。

生态习性 喜阳光充足，较耐寒，忌水湿。宜栽植于肥沃、排水良好的土壤中。

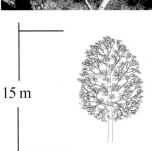

15 m

☀ ❄ ： Z 7～10 ： ➡➡➡➡

应用方式
适合绿地孤植、丛植，或与其他树木混植，也可作庭院树或行道树与常绿树种搭配种植。

杜仲

Eucommia ulmoides
杜仲科杜仲属

形态特征 落叶乔木，高达 20 m。树冠浓密。叶椭圆状卵形，枝、叶、果、树皮折断拉开有多数细丝。秋叶变黄。花先叶开放或与叶同放，花期 4 ～ 5 月。翅果狭长椭圆形，扁平，果期 10 ～ 11 月。

产地及来源 原产于我国中部及西部，四川、贵州、湖北为集中产区，辽宁、山东、河北、河南、江苏、上海等地有苗源。

生态习性 喜光，不耐阴，较耐寒，稍耐盐碱，适应性强，喜温暖气候。

 **Z** 6～9 ；

应用方式

树姿优美，叶油绿发光，抗酷热干旱，是理想的庭荫树。丛植坡地、池边或与常绿树混交成林，均甚相宜，并可作城郊行道树。树皮为贵重药材。

20 m

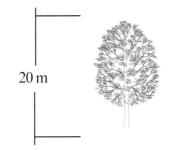

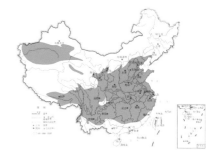

白桦

Betula platyphylla
桦木科桦木属

形态特征 落叶乔木，高达 20 ～ 30 m，树冠卵圆形。树皮白色，纸状分层剥落。小枝细，黑灰色或暗褐色，外被白色蜡层。叶三角状卵形，会随季节变化由绿变为黄或橙色。花单性，葇荑花序。花期 5 ～ 6 月，果期 8 ～ 10 月。多变的叶色和挺直、亮白的树干具有较高的园林应用价值。

产地及来源 产于东北大兴安岭、小兴安岭、长白山及华北高山地区。华北、华东、华中、西南等低海拔、低纬度地区不宜引种栽植。

生态习性 喜光，不耐阴，耐严寒。对土壤适应性强，喜酸性土。沼泽地、干燥阳坡及湿润阴坡都能生长。

☀ ❄ ● PH ： Z 2～6 ； ➡➡⇨⇨

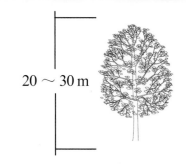

20 ～ 30 m

应用方式
常孤植、丛植于庭院，也可栽植在草坪、湖畔或列植于道旁，亦可群植成风景林。

蒙古栎

Quercus mongolica
壳斗科栎属

形态特征
落叶大乔木，高达 30 m，胸径达 1 m 多。树冠卵圆形。树皮暗灰色，深纵裂。叶常集生枝端，倒卵形或倒卵状长椭圆形；在秋季变黄色或橙红色，后逐渐变枯褐色，部分枯褐色叶片经冬不落。

产地及来源
主要分布于东北、华北、西北等地。北京、河北、辽宁等有苗源。

生态习性
喜光。耐寒，能耐 -50℃的低温，喜温凉气候。适应性强，耐火烧。耐干旱瘠薄，喜中性至酸性土壤，不耐盐碱，常生于向阳干燥山坡。深根性，主根发达，不耐移植。

30 m

Z 1～8

应用方式
优秀的骨架树，在园林中孤植、丛植或与其他树木混交成林均甚适宜。

'红叶'椿

Ailanthus altissima
'Hongye'

苦木科臭椿属

形态特征

落叶观叶大乔木,可达30 m;树干通直。树冠紧凑,卵形。奇数羽状复叶互生,春季叶紫红色,逐渐变为棕红色至暗红色,红叶期可持续至6月。枝条顶部新生叶呈紫红色,点缀于树冠之上,景色可观至8月中下旬。

产地及来源

山东潍坊市符山林木良种繁育场培育,可在华北、西北、东北大部分地区广泛栽植。河南、山东、安徽、河北、江苏、上海等地均有栽植。

生态习性

喜光。抗风沙,耐盐碱,耐风尘,病虫害少。除重黏土和水湿地外,几乎各类土壤都能适应生长,尤其在土层深厚、排水良好而又肥沃的湿润土地上生长更好。生长速度快,根系发达。

30 m

Z 4～10

应用方式

春季观叶乔木,可以孤植、列植、丛植,或者与其他彩叶树种搭配,都能尽展风采从而成为景观亮点。

秋紫美国白梣
Fraxinus americana 'Autumn Purple'
木犀科梣属

形态特征 落叶乔木，树干通直，高达 15~25 m。基数羽状复叶，小叶 5~7 枚，卵状大椭圆形。秋季由紫红色变成深红色，色泽艳丽。花萼钟状无花瓣。花期 4 月。

产地及来源 原产于美国，为美国白蜡的栽培变种，20 世纪 90 年代引进我国。河北有苗源。

生态习性 喜光，可耐半阴，但庇荫环境下秋季叶片颜色暗红，不如全光下亮丽；耐寒、耐热，适应性强；对土壤有较好的适应性，可在偏碱性的砂壤土、棕壤土中正常生长，耐贫瘠，耐水涝，耐干旱。深根性，根系发达，可耐短期积水，萌蘖力强；病虫害少。

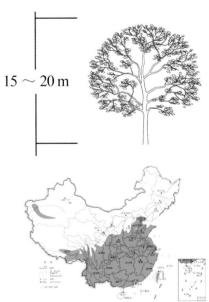

15 ～ 20 m

应用方式
高大秋季彩色观叶树种，落叶较晚，秋色叶观赏期长且不易落叶，具有良好的观赏效果，可片植、列植、孤植，作行道树、片林、风景树使用。

PH Z 7~10

白蜡树
Fraxinus chinensis
木犀科梣属

形态特征

落叶大乔木，高 15～20 m。树冠圆形或倒卵圆形。羽状复叶，秋叶橙黄。圆锥花序顶生或腋生枝梢，雄花密集，雌花疏离。翅果匙形。花期4～5月，果期7～9月。

产地及来源

原产于我国南北各地。广泛栽培。我司较早在华东地区推广应用。

生态习性

喜光，可耐侧方遮阴，喜水湿，也耐干旱，耐瘠薄，在酸性及轻度盐碱性土壤均能生长。适应性强，可耐47.6℃的高温和-36.8℃的低温。抗烟尘及有害气体二氧化硫。深根性，根系发达，萌蘖力强，生长快。

 Z 4～10；

15～20 m

应用方式

树形整齐优美，枝叶繁茂而鲜绿，秋叶橙黄，为优良的行道树、庭院树、风景树和遮阴树，用于湖岸绿化，还可用作固沙树种。

绒毛白蜡（绒毛梣）
Fraxinus velutina
木犀科梣属

形态特征 落叶乔木，高可达 10 m。树皮暗灰色光滑。小枝密被短柔毛。羽状复叶。圆锥花序侧生于两年生枝上。花期 5 月；果熟期 9 ~ 10 月。

产地及来源 原产于北美的西南部。山东、辽东、河北、河南、陕西及长江流域有栽培。

生态习性 喜光，对气候、土壤要求不严，耐寒，耐干旱，耐水湿，耐盐碱。深根树种，侧根发达，生长较迅速，少病虫害，抗风，抗烟尘。

10 m

应用方式
树形美观，落叶较晚。可供沙荒地、盐碱地造林，是北方沿海城市绿化的优良树种。

'金冠'绒毛梣

Fraxinusvelutina 'Jin Guan'
木犀科梣属

形态特征　落叶乔木，高 10～15 m，枝叶稠密，树形优美。树皮淡黄褐色；小枝光滑无毛；叶色在 7 月底以前的整个生长季均为金黄色，后渐变为黄绿色，落叶前 20 多天内，叶色转为黄色，整个观叶期达 200 多天；小叶 5～9 枚，卵状椭圆形，先端渐尖，基部狭，不对称，缘有齿及波状齿，表面无毛；花萼钟状，无花瓣。花期 3～5 月。

产地及来源　河南鄢陵县大马奇新珍苗木繁育场王胜连先生通过实生选种获得的变异植株（品种权号：20050028）。

生态习性　喜光，稍耐阴；喜湿，耐水涝也耐干旱；能适应各种土壤，可广泛栽种于阳坡、山麓、沟谷、水边、丘陵、平原、草原地带，耐瘠薄，耐盐碱性能力强；耐寒，能耐 -40℃低温；抗大气污染，抗二氧化硫、氯气、氯化氢、烟尘；速生，用普通白蜡嫁接成活率高。

应用方式

适应性强的乡土彩叶树种，树形优美，三季金叶，可作行道树，或孤植成景，亦可修剪做绿篱和造型树。

   **3～10;**

 10～15 m

黄栌（烟树）
Cotinus coggygria
漆树科黄栌属

形态特征 落叶灌木或小乔木，高达8 m。树冠浑圆，树姿优美。叶互生，倒卵形，全缘，秋季变为黄色或橘红色。圆锥花序顶生，花后宿存的孕花花梗呈粉红色羽毛状，在枝头形成似云似雾的景观。核果肾形，熟时红色。花期4月，果期6月。

产地及来源 原产于西南、华北和浙江。华北、东北有苗源。

生态习性 喜光，耐半阴，耐寒，耐旱，不耐水湿，耐修剪，耐瘠薄。生长快，根系发达，萌蘗性强。

 **Z** 5～9 ;

8 m

应用方式
著名的秋季红叶树种，鲜艳夺目，北京香山红叶即为本树种。适宜丛植于草坪、土丘或山坡，亦可混植于其他树群尤其是常绿树群中，或大面积栽植作秋景林。

三角槭
Acer buergerianum
槭树科槭属

形态特征 落叶乔木，高5～10 m。树形飘逸。叶三裂，新叶翠绿，老叶暗红或老黄。伞房花序淡黄色。翅果黄褐色。花期4～5月，果期8～10月。

产地及来源 原产于山东、河南、江苏、浙江、安徽、江西、湖北、湖南、贵州和广东等地。

生态习性 喜光，耐半阴，耐寒，耐旱，喜弱酸性土壤，耐修剪，抗二氧化硫。

5 ～ 10 m

应用方式
树姿优雅，春季花色黄绿，入秋叶片变红，可用作行道树或庭荫树，以及草坪中的点缀。

色木槭
Acer mono
槭树科槭属

形态特征 落叶大乔木，高达15～20 m。树冠球形，枝叶飘逸。嫩叶红色，秋叶红色或黄色。花黄绿色。翅果熟时淡黄色。花期5月，果期9月。

产地及来源 原产于东北、华北和长江流域。多地有分布、栽培和应用。

生态习性 喜光、耐半阴，耐寒，对土壤要求不严。

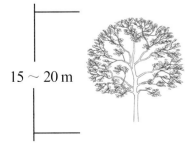

15～20 m

Z 5～9

应用方式
树姿优美，叶形秀丽，嫩叶红色，秋叶黄色或红色，为著名的秋季观叶树种。宜作庭园绿化树种，与其他秋色叶树或常绿树配置，增加秋景色彩之美。也可用作庭荫树、行道树或防护林。

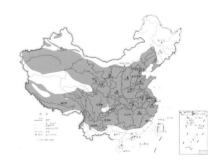

复叶槭

Acer negundo
槭树科槭属

形态特征
落叶乔木，高达 20 m。小枝绿色，无毛。奇数羽状复叶。花单性异株，雄花序伞房状，雌花序总状。果翅狭长，张开成锐角或直角。花期 4 月，果期 9 月。枝直茂密，秋叶呈金黄色。

产地及来源
原产于北美洲。东北、华北、内蒙古、新疆至长江流域均有栽培。

生态习性
喜光，喜干冷气候，可耐 -40 ～ -45℃低温。喜肥沃、排水良好的壤土。长势旺盛，耐旱亦耐痨。抗盐碱。夏季叶片不焦边，易受蛀干性天牛危害。耐烟尘，生长迅速。

20 m

Z 2～9

应用方式
树干通直，适于庭院、公园、居住区、广场等绿地，孤植、群植皆可，也可作行道树。亦可与其他彩叶树种配合应用。

金叶复叶槭 *Acer negundo* 'Aurea'

奇数羽状复叶对生，小叶较大，金黄色。适种于 5 ～ 9 区。

火烈鸟复叶槭 *Acer negundo* 'Flamingo'

叶比原种小，花边，叶色由黄白色到灿烂的粉红色、绚亮的桃红色，夏季叶色最绚丽。适种于 5 ～ 9 区。

三花槭
Acer triflorum
槭树科槭属

形态特征 落叶小乔木，高可达 10 m。树皮黄褐色，呈片状剥落。羽状 3 出复叶，对生，小叶长椭圆形，中部以上边缘具 2～3 对钝齿。花黄绿色，4～5 月开花。秋叶变红。

产地及来源 主要分布于东北哈尔滨、牡丹江、佳木斯、长春、四平、抚顺、铁岭和本溪等地。

生态习性 喜光，稍耐阴，喜温暖，耐寒。喜肥沃土壤。

10 m

应用方式
可群植作风景林，也可作庭荫树。

元宝槭（元宝枫、平基槭、华北五角枫）

Acer truncatum
槭树科槭属

形态特征 落叶乔木，高 8 ～ 10 m。树冠阔圆形。叶掌状，嫩叶红色，秋叶黄色或红色。伞房花序，花黄绿色。翅果扁平，形似元宝。花期 5 月，果期 9 月。

产地及来源 东北、华北栽培广泛，陕西、四川、湖北、上海、浙江、江西、安徽等也有栽培。

生态习性 喜光，耐半阴，耐寒，耐旱，忌积水，耐修剪，耐移栽。对土壤要求不严。对二氧化硫、氟化氢抗性强。深根性，抗风力强。

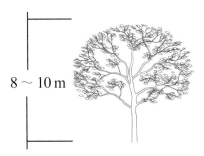

8 ～ 10 m

☀ ☽ ❄ 💧 🍃 ⚫Z 4～9 ➡➡⇨⇨

应用方式
树姿优美，叶形秀丽，宜作庭荫树、行道树或风景林树种。多用于道路绿化、园林中片植或山地丛植，也可在建筑物附近、庭院及绿地内散植。因春花黄绿色，花量大，适宜作花期相近的蔷薇科植物群落的背景树。

舒伯特北美稠李
Prunus virginiana 'Schubret'
蔷薇科李属

形态特征 落叶观叶、观花乔木，树冠卵圆形，枝叶密集，株高可达7 m。新叶绿色，5月后转为紫红至深紫色。花白色，呈下垂的总状花序。花期4～5月。果红色，后变紫黑色。该种在夏季彩叶植物普遍返绿时呈现紫红色，是非常优秀和特殊的彩叶树品种。

产地及来源 北美洲园艺栽培品种。我国黑龙江、吉林、辽宁、河北、北京、山东、河南、浙江等地有苗源。

生态习性 喜光，不耐阴，耐寒。对土壤适应性强，喜酸性土。沼泽地、干燥阳坡及湿润阴坡都能生长。

☀ ❄ 💧 (PH) ; Z 3～9 ; ➡➡⇨

7 m

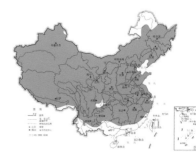

应用方式
与其他树种搭配，红绿相映成趣。可孤植、丛植、群植，也适植于草坪、角隅、山坡、河畔、石旁、庭院、建筑物前面、大门广场等处。

山楂

Crataegus pinnatifida

蔷薇科山楂属

形态特征　落叶小乔木，高 5 ～ 6 m。树形开展，层次分明。叶分裂较浅，秋叶变黄或橙黄。伞房花序，白色。果近球形，稍具棱，深亮红色，有浅色斑点。花期 5 ～ 6 月，果期 9 ～ 10 月。

产地及来源　产于黑龙江、吉林、辽宁、内蒙古、河北、河南、山东、山西、陕西、江苏等地。

生态习性　喜光，耐阴，耐寒，耐高温，耐干旱，耐涝。适应性强，喜凉爽、湿润的环境。对土壤要求不严格，但在土层深厚、质地肥沃、疏松、排水良好的微酸性砂壤土生长良好。病虫害少，容易栽培。

PH ; Z 2～9 ;

应用方式

著名果树，树冠整齐，枝叶繁茂，红果可爱，是优秀的庭院树。

5 ～ 6 m

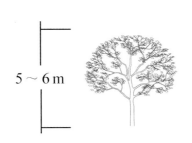

山杏
Prunus sibirica
蔷薇科李属

形态特征
落叶小乔木，高 2～5 m。树皮暗灰色。叶基部近心形，叶边有细钝锯齿。花单生，先叶开放，白色或粉红色。果实扁球形，较小，黄色或橘红色。花期 3～4 月，果期 6～7 月。

产地及来源
原产于黑龙江、吉林、辽宁、内蒙古、甘肃、河北、山西等地。

生态习性
喜光，略耐阴，耐寒，耐干旱，耐瘠薄。

2～5 m

应用方式
不错的春季开花植物，植于公园绿地、庭院中。其抗性强，是北方优秀的园林绿化树木。

华山松

Pinus armandii

松科松属

形态特征 常绿大乔木，高达 35 m，树冠广圆锥形。幼树树皮灰绿色。叶 5 针 1 束，叶质柔软。球果圆锥状长卵形，成熟时种鳞张开，种子脱落。花期 4～5 月，果期翌年 9～10 月。

产地及来源 原产于山西、甘肃、河南、湖北及西南各地，北京、辽宁、山东、河北等地区有栽培。

生态习性 喜光，喜温和、凉爽、湿润气候，较耐寒，不耐炎热，不耐盐碱。

6～8

应用方式

针叶苍翠，生长迅速，可用作园景树、庭荫树、行道树及林带树，亦可用于丛植、群植。

35 m

蓝粉云杉
Picea pungens 'Glauca'
松科云杉属

形态特征 常绿乔木，高达 15 m，株形圆锥形至柱形。叶四棱，锐尖，粗壮，蓝灰绿色，在小枝上呈螺旋状排列。球果长达 10 cm。

产地及来源 国外园艺栽培品种，原种产于北美。由北京植物园引入国内。山东有规模化栽培。

生态习性 喜光，稍耐阴。喜凉爽湿润的气候及排水良好的酸性土壤。不适合高温高湿区域栽植。

☀ ◑ (PH) ; (Z) 3～8a ; ➡ ⇨ ⇨

15 m

应用方式
是不可多得的蓝灰色品种，非常适合孤植，美丽的叶色极富装饰性，与其他树种混植能达到突出的色彩效果。

北海道黄杨

Euonymus japonicus 'Cuzhi'
卫矛科卫矛属

形态特征

常绿直立型乔木，高达 8～10 m。侧枝少。叶革质，较宽厚，椭圆形至阔椭圆形，顶端钝圆，叶色碧绿，有光泽，冬季叶色不变。果实假种皮红色。冬季绿叶红果，观赏价值高。

产地及来源

原产于日本北海道札幌，中国林科院 1987 年引进。北京、河北、山东、山西、河南、江苏等地有苗源。

生态习性

喜光，耐半阴，耐寒，−23.9℃可保持绿色，适生范围广。耐干旱，耐修剪。

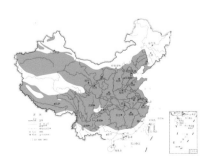

8 ～ 10 m

  Z 5～9 ;

应用方式

树姿挺立，四季常青，是北方寒冷地区优秀的常绿品种。可孤植、列植或群植，尤其适合作高篱、绿墙，也是秋冬季观果植物。

白杜（丝棉木）
Euonymus maackii
卫矛科卫矛属

形态特征
落叶乔木，高可达 8 m。树冠圆形开张。叶椭圆状卵形或圆卵形，春季叶色嫩绿，秋季叶色转红黄色。花黄绿色。蒴果繁盛，粉红色，具较长的观赏期。花期 6～7 月，果期 9～11 月。

产地及来源
原产于我国北部、中部及东部，辽宁、河北、山东、山西、甘肃、安徽、江苏、浙江、福建、江西、湖北、四川均有分布。

生态习性
喜光，稍耐阴，耐寒，耐干旱，耐水湿，耐盐碱，耐瘠薄，耐修剪，抗风、抗烟尘。深根性，生长较慢。病虫害少。对土壤适应性强，在盐碱土上生长良好。

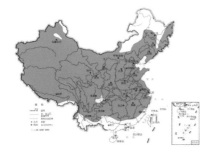

Z 4～9

8 m

应用方式
观果和秋色叶树种，可对植或列植，或栽植于滨水区或建筑物旁，或孤植作中心景观树配植于开阔空间，或三五成丛，植于草坪中央或边缘、花坛一角、院落、廊架的向阳角隅、园路转弯处、假山登道旁等。也可作抗污染树种成林种植，防风固土。

栾树 (北栾)

Koelreuteria paniculata

无患子科栾树属

形态特征 落叶乔木,高达 15 m。树冠圆球形。嫩叶紫红,秋叶金黄。聚伞圆锥花序,花亮黄色,繁花缀满枝头,有香味。蒴果三角状卵形,成熟时红褐色或橘红色。花期 6 ~ 7 月,果期 9 ~ 10 月。

产地及来源 原产于我国北部及中部大部分地区。

生态习性 喜光,耐半阴,耐寒,耐旱,不耐涝,耐贫瘠,抗烟尘。

Z 6~9

15 m

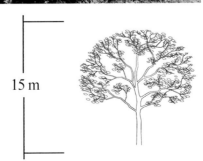

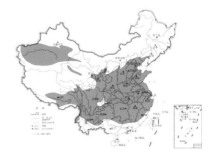

应用方式

树形端庄,枝叶浓密,花黄色,秋叶金黄,适宜作孤植树、庭荫树、行道树、园景树,也可作防护林、水土保持及荒山绿化树种。

文冠果

Xanthoceras sorbifolium
无患子科文冠果属

形态特征
落叶观花、观叶小乔木，高可达 5 m，树形整齐。奇数羽状复叶互生，秋叶变黄。总状花序，小花 5 瓣，白色，腹面基部有黄紫色晕斑，美丽典雅而具香气。花期 4 ～ 5 月；果熟期 7 ～ 8 月。是我国特有的一种优良食用油料树种。

产地及来源
分布于东北和华北及陕西、甘肃、宁夏、安徽、河南等地。山东、河北及北京有苗源。

生态习性
喜阳，耐半阴。抗寒能力强，抗旱能力极强。对土壤适应性很强，耐瘠薄，耐盐碱。不耐涝、怕风，在排水不好的低洼地区、重盐碱地和未固定沙地不宜栽植。

 Ｚ 4～8 ；

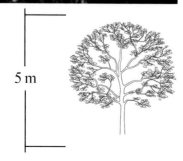

5 m

应用方式

树姿秀丽，花序大，花朵稠密，甚为美观。可于公园、庭园及绿地孤植或群植。

金丝垂柳

Salix 'Chrysocoma'
杨柳科柳属

形态特征

落叶观叶、观枝乔木，高可达 10 m，树冠长卵圆形或卵圆形。枝条细长下垂，小枝黄色或金黄色。叶狭长披针形，叶缘有细锯齿。生长季节枝条为黄绿色，落叶后至早春则为黄色，经霜冻后颜色尤为鲜艳。

产地及来源

园艺杂交种。辽宁沈阳以南多地区有栽培。

生态习性

抗病性强，且全部为雄株，春季不飞絮。喜光，不耐阴。较耐寒，喜温暖湿润气候；耐水湿，在河边生长尤好，对土壤适应性较强，喜湿润、深厚的土壤，在土层深厚、地势高燥的地区也能正常生长。萌芽力强，生长迅速。

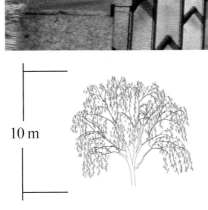

10 m

☀ ❄ 💧 ; Ⓩ 3～10 ; ➡➡➡➡

应用方式

金色的枝条在冬季具有较好的观赏性。宜在岸边、水旁栽培。可作行道树、庭荫树或孤植于草地、建筑物旁，是优良的绿化观赏树种。

新疆杨
Populus alba var. *pyramidalis*
杨柳科杨属

形态特征 落叶乔木，高达 30 m，树冠圆柱形。树皮灰绿色、光滑，老树皮灰白色。萌枝及长枝叶掌状 3 ～ 5 深裂，基部平截，短枝叶具不规则粗齿，背面绿色。花期 4 ～ 5 月，果期 5 月。

产地及来源 产于新疆、内蒙古地区。

生态习性 喜光，喜温暖湿润气候。耐干旱，耐盐渍。喜肥沃的中性及微酸性土。适应大陆性气候，在高温多雨地区生长不良。生长快，耐修剪。

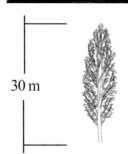

30 m

应用方式
树形及叶形优美，在草坪、庭前孤植、丛植或列植于路旁均合适，也可用作绿篱。

银杏
Ginkgo biloba
银杏科银杏属

形态特征 落叶大乔木，高 15～40 m。叶螺旋状生长在长枝上，在短枝上丛生，叶片扇形，顶端 2 浅裂，秋季金黄色。花单性异株。种子核果状，熟时橙黄色。花期 4～5 月，果期 9～10 月。

产地及来源 我国特产。辽宁以南，广东以北均有栽培。浙江天目山有野生。

生态习性 喜光，稍耐阴，耐寒，喜温暖气候，喜湿润而又排水良好的深厚砂质土壤，以中性或微酸性土壤适宜，能适应高温多雨气候。

 5～10

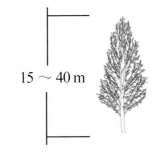

15～40 m

应用方式
树体高大，树干通直，姿态优美，春夏翠绿，深秋金黄，是理想的行道树种。孤植、对植、列植、片植均可。

垂枝金叶榆
Ulmus pumila 'Pendula Aurea'
杨柳科杨属

形态特征
落叶小乔木，高 2～3 m。树冠丰满。枝条柔软，细长下垂。枝叶密集，叶片金黄鲜亮。

产地及来源
国外园艺栽培品种。可在东北、华北、西北、华东、西南等大部分地区栽培。

生态习性
喜光，极耐寒，耐干旱，有很强的抗盐碱性，在沿海地区可广泛应用。根系发达，耐瘠薄，水土保持能力强。

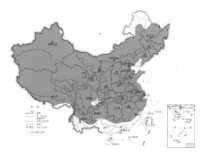

2～3 m

Z 3～9

应用方式
枝条下垂，细长柔软，树冠呈圆形蓬松状，形态优美，适合作庭院观赏和道路绿化，配置于植物组团中，可与其他树形植物形成鲜明对比。可孤植、对植等。

金叶梓树
Catalpa bignonioides 'Aurea'
紫葳科梓树属

形态特征 落叶乔木，高可达 15～20 m。树冠宽大，半圆形。叶对生或轮生，广卵形，金黄色，新叶铜绿色，夏季转绿。花冠白色，内有紫斑及黄色条纹，圆锥花序顶生。花期5～6月。

产地及来源 国外园艺品种。上海、河南等地有苗源。

生态习性 喜光，喜温暖湿润气候，耐寒、耐旱，喜肥沃深厚的土壤，对烟尘、二氧化硫及氯气等抗性较强。

15～20 m

☀ ❄ 🌢 ; ⓩ 5～9 ; ➡➡➡⇨

应用方式
叶色鲜亮，叶片较大，树姿优美，观赏期长，适宜孤植或植物组团配置。

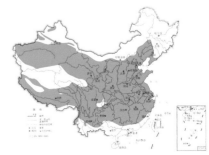

紫叶矮樱

Prunus × cistena
蔷薇科李属

形态特征
落叶观叶观花灌木或小乔木，高达 2.5 m。整个生长季叶片紫红色亮丽，夏季无明显返绿现象。花常单生，中等偏小，淡粉红色。花期 4～5 月。是优良的彩色叶植物。

产地及来源
美国园艺栽培品种，是紫叶李和矮樱的杂交品种。华北、东北、华东多地有苗源。

生态习性
喜光，抗寒，耐干旱。适应性强，对土壤要求不严，在排水良好、肥沃的砂壤土和轻度黏土上生长良好。耐修剪，抗病力强。

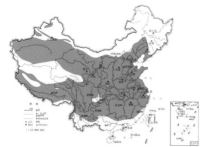

2.5 m

Z 5～9

应用方式
叶色艳丽，株形优美，孤植、丛植的观赏效果都很理想，宜于建筑物前及园路旁或草坪角隅处栽植。应用时注意选择恰当的背景颜色，以衬托出它的色彩美。

石楠

Photinia serrulata

蔷薇科石楠属

形态特征　常绿灌木或小乔木，高达6 m。树形紧凑，树冠卵圆形。叶螺旋状互生，革质，披针形或长椭圆形，深绿色，嫩叶鲜红色。伞房花序，花白色。梨果球形，成熟时红色。花期4～5月；果熟期10月。

产地及来源　原产于陕西、华东、中南、西南，在长江流域及其以南地区均有分布。

生态习性　喜光，稍耐阴，较耐寒，较耐旱，不耐水湿，耐瘠薄，喜疏松、肥沃的土壤。萌芽力强，耐修剪。

2.5 m

Z 8～9

应用方式

树形美观，春季白花满树，秋季红果累累，可孤植、丛植、对植等，也可作为绿篱。

皱叶荚蒾 (枇杷叶荚蒾)

Viburnum rhytidophyllum
忍冬科荚蒾属

形态特征 常绿观花灌木或小乔木，高达4 m。全株均被星状绒毛。叶薄革质，卵状长圆形或长圆状披针形，叶面深绿色。复伞形花序，花白色，辐状。果红色，后变黑色。花期4～5月；果熟期9～10月。

产地及来源 原产于陕西、湖北、四川、云南及贵州等地，北京、上海、安徽、山东、河南、河北等地有栽培。

生态习性 较耐阴，性喜温暖湿润环境，亦有一定的耐寒性，不耐涝。在长江流域为常绿植物，在北京可保持常绿越冬。

☀ ◑ ❄ ; Ⓩ 7～9 ; ➡➡⇨

4 m

应用方式

从北京以南到黄河以北，是广大温带地区不可多得的常绿阔叶植物，可孤植或丛植。

山茱萸
Cornus offiinalis
山茱萸科山茱萸属

形态特征　落叶观花灌木或小乔木，高可达 4～10 m。老枝黑褐色，嫩枝绿色。伞形花序，总苞黄绿色，花瓣舌状披针形，金黄色，先于叶开放。核果椭圆形，红色至枣红色。花期 3～4 月，果期 8～10 月。

产地及来源　原产于华东至黄河中下游地区。陕西、浙江和河南都有苗源。

生态习性　喜光，稍耐阴，耐寒，耐旱，较耐湿，喜肥沃、湿润及排水好的土壤。

  7～9

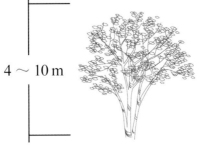

4 ～ 10 m

应用方式
早春花色金黄，入秋叶色鲜艳，果实亮红，是北方优良的观花观果树种。可孤植、列植、群植、林植或用于园林小品点缀。

'美人'榆

Ulmus pumila 'Meiren'
榆科榆属

形态特征
落叶观叶乔木，也可作灌木状栽培，高可达 5～6 m，树形丰满圆整。枝叶密集，叶片卵圆形；新叶嫩黄色，夏初转为金黄色，盛夏至落叶前，树冠中下部叶片为浅绿色，中上部仍为金黄色。

产地及来源
河北省林业科学研究院培育的新品种，可在东北、华北、西北、西南等大部分地区栽培。

生态习性
喜光，极耐寒，耐干旱，在东北和西北地区生长良好。同时有很强的抗盐碱性，在沿海地区可广泛应用。其根系发达，耐瘠薄，水土保持能力强。枝条萌生力很强，枝条密集，耐强度修剪。

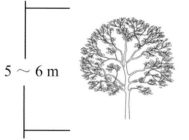

5～6 m

☀ ❄ ◉ PH 🍃 ; Z 1～9 ; ➡➡➡➡

应用方式
可作行道树、风景树。又可培育成灌木、柱状、球状及高桩球后，广泛应用于绿篱、色带。除城市绿化外，还可大量应用于山体景观生态绿化中。

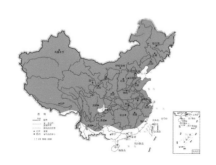

☀ ❄ 🍃 🍂 ： Ⓩ 4～9 ： ➡➡➡➡

1.2 m

应用方式

在百花凋谢的晚夏和秋季，蓝花盛开，十分醒目；在夏天给人以干净凉爽的感觉，很具观赏性。可作大面积色块及基础栽植。

蓝花莸
Caryopteris × *clandonensis*
马鞭草科莸属

形态特征 | 落叶观花灌木，高约 1.2 m，株形扁球形。枝叶繁密。单叶对生，卵圆形至披针形，灰绿色，长 5 cm，叶背具银色毛。聚伞花序顶生或腋生，小花蓝色至蓝紫色。花期 8 ～ 10 月。

产地及来源 | 园艺杂交种。东北、华北、华中、华东及西北地区有栽培。

生态习性 | 喜阳光充足，喜温和凉爽的气候。抗寒，耐旱。喜有机质丰富、排水良好的土壤，忌栽植在低洼潮湿处。

金叶莸　*Caryopteris* × *clandonensis* 'Worcester Gold'　马鞭草科莸属

落叶观叶、观花小灌木，株高约 1.2 m。枝叶密集。单叶对生，叶楔形，叶面光滑，鹅黄色。聚伞花序，花冠蓝紫色，高脚碟状腋生于枝条上部，自下而上开放，雄蕊、雌蕊均为淡蓝色。花期 8 ～ 10 月。

金阳朝鲜连翘
Forsythia koreana 'Sun Gold'
木犀科连翘属

形态特征
落叶观花、观叶灌木，高约3米。枝干丛生，枝开展，小枝黄色，弯曲下垂。叶对生，椭圆形或卵形，叶色从黄绿至金黄色，枝叶较密。花黄色，1～3朵生于叶腋，3～4月叶前开放。

产地及来源
国外园艺栽培品种。北京、河北、山东、河南、上海、浙江等地有苗源。

生态习性
喜光，耐寒，耐干旱。适合栽植于阳光充足或稍遮阴处。喜偏酸性、湿润、排水良好的土壤。

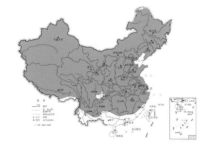

3 m

应用方式
春季叶色非常明快，适于自然形栽植，可孤植、丛植、群植于草坪、路边、林缘、岩石旁等。

紫叶黄栌
Cotinus coggygria 'Purpureus'
漆树科黄栌属

形态特征 落叶观叶灌木或小乔木，高可达 5 m。树冠圆形或半圆形。小枝红紫色。单叶互生，卵形至倒卵形，春季呈红紫色，夏季转淡，秋季转为紫红色。叶及枝表面密被白色柔毛。圆锥状花序顶生于新梢，小花粉紫色，花序絮状，鲜红如雾，俗称"烟树"，花期长。果实紫红色。花期 5～6 月，果期 7～8 月。

产地及来源 美国园艺品种。上海、江苏、浙江、安徽、河南等有苗源。

生态习性 喜光，稍耐阴，耐寒，耐旱。萌蘖性强，生长较快。土壤适应性强，耐贫瘠土壤，在中性、微酸和微碱性土壤中都能生长良好。抗病虫能力强，对二氧化硫气体有较强的抗性。

Z 5～9

应用方式
常用作园路树，或于草坪角隅、建筑物前丛植或孤植，或列植于道路两旁，用绿色或其他色差较大的植物作陪衬，能把紫叶黄栌的叶色表现得更明显。

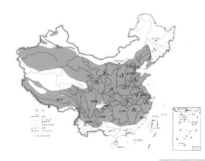

010

珍珠梅

Sorbaria sorbifolia
蔷薇科珍珠梅属

形态特征 落叶观叶、观花灌木，高达2 m。枝条开展，小枝稍屈曲。羽状复叶。圆锥花序顶生，小花白色，淡雅别致，花期夏季。果期9～10月，果在未完全成熟前呈红色，有一定观赏价值。

产地及来源 原产于亚洲北部。河北及北京有苗源。

生态习性 喜阳光充足，耐阴，耐寒。喜肥沃湿润土壤。适应性强，萌发力强。

2 m

Z 2～9

应用方式

可丛植于草坪边缘或水边、房前、路旁，亦可栽植成篱垣。由于其耐阴性好，亦可在建筑物背面等庇荫处种植。

香荚蒾

Viburnum farreri

忍冬科荚蒾属

形态特征

落叶观花灌木，高 2 ～ 3 m。叶纸质，椭圆形或菱状倒卵形。圆锥花序，花冠蕾时粉红色，开后浅粉色或白色，高脚碟状，直径约 1 cm，芳香。果实紫红色，椭圆形。花期 4 ～ 5 月，果期 8 月。

产地及来源

山东、河北、甘肃、青海等地有栽培。

生态习性

喜光，耐半阴，耐寒。宜植于中等肥力、富含腐殖质、湿润且排水良好的土壤中，不耐瘠土和积水。

2 ～ 3 m

Z 4～8

应用方式

花白色而芳香，花期早，是华北地区很好的早春花木。丛植于草坪边、林荫下或建筑物前都极适宜。耐半阴，也可栽植于建筑物的东西两侧或北面，丰富耐阴树种的种类。

欧洲雪球荚蒾（雪球、欧洲琼花）

Viburnum opulus 'Roseum'
忍冬科荚蒾属

形态特征 落叶观花灌木，高达 3～4 m。聚伞花序球形顶生，全为不孕花；花初开为嫩绿色，盛开为雪白色，犹如一个个洁白的雪球挂在树上，美丽而奇特。花期 5～6 月。

产地及来源 国外园艺栽培品种。浙江、上海、山东及北京等地有栽培。

生态习性 喜光，耐半阴，耐寒性好。喜疏松肥沃、湿润且富含有机质的微酸性土壤。

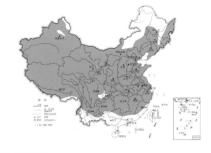

3～4 m

☀ ◑ ❄ ; Ⓩ 4～9 ; ➡➡⇨⇨

应用方式

适宜庭园、绿地孤植、丛植。因其植株高大，亦可作为背景栽植，前面可种植些相对低矮的观花、观叶的小灌木及草本植物，以丰富景观的层次。

忍冬（金银花）
Lonicera japonica
忍冬科忍冬属

形态特征
半常绿观花藤本，也可培养成球状，株高 1～2 m。幼枝红褐色。叶纸质，卵形至矩圆状卵形，深绿色。花初开白色，后变黄色。盛花期 5 月，二次盛花期 7 月，其他时间亦有零星花开。果熟期 10～11 月。

产地及来源
除黑龙江、内蒙古、宁夏、青海、新疆、海南和西藏外，中国其余各地均有分布。从华北到华南均有分布和栽培。

生态习性
喜阳、稍耐阴，耐寒性强，也耐干旱和水湿，对土壤要求不严，但以湿润、肥沃的深厚砂质土壤最佳。

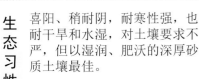

1～2 m

  Z 3～10 ;

应用方式
适于在林下、林缘、建筑物北侧等处做地被。还可做绿化矮墙，亦可以利用其缠绕能力制作花廊、花架、花栏、花柱以及缠绕假山石等等。

阿诺红新疆忍冬
Lonicera tatarica 'Arnold Red'
忍冬科忍冬属

形态特征　落叶观花、观果灌木，高达2 m。花期5 月，果期6 月。小浆果颜色有红色、橙黄色等，色彩鲜艳，且其观赏期正是华北地区木本开花植物较少的季节，在一定程度上可以丰富当季的园林景观。

产地及来源　美国阿诺德树木园培育的新品种。由北京植物园引入国内。

生态习性　喜光亦耐半阴，耐寒。喜湿润肥沃而排水良好的土壤。也有一定的耐旱性和耐瘠薄能力。能生长在贫瘠的砂砾土上，且有较强的萌芽和萌蘖能力。

Z 3～9

2 m

应用方式
6～8月，红色的浆果密生于绿叶之上，绿意红情，颇为壮观。可在路边、庭院、草地、假山石旁等处孤植、丛植，也可用于花境。

'繁果' 新疆忍冬
Lonicera tatarica 'Fan Guo'
忍冬科忍冬属

形态特征
落叶观花、观果灌木，高达3 m。花粉红色。花期5月上中旬。果球形，6月成熟变红。花果量大，果期比花期更显壮观。

产地及来源
新疆忍冬的栽培品种。原分布于西伯利亚、欧洲以及我国新疆、辽宁、黑龙江等地。华北地区有栽培。

生态习性
喜光，耐半阴，耐寒。有一定的耐旱和耐瘠薄能力，喜湿润、肥沃而排水良好的土壤。

3 m

3～9

应用方式
是花果兼赏的优良园林植物。可在路边、庭院、草地、假山石旁等处孤植、丛植，也可用于花境。

猬实

Kolkwitzia amabilis
忍冬科猬实属

形态特征

落叶观花观果灌木，高达3 m。株形开张，枝条弯垂。着花繁密，花淡粉红色，喉部黄色，美丽耐看。果实密被毛刺，形如刺猬，甚为别致，"猬实"也因此得名。花期5～6月，果期8～9月。

产地及来源

原产于我国中部及西北部。湖南、河南、陕西、湖北、四川、上海等地有栽培。

生态习性

喜阳光充足。耐寒，北京地区可以露地越冬。耐干旱瘠薄，喜排水良好的肥沃土壤。

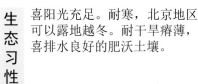

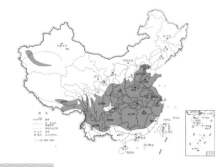

3 m

应用方式

可丛植于草坪、路边及假山旁。可与碧桃、丁香等植物交互栽植，以延长整体景观的观赏期。

金红久忍冬

Lonicera × *heckrottii*
'Gold Flame'
忍冬科忍冬属

形态特征 半常绿观花藤本。茎可达 10 m 以上，右旋缠绕。单叶对生，卵状椭圆形，背面粉绿色，花序下方 1～2 对叶的基部连合成圆形或近圆形的盘。花序顶生，花冠两轮外轮玫红色，内轮黄色。花期 3～5 月，较普通金银花花期长，落叶晚。是集观花、观叶为一体的优秀攀援植物。

产地及来源 国外园艺栽培品种。上海、江苏、浙江、北京、山东等地有苗源。

生态习性 喜光，稍耐阴，耐寒，耐旱。对土壤要求不严。根系发达，萌蘖性强。

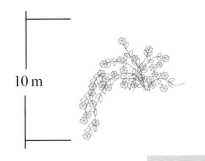

Z 5～10 ; 10 m

应用方式

非常适合垂直绿化，也用于庭院中的花架、花廊等点缀，也适合露台、屋顶花园栽植。

六山荆芥

Nepeta 'Six Hills Giant'
唇形科荆芥属

形态特征 多年生落叶草本，高 0.3 ～ 0.5 m，多分枝。植株半蔓性。叶对生，卵状，脉密，下凹，面不平，边缘有圆形齿缺。叶灰绿色，有气味。聚伞花序呈二歧状分枝，花蓝紫色。花期 6 ～ 8 月，果期 7 ～ 9 月。

产地及来源 国外园艺栽培品种。上海、浙江、北京等地有苗源。

生态习性 喜光，喜温暖湿润，怕干旱，忌积水。以疏松肥沃，排水良好的砂质土壤栽培为宜。

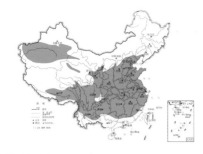

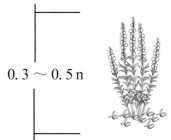

0.3 ～ 0.5 m

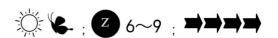

: Z 6～9 ;

应用方式
群体观花效果好，适宜栽植于坡地、矮墙沿、或在草地丛植、密植作花带，也是优良的花境植物。

丛生福禄考

Phlox subulata

花荵科天蓝绣球属

形态特征
多年生常绿观花草本，株高 0.08～0.1 m。枝叶密集，匍地生长。叶针状，簇生，革质，春季叶色鲜绿，夏秋暗绿色，冬季经霜后变成灰绿色。花叶同放，花紫红色、白色、粉红色，第一次盛花期 4～5 月，第二次盛花期 8～9 月。

产地及来源
原产于北美洲。上海、江苏、浙江、山东、河南、河北、北京、辽宁等地有苗源。

生态习性
适应性强。极耐寒，在 -8℃下叶片仍可保持绿色，-32℃可以地下根越冬。耐高温。耐旱，在贫瘠的黄砂土地上，即使多日无雨，仍可生存生长。

☀ ❄ ◐ ◑ **PH** : **Z** 3～9 ; ➡ ➡ ⇨ ⇨

0.08 ～ 0.1 m

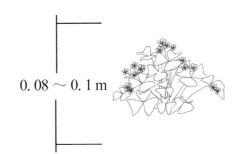

应用方式
花色鲜艳，花期长，适于花坛美化、小盆栽或作地被，也可做花境前景植物。

甜梦紫露草

Tradescantia 'Sweet Kate'
鸭跖草科紫露草属

形态特征 多年生观叶、观花草本，株高 0.3～0.6 m。茎多分枝，带肉质，下部匍匐状，节上常生须根，上部近直立。叶互生，金黄色，披针形。花密生在两叉状的花序柄上，花瓣 3，蓝紫色，卵圆形。花期 5～7 月。

产地及来源 国外园艺栽培品种。东北、华北、西北等地可栽培。上海有苗源。

生态习性 生性强健，喜光照充足，耐半阴。耐寒，在华北地区可露地越冬。对土壤要求不严，可适应酸性土壤。

Z 4～9 ；

$0.3～0.6\,m$

应用方式

可片植做彩叶地被，也是花、叶兼赏的花境植物，还可做岩石旁的点缀。

第四节　重点选育和推广的新品种

　　棕榈园林借助苗圃、设计、施工三位一体的行业优势，大力推动新优园林植物在工程上的应用，取得了巨大的社会和经济效益。公司不仅从国外进口新优品种直接在工程中应用，如将从意大利进口的葛丽索尼广玉兰、各种玉簪品种用在华东区域的高档小区内；从国内相关园林科研单位引种收集新优乡土植物进行推广应用，如对耐盐碱植物滨枥、厚叶石斑木的推广应用，还与多家科研单位构建了多个新优植物推广应用的"产学研"合作的良好模式。

　　棕榈园林对新优园林植物的研究始于对棕榈科植物的引种驯化和推广应用，并取得了丰硕的成果，一度激发了全国各地生产应用棕榈植物的积极性。据不完全统计，近10年来，棕榈园林先后向10多个省市约40个大中城市推广棕榈植物约80种，将棕榈科植物向北推广至华东、华中以及西南地区，实现了将棕榈植物应用从北纬23°到北纬32°左右，向北推进了1000多公里，成为"南棕北移"及棕榈植物推广应用划时代的里程碑。

　　在考虑自身和国内种质资源优势的前提下，棕榈园林开展培育夏季开花或四季开花、抗晒、抗寒为主要目标的山茶育种工作。现已建立茶花资源圃用于山茶科植物的培育，收集国内外茶花属植物种或品种500余个，并开展广泛的人工杂交，获得了一批夏季盛花甚至四季有花的杂交品系20余个。拥有国家林业和草原局授权的新品种25个，在国际山茶学会登记的新品种有25个。这些品种不仅具有耐晒、耐热、抗寒和速生的抗性优势，在观赏性上，其花色各异，还有大花重瓣、单瓣密花等多样花型，树形紧凑、叶色浓绿，可以满足庭院、高档住宅小区、酒店、家庭盆栽等各方面的不同布景需求。

　　公司从2008年开始致力于木兰科植物种质资源开发、产业化研究，多年来收集和保存国内外种或品种300多个。目前自主培育的新一代木兰品种，获得国家林草局植物新品种权受理或授权的有48个，在国际木兰协会登记的新品种有20个，综合了国内外木兰种类的优良性状，不仅在适应性和抗逆性上有极大的提高，而且实现了株型矮化、花色丰富、花型多变、多季开花、花叶果同赏等优良观赏特性。

　　鉴于木兰科植物普遍存在着大树移栽困难，成活率低、缓苗重的问题，棕榈园林将培育多花灌木型玉兰作为重点，用来替代园林中常见的观花灌木品种。在木兰资源圃中已保存木兰种或品种300余个，已获得千余个组合的杂交实生苗，独有或与相关单位共有国家林业局授权的新品种有18个。

　　鸡蛋花的引种收集是棕榈园林与深圳市仙湖植物园管理处合作研究的推广项目。已建立鸡蛋花品种资源圃用于鸡蛋花品种的园林推广应用及新品种培育，收集鸡蛋花原种5个，品种300余个，合作出版《鸡蛋花园林观赏与应用》一书。棕榈园林还与北京林业大学联合开展小叶紫薇的资源收集和品种选育工作。现已收集小叶紫薇品种50余个，相关杂交育种、品种筛选工作正在进行中。

　　各种新优园林植物的推广应用，极大丰富了园林景观多样性，使可持续性的生态造园理念在园林中得以应用。

一、棕榈科

霸王棕
Bismarckia nobilis
棕榈科霸王棕属

形态特征 常绿乔木，茎干单生，高耸，高达 15～60 m。叶掌状深裂，径约 3 m，宽大于长，坚韧直伸，灰绿色，裂片间有丝状纤维，叶柄非常粗壮结实。雌雄异株，花序生叶腋间，长约 1.3 m，花奶白色。核果似李子，径 3.8～4 cm，深褐色。

产地及来源 原产于马达加斯加。热带和南亚热带地区可栽培。

生态习性 喜高温多湿，喜阳光，具一定的耐寒性，对土壤的适应力较强，但排水需良好。

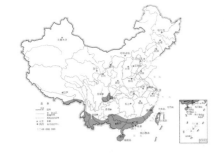

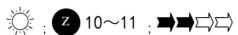 Z 10～11

15～60 m

应用方式
霸王棕株形巨大，掌叶坚挺，叶色独特，为棕榈科植物中的珍稀种类。在园林绿化中可孤植、列植或群植等形式作为行道树、庭院树或公园树。

布迪椰子（弓葵）

Butia capitata

棕榈科布迪椰子属

形态特征 常绿乔木，茎单生，高3～6 m，老叶基残存。叶羽状，拱形，有时下弯几乎接近地面或茎基长2.5～4 m；羽片25～50对，正面灰绿色，背面粉白色；叶柄纤细而长，绿褐色，边缘有明显的齿。雌雄同株；花序穗生于叶下；花红或黄色。果长卵圆形，肉质，内含纤维，熟时由黄转红。果期9～11月。

产地及来源 原产于巴西、乌拉圭等地。广东、广西、海南、福建、浙江、上海、江苏、湖南、四川、云南、重庆等地有苗源。

生态习性 喜温暖湿润的环境，生长适应性较强，较耐寒，耐旱。中亚热带以南可以安全越冬，北亚热带冬季需要防护越冬。播种繁殖。

☀ ❄ ◭ ; **Z** 8～11 ; ➡➡⇨

3 ～ 6 m

应用方式

株形优美，叶形漂亮，果实可赏，适宜栽植于庭园中供观赏。

南美布迪椰子
Butia yatay
棕榈科布迪椰子属

形态特征	常绿乔木,茎单生,高3～6 m,残存老叶基。叶羽状,拱形,有时下弯几乎接近地面或茎基,长1.5～2 m;羽片55～60对,正面灰绿色,背面粉白色;叶柄纤细而长,绿褐色,边缘有明显的齿。雌雄同株;花序穗生于叶下;花红或黄色。果长卵圆形,肉质,内含纤维,熟时由黄转红。果期9～11月。
产地及来源	原产于巴西、乌拉圭等地。华南等地有引种栽培。
生态习性	喜温暖湿润的环境,生长适应性较强,有一定的耐寒性,耐旱。播种繁殖。

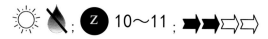 ☀ ◗ ; Ⓩ 10～11 ; ➡➡⇨⇨

 3 ～ 6 m

应用方式
株形优美,叶形漂亮,适宜栽植于庭园中供观赏。

加那利海枣（加拿利海枣）

Phoenix canariensis
棕榈科刺葵属

形态特征 常绿乔木，单干，圆柱形，老叶柄基部包被树干，高 14～20 m。羽状复叶密生，长 5～6 m，羽片多，叶色亮绿。花单性，雌雄异株；穗状花序具分支，生于叶腋；花小，黄褐色。果实长椭圆形，熟时黄色至淡红色。花期 5～6 月，果期 8～9 月。

产地及来源 原产于加拿利群岛及附近地区，在热带地区广为栽培。广东、广西、海南、福建、浙江、江西、上海、湖南、四川、云南、重庆等地有苗源。

生态习性 喜充足的阳光，喜高温多湿的热带气候，但也有一定的耐寒能力。对土壤要求不严。播种繁殖，或从母株分蘖，生长较缓慢。

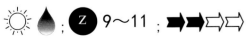
Z 9～11 ;

14～20 m

应用方式

树干粗壮，高大雄伟，羽叶密而伸展，形成密集的羽叶树冠，为优美的热带风光树。非常适宜作行道树，在滨海大道栽植，景观尤显壮丽，也可群植于绿地。

海枣（伊拉克蜜枣、枣椰子）

Phoenix dactylifera
棕榈科刺葵属

形态特征 常绿乔木，株高 10 m 以上，胸径 0.4 m，干单生或丛生，干上残留的老叶柄基部呈螺旋状排列。叶簇生于干顶，长可达 5 m，裂片条状披针形，端渐尖，缘有极细微的波状齿，叶互生，在叶轴两侧呈"V"字形上翘，叶绿色或灰绿色，基部裂片退化呈坚硬的锐刺；叶柄长 70 cm 左右。花单性，雌雄异株。果长圆形，淡橙黄色，其形似枣；果肉甘美可食；种子一颗，长圆形。

产地及来源 原产于非洲北部和亚洲西部，广植于热带、亚热带地区。广东、广西、福建及云南昆明有栽培。

生态习性 喜高温干燥气候，喜光照，有较强抗旱力。耐碱性强。可播种或分株繁殖，栽培宜选用排水良好的砂质土壤。

PH ; Z 9～11 ;

10 m

应用方式

株形优美，枝叶茂密，四季常青，为良好的风景树，公园、庭院常种植。果可生食，也可制蜜饯和酿酒。

银海枣（中东海枣、林刺葵）

Phoenix sylvestris
棕榈科刺葵属

形态特征 常绿乔木，株高 10～16m，胸径 30～33cm，茎具宿存的叶柄基部。叶长 3～5m，羽状全裂，灰绿色，无毛；羽片剑形，长 45～55cm，成簇排成 2～4 列，下部叶片针刺状；叶柄较短，叶鞘具纤维。果长椭圆形，长 3～3.5cm，熟时橙黄色。

产地及来源 原产于印度、缅甸。广东、广西、海南、福建、四川、云南、浙江、上海等地有苗源。

生态习性 喜光照，耐半阴。喜高温、湿润环境，生长适温为 20～28℃。较耐寒，能抵抗短期的 -10℃的严寒。有较强抗旱力。可播种或分株繁殖。

 **Z** 9～11

10～16 m

应用方式

株形优美，树冠半圆状，叶色银灰。孤植于水边、草坪作景观树，观赏效果极佳。

鱼骨葵（鱼骨南椰）
Arenga tremula
棕榈科桄榔属

形态特征 常绿乔木，茎丛生，灌木状。高 3～5 m。叶羽状分裂，劲直伸展，略下弯；羽片窄长，狭带形。雌雄同株；花序腋生，少呈下垂状，结果后侧弯；雄花土黄色，开放时芳香。果球形，熟时紫红色。

产地及来源 原产于菲律宾。华南等地均有栽培。

生态习性 喜半阴，耐阴。喜温暖湿润的气候，有一定的耐寒性。播种繁殖。

  Z 9b～11 ;

3 ～ 5 m

应用方式
株形舒展、优美，花香果美，适宜栽植于庭园中供观赏。

狐尾椰

Wodyetia bifurcata
棕榈科狐尾椰属

形态特征　常绿乔木，植株高大通直，高 10～20 m，茎干单生，茎部光滑，有叶痕，略似酒瓶状，高可达 10～15 m。叶色亮绿，簇生茎顶，羽状全裂，长 2～3 m；小叶披针形，轮生于叶轴上，形似狐尾。雌雄同株，花序生于冠茎下，绿色；果实椭圆形，成熟时红色，长 6～8 cm，相当醒目诱人。

产地及来源　原产于澳大利亚。广东、广西、海南、福建、云南等地有引种栽培。

生态习性　喜光照充足、温暖湿润的生长环境，生长适温为 20～28℃。稍耐寒，冬季不低于 −5℃均可安全过冬。

  10～11 ：

10～20 m

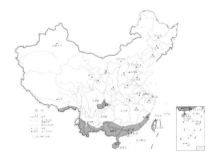

应用方式

适列植于池旁、路边、楼房前后，也可数株群植于庭园之中或草坪一隅，观赏效果极佳。

金山葵（皇后葵）

Syagrus romanzoffiana

棕榈科金山葵属

形态特征 常绿乔木，茎单生，高 16～18 m，径粗 35～60 cm，光滑，有环纹，偶吊挂枯叶。叶羽状细裂，每侧有多达 100 枚以上裂片；裂片线状，狭窄，长达 1 m，宽 3 cm，1～5 片聚生于叶轴两侧，从不同角度伸出，披散，柔软，中部下垂；叶柄两侧剪裂，有纤维，基部扩大并有棱脊。雌雄同株；花序腋生，分枝多；花梗长，悬垂；佛焰苞厚木质，舟形硬槽状。果卵形至长卵形，有短尖，中果皮甜，熟时橙黄色。

产地及来源 原产于巴西中部和南部。广东、广西、海南、福建、浙江、四川、云南等地有苗源。

生态习性 喜温暖的气候，稍耐寒，生长适应性较强。播种繁殖。

PH ; Z 9b～11 ;

应用方式

树形蓬松自然，朝气蓬勃，雄壮自立，是展示热带风光的常见树种。可作行道树、园景树，或孤植于门前，或不规则植于水滨、草坪外围，与凤凰树等花木类配置种植，可添园林景色。亦可作海岸绿化材料。漂亮的种子可制作项链，花粉是良好的蜜源。

16～18 m

欧洲矮棕（矮棕、欧洲扇棕、丛榈、意大利棕榈）

Chamaerops humilis
棕榈科欧洲矮棕属

形态特征
常绿矮生灌木，常多干集生，干上宿存棕丝叶鞘，高1～2m。叶掌状，半圆形，直立，宽60～90cm，深灰绿色，深裂几至叶柄，每小叶有一主脉，剑形叶柄具短黑刺。肉穗状花序着生于叶腋间，鲜黄色，花单生，花萼相连成壳斗状，花瓣3片，覆瓦状排列。浆果椭圆形，但大小、形态不太一致。

产地及来源
原产于地中海地区。现广泛栽培于亚热带及温带地区。

生态习性
喜光，耐半阴；耐瘠薄，以疏松肥沃、排水良好的砂质土壤生长最佳；耐寒，生长适温为15～25℃，可耐受-15℃的低温。

☀ ◐ ❄ ⚫Z 8～10 ；➡➡⇨⇨

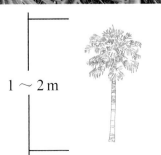

1～2 m

应用方式
常多干丛生，多丛植造景，观赏效果佳。可片植，也可盆栽欣赏。其扇叶是传统技编工艺的重要原料，而花芽则是非洲人民招待贵宾的蔬食。

巴西蜡棕

Copernicia prunifera
棕榈科蜡棕属

形态特征 常绿乔木，茎单生，高10～15 m，近基部膨大，茎下部覆盖有残存叶基。叶掌状，叶茎1.2～1.5 m，半裂，接近圆形，亮灰绿色，叶面有蜡质覆盖，有裂片60枚；叶柄长60 cm或更长，呈黄绿色，有齿状刺。花序抽生于叶下面；花成簇。果卵状球形；种子长卵球形，灰褐色。

产地及来源 原产于巴西，分布于巴西东北部半干旱地区。

生态习性 喜阳光充足的空旷环境，耐半阴，有一定的耐寒性，耐旱。喜排水性良好的土壤，常用播种进行繁殖，但实生苗生长缓慢。

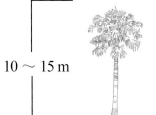

10～15 m

应用方式
植株高大挺直，叶片形如大扇，适合孤植成景，或作行道树、园景树，观赏价值极高。

木匠椰（东澳棕）

Carpentaria acuminata
棕榈科东澳棕属

形态特征 常绿乔木，茎单生，高达12 m，径 20 cm；冠茎长约1.2 m。叶羽状，长达 3 m，拱形；羽片直立，柔弱，紧密间隔生于叶轴上，每边约 88 枚；下面羽片渐尖，中间羽片 2 裂，顶生的啮齿状或踞齿状；叶柄绿中带红和褐色。雌雄同株；花序分枝下垂，淡黄色；花奶油色。果实深红色，椭球形，具黄色宿存花萼。花期 4 ～ 5月，果期 9 月。

产地及来源 原产于澳大利亚昆士兰。华南等地有引种栽培。

生态习性 喜温暖湿润的气候，较耐盐碱。播种繁殖。

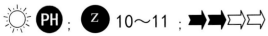 PH ; Z 10～11 ;

20 m

应用方式

树形挺拔，粗壮，树冠优美、宽广，宜栽植于庭园观赏，可作行道树。

裂叶蒲葵
Livistona decipiens
棕榈科蒲葵属

形态特征 常绿乔木，茎单生，高达 12～14 m，径约 42 cm，早期有棕褐色的叶柄残基，剥离后有环纹，树冠保持 40～60 片叶。叶掌状深裂，具皱褶，有裂片 40～80 枚；裂片狭窄，先端二裂下垂；叶柄细长，基部膨大，两侧多锐刺。雌雄同株；花序腋生。果椭圆形或卵圆形，黑色，有光泽，于 8 月初成熟。

产地及来源 原产于澳大利亚。华南等地均有栽培。

生态习性 喜阳。较耐短期低温。极耐旱，可在半沙漠性地区生长，不耐水渍。播种繁殖。需排水良好的土壤。

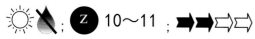 10～11 ;

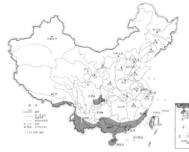

12 ～ 14 m

应用方式
树冠如伞，四季常青，株形优美，可作庭院绿化观赏，也可用于半沙漠性地区的绿化和作园景树。

大叶箬棕（百慕达棕）

Sabal blackburniana
棕榈科箬棕属

形态特征 常绿乔木，茎单生，高达 18 m，裸茎灰白色，残存叶基纤维贴附于茎上。叶掌状，长 1.8 m 以上，具少量丝状物，深裂达叶片的一半，有强中肋；裂片坚挺劲直，中脉在下面明显，灰绿色；雌雄同株；花序腋生，短于叶片。果扁球形，长约 1 cm，宽约 1.6 cm；熟时深褐色，有光泽。

产地及来源 原产于西印度群岛。广东、福建等地有引种栽培。

生态习性 喜光，喜温暖湿润的环境，有一定的耐寒性。耐干旱，生长适应性较强，播种繁殖。

 Z 8b～11；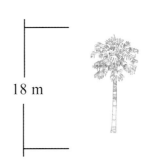

18 m

应用方式
树形挺拔、粗壮，树冠优美、宽广，宜栽植于庭园观赏，可作行道树。

巨箬棕（沙巴榈、波多黎各沙巴榈）

Sabal causiarum
棕榈科箬棕属

形态特征 常绿乔木，茎单生，高达 9 ～ 15 m，径约 1 m 以上。裸茎灰色，光滑。叶掌状，径 1.5 m 以上，中脉明显，深裂达 2/3，叶质坚挺，劲直，一般不下垂，亮绿色或深绿色。雌雄同株；花序腋生，短于叶片。果球形，深褐色至黑褐色。

产地及来源 原产于波多黎各和弗吉尼亚半岛。广东、福建、浙江、四川等地有苗源。

生态习性 喜温暖湿润的环境，生长适应性较强，耐寒，耐旱。播种繁殖。

☀ ❄ 💧 ; Ⓩ 8b～11 ; ➡➡⇨

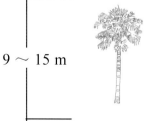

9 ～ 15 m

应用方式
树形挺拔、粗壮，树冠优美、宽广，宜栽植于庭园观赏，亦可作行道树。

牙买加箬棕
Sabal jamaicensis
棕榈科箬棕属

形态特征 常绿乔木，茎单生，高13～15 m，灰白色，初时有老叶柄残留，后脱落。叶近圆形，直径2～2.5 m，掌状深裂，裂片70～80片，线状披针形，长1.5～2 m，质厚，直伸，两面淡灰绿色，中肋延长，先端反折；叶柄长，叶舌明显，边缘有浅齿。花序与叶等长或比叶长。果卵球形，熟时淡暗褐色。花期6～7月，果期9～10月。

产地及来源 原产于牙买加。广东有苗源。

生态习性 喜温暖湿润的环境，适应性较强，耐寒，耐旱。播种繁殖。

 Z 8b～11;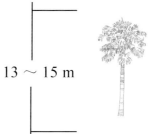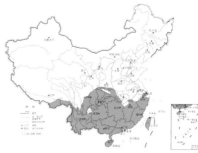

13 ～ 15 m

应用方式
树形挺拔、粗壮，树冠优美、宽广，宜栽植于庭园观赏，可作行道树。

墨西哥箬棕（熊掌棕）
Sabal mexicana
棕榈科箬棕属

形态特征 常绿乔木，单干直立，高可达11～20 m。叶掌状深裂，多数，末端2裂。花两性，肉穗花序自叶腋伸出，花小，黄绿色。果球形或扁圆形，熟时黑色。

产地及来源 原产于墨西哥，危地马拉等地。华南等地有引种栽培。

生态习性 生性强健，喜光，能耐一定低温，对土壤要求不严。播种繁殖，发芽容易。

☀ ◐ ; Ⓩ 9～11 ; ➡➡⇨⇨

11 ～ 20 m

应用方式
树形挺拔、粗壮，树冠优美、宽广，宜栽植于庭园观赏，亦可作行道树。

箬棕

Sabal palmetto
棕榈科箬棕属

形态特征 常绿乔木，单生，高 9～18 m，直径约 60 cm，茎基常被密集的根所包围。叶为明显的具肋掌状叶，长 1.5～1.8 m，裂片可达 80 片，长约 1.4 m，先端深 2 裂，花序形成大的复合圆锥花序，开花时下垂；花螺旋状排列。果实近球形或梨形，黑色。花期 6 月，果期秋季。

产地及来源 产于美国东南部。华南等地有引种栽培。

生态习性 喜阳，耐寒，耐旱，有较强的耐盐碱性。栽培土壤要求排水良好、肥沃，可直接种植于海边。

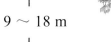

9～18 m

应用方式

树形挺拔、粗壮，树冠优美、宽广，宜栽植于庭园观赏，可作行道树。

大丝葵（老人葵）

Washingtonia filifera
棕榈科丝葵属

形态特征 常绿乔木，树干粗壮通直，近基部略膨大，高达 15～20 m，冠幅 3～6 m。树冠以下被已垂下的枯叶。叶簇生干顶，斜上或水平伸展，下方的叶下垂，灰绿色，掌状中裂，圆形或扇形折叠，边缘具有白色丝状纤维。肉穗花序，多分枝。花小，白色。核果椭圆形，熟时黑色。花期 6～8 月。

产地及来源 原产于美国加利福尼亚、亚利桑那州以及墨西哥。广东、广西、海南、福建、浙江、上海、江西、云南、四川、重庆等地有引种栽培。

生态习性 喜光，喜温暖、湿润的气候。较耐寒，能耐短暂 -5℃ 低温。耐旱，耐贫瘠土壤。播种繁殖，易栽培。

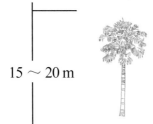

15～20 m

 Z 9～11 ;

应用方式

干枯的叶子下垂覆盖于茎干似裙子，有人称之为"穿裙子树"，奇特有趣。叶裂片间具有白色纤维丝，似老翁的白发，又名"老人葵"。宜栽植于庭园观赏，也可作行道树。

华盛顿棕

Washingtonia robusta

棕榈科丝葵属

形态特征　常绿乔木，高达 18～27 m，树干基部膨大，有明显的环状叶痕和不明显的纵向裂缝，叶基成交叉状。叶片直径 1～1.5 m，约有 60～70 裂片，裂至基部 2/3 处，叶柄粗壮，长 1～1.5 m，上面凹，边缘薄，具粗壮钩刺。花序大型，长于叶，下垂，具 5～6 个大的分枝花序，每分枝着生 2～5 个聚伞圆锥花序，由舌状纸质的佛焰苞状的苞片衬托着，花单生，花冠长于花萼。果实椭圆形，亮黑色。

产地及来源　原产于美国、墨西哥。广东、广西、海南、福建、浙江、上海、湖南、四川、重庆、云南等地有苗源。

生态习性　喜光。喜温暖湿润的环境，且耐热、耐寒性均较强。对土质要求不严，耐盐碱且耐贫瘠，但以土质通透性较好、湿润的壤土较佳。播种繁殖。

⟨Z⟩ 9～11

18～27 m

应用方式

树冠优美，叶大如扇，四季常青，是美丽壮观的海滨特色风景绿化树种。宜在庭园和街道栽培，也适宜用作海岸防护林兼景观绿化树种。为棕榈科植物中抗寒性较强的树种之一，适宜在北亚热带以南沿海地区的园林绿化及滩涂地绿化中推广应用。

箕棕（董棕）

Caryota urens
棕榈科鱼尾葵属

形态特征
常绿棕榈状乔木，高 10～20 m，树干雄伟。茎黑褐色，中下部常膨大如瓶状。叶聚生于茎顶，长 5～7 m，宽 3～5 m，2 回羽状复叶，羽片宽楔形或斜楔形，长 15～30 cm，宽 5～20 cm，边缘具规则的齿缺。穗状花序下垂，小花极多，花丝近白色。果实球形至扁球形，熟时红色。花期 6～10 月，果期 5～10 月。

产地及来源
原产于广西、云南石灰岩山区及印度、斯里兰卡至中南半岛。广东、福建、云南、浙江等地有苗源。

生态习性
喜温暖多雨、干湿季分明的气候。喜湿润，宜生长于排水良好、土质深厚、疏松肥沃的石灰土。

 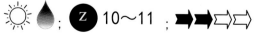

应用方式
树形优美，茎干雄伟，叶片巨大，状如孔雀尾羽，树姿雄伟壮观，具豪壮之美。适宜作行道树及园林景观树。

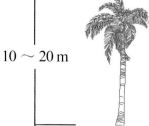
10～20 m

阿根廷长刺棕

Trithrinaxcampestris
棕榈科长刺棕属

形态特征 常绿棕榈状乔木，高4m以上。茎单生，被编织如带的纤维所包裹，有粗糙的纵向条纹。叶长圆形，长68～70cm，宽45～53cm，羽状深裂，劲直伸展；羽片20～22片，长30～46cm，先端深裂，小裂片长9～15cm，叶背被蜡质；主脉在叶背明显突起；叶柄基部被浓密的纤维以及长8～16cm针刺状毛；叶柄扁平，无刺，长30～35cm，宽约3cm。雌雄同株，花序腋生，多分枝，花黄色。果球形，白色。

产地及来源 原产于南美乌拉圭和阿根廷东北部山区。

生态习性 喜光，稍耐阴；极耐干旱，喜排水良好的砂质土壤；可耐-9℃低温，在冬季可耐-15℃低温，是世界上最耐寒的棕榈。种子萌发很快，但后期生长较慢。厚厚的棕衣易遭受火灾。

☀ ☀ ❄ 💧 ; Ⓩ 10～11 ; ➡⇨⇨⇨

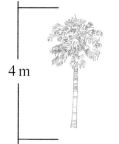

4 m

应用方式
株形紧凑，灰绿色的叶片坚挺，树干被干枯下垂的枯叶掩盖，极具沧桑感。宜植于庭院，或作行道树。

沼地棕
Acoelorraphe wrightii
棕榈科沼地棕属

形态特征 常绿乔木,高达 12 m。茎细长、丛生,包裹有棕红色纤维网。叶掌状,圆形,深裂近 1/2,叶面有光泽,背面呈银灰色;叶柄两侧带有橙黄色锯齿状刺。花序腋生,细长,开花时高出顶叶之上,结果后稍下弯。果似豌豆,橙绿色,熟时呈亮黑色。花期 7 月,果期 9～11 月。

产地及来源 原产于中美洲。广东、海南、广西、福建、云南、台湾等地有引种栽培。

生态习性 喜阳光充足、湿润的环境。播种或分株繁殖。

  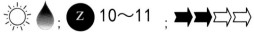

12 m

Z 10～11

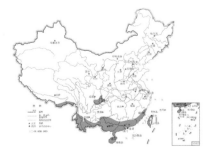

应用方式
常密集成丛,叶互相遮掩,适宜栽培于开阔向阳的低湿地区或湖边。

棕榈

Trachycarpus fortunei

棕榈科棕榈属

形态特征 常绿乔木，直立，单干，高 10～15 m，常被叶鞘纤维包裹。叶形如扇，簇生于树干顶端，掌状深裂，裂片40～50枚，长线形，长60～75 cm，宽 2.5～4 cm。肉穗花序下垂，淡黄色。核果肾状球形，熟时蓝黑色。花期4～5月，果期 11月。

产地及来源 原产于陕西以南、西藏以东的广大地区。

生态习性 喜阳，耐阴，喜温暖湿润气候，耐寒，南温带小气候好的地方可以露地越冬，抗污染能力强。喜排水良好、肥沃的石灰性或中性土壤。播种繁殖。

 Z 8～11

10 ～ 15 m

应用方式

树干挺直，叶形如扇，清姿优雅。宜植于庭院、绿地作风景树，翠影婆娑，别具韵味。

花叶轴榈
Licuala robinsoniana
棕榈科轴榈属

形态特征　常绿丛生或单生灌木，高达1 m。叶掌状，圆形，深裂，裂片辐射对称排列，通常6～8片；裂片中间的两片长约20 cm，楔形，末端截平，上有长3～4 mm的钝齿。花序腋生，肉穗状单枝伸出红棕色。花单生，螺旋状排列；花萼呈等腰三角形状。果实卵球形，肉质，熟时呈红色；种子卵球形，呈奶白色。花期5月，果期12月至翌年1月。

产地及来源　原产于广西南部。热带、亚热带地区有栽培。

生态习性　喜半阴，忌烈日。耐寒力强，生长适温为20～28℃，冬季0℃低温无碍生长。喜潮湿的环境，忌积水。对土壤要求不严，但以疏松肥沃、排水良好的砂质壤土为好。

1 m

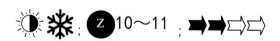

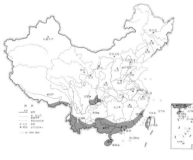

应用方式
植株小巧，形态优美，可露地栽培于庭院角隅等，观赏价值较高。

花叶棕竹

Rhapis excelsa
'Variegata'
棕榈科棕竹属

形态特征

丛生灌木，高 2 ～ 3 m。茎圆柱形，粗 1.5 ～ 3 cm。叶掌状分裂，叶面上有宽窄不等的黄色条纹，叶柄被毛。肉穗花序长 25 ～ 30 cm，分枝多而疏散；雄花淡黄色；花萼杯状。果倒卵形或近球形。花期 5 ～ 7 月，果期 10 月。

产地及来源

棕竹的栽培品种。原种产于广东、广西、海南、云南、贵州等地区。日本也有分布。

生态习性

喜半阴，喜温暖湿润及通风良好的环境，较耐阴。喜疏松肥沃的酸性腐殖土，不耐瘠薄和盐碱，在板结的土壤中生长不良。

2 ～ 3 m

 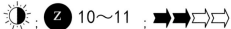 10～11

应用方式

株丛挺拔，叶形清秀，宜配植于窗外、路旁、花坛或廊隅等处，丛植或列植均可。

二、山茶属

1. 山茶专利品种

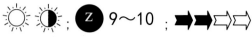

☀ ◐ : **Z** 9～10 ; ➡ ➡ ⇨ ⇨

2～3 m

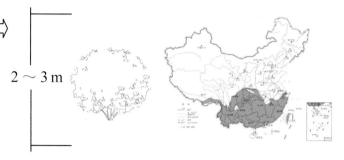

应用方式

叶色浓绿，可将浅色植物配置其前，增加景深。可孤植于庭院、花坛、道路节点处，彰显其鲜红繁盛的花朵和优美的株形；也可对植在建筑物前、道路旁，丛植、群植突出群体景观效果。

山茶新品种
Camellia var.

形态特征	常绿观花灌木。株形紧凑，枝条凑密，生长旺盛。叶片浓绿，叶缘齿浅，叶形有变化。花从粉红色到深红色，单瓣小花型到重瓣大花型均有，花径大小不一。均能在夏季盛花，部分花期可以持续全年。
产地及来源	棕榈园林公司专利品种。广东高要有种源。
生态习性	喜光，抗晒，耐阴。抗性强，较耐旱，不耐水湿，喜肥沃、排水良好的壤土。

'夏梦小旋'

'夏梦可娟' 茶花 *C.* 'Xiameng Kejuan'

常绿观花小乔木。植株立性，枝叶稠密，生长旺盛。萼片绿色。花量较大，似杜鹃花，花朵红色，单瓣，小到中型花，花径6～9 cm，花瓣5～9枚；雄蕊多数，花丝粉红色，呈筒状，花药黄色。始花期6月，盛花期7～9月，末花期12月。

'夏日粉裙' 茶花　C. 'Xiari Fenqun'

常绿观花灌木。植株半开张。叶片浓绿，椭圆形，厚革质，有光泽，上半部边缘具浅锯齿。花蕾球形，萼片浅绿色，被细白绒毛。花朵稠密。玫红色，单瓣到半重瓣，中到大型花，花径 7～11 cm，花瓣排列整齐，7～18 枚，倒卵形，先端凹缺，略内卷。花药黄色，花丝浅红色，茶梅型排列。始花期 6 月，盛花期 7～9 月，末花期 12 月。

'夏日粉黛' 茶花　C. 'Xiari Fendai'

常绿观花灌木。植株开张，枝条稠密、柔软，植株健壮。叶片浓绿，长椭圆形，稠密，边缘略有浅锯齿。花蕾长纺锤形，萼片绿色，开花非常稠密。花朵粉红色到红色，花色随着天气变凉而不断加深。中到大型单瓣花，花径 8～12 cm；花瓣 5～11 枚，倒卵形，顶端微凹，无皱褶。雄蕊筒形排列，花药黄色。始花期 1 月，盛花期 3～5 月、7～8 月，末花期 12 月。

'夏日七心' 茶花　C. 'Xiari Qixin'

常绿观花小乔木。生长旺盛。叶片浓绿，长椭圆形，有光泽，边缘具浅锯齿。花蕾球形，萼片绿色。花朵稠密，红色，牡丹型中到大型花，花径 8～12 cm；外轮花瓣倒卵形，7～20 枚，先端微凹；瓣化花瓣 20～100 枚，扭曲，形成几个小旋涡心。雄蕊少数，花丝粉红色。始花期 6 月，盛花期 9～12 月，末花期翌年 2 月。

'夏风热浪' 茶花　*C.* 'Xiafeng Relang'

常绿观花小乔木。植株开张，枝条稠密。叶片浓绿色，椭圆形，革质，有光泽，边缘具浅锯齿，嫩叶泛红色。花粉红色，部分花瓣红色，半重瓣型到牡丹型，大到巨型花，花径 10～14 cm，外轮花瓣排列整齐，内轮花瓣略呈波浪状。始花期 7 月中旬，盛花期 9 月，末花期 12 月底。

'夏日光辉' 茶花　*C.* 'Xiari Guanghui'

常绿观花灌木。植株开张，枝叶稠密，生长非常旺盛。叶浓绿色，长椭圆形，有光泽，边缘具浅锯齿。花蕾纺锤形，萼片黄绿泛红色。开花量中等。花朵红色，中型单瓣花，花径 7～9 cm，花瓣 5～9 枚，排列整齐，倒卵形，先端微凹，花瓣略起皱。雄蕊多数，花丝粉红色，花药金黄色。始花期 6 月，盛花期 7～9 月，末花期可至翌年 3 月。

'夏咏国色' 茶花　*C.* 'Xiayong Guose'

常绿观花灌木。植株直立、紧凑，枝叶稠密。叶片小，浓绿色，椭圆形，厚革质，强光泽，边缘具浅锯齿，叶脉非常明显。花蕾卵形，萼片黄绿色，开花稠密。花朵浅紫红色，牡丹型，中到大型花，花径 10 ～ 13 cm，花瓣先端微缺，倒卵形，多达数百枚，瓣化花瓣扭曲；花瓣间有少量雄蕊。始花期 6 月，盛花期 7 ～ 9 月，末花期可至翌年 3 月。

'夏日广场' 茶花　*C.* 'Xiari Guangchang'

常绿观花小乔木。植株立性，分枝稠密，生长旺盛。叶浓绿色，长椭圆形，厚革质，光滑，边缘具浅锯齿。花蕾球形，萼片绿色，花朵稠密。花朵紫红色，半重瓣型，中到大型花，花径 7 ～ 11 cm；花瓣倒卵形，先端微缺，中部瓣化花瓣少，略扭曲；外轮花瓣 7 ～ 20 枚。雄蕊多，花丝粉红色。始花期 6 月，盛花期 7 ～ 9 月，末花期 12 月。

'夏日红绒' 茶花 *C.* 'Xiari Hongrong'

常绿观花小乔木。植株紧凑，立性，生长旺盛。叶片浓绿色，长椭圆形，厚革质。花蕾较长，萼片绿色，开花稠密；花朵黑红色，有绒质感，单瓣型，中到大型花，花径 6～9 cm；花瓣 5～9 枚，倒卵形，微皱折，先端略凹；雄蕊多数，基部连生，花丝红色，花药黄色。始花期 6 月中旬，盛花期 8 月初，末花期 12 月底。

'夏梦春陵' 茶花 *C.* 'Xiameng Chunling'

常绿观花小乔木。植株立性。叶片浓绿色，背面灰绿色，长椭圆形，先端钝尖，边缘具钝齿。花朵桃红色，牡丹型，中到巨型花；花径 9～14 cm，花心小，花瓣有少量白斑，中部花瓣多，扭曲；雄蕊散生在花瓣之间。始花期 7 月中旬，盛花期 9 月，末花期 12 月底。

'夏梦文清' 茶花 *C.* 'Xiameng Wenqing'

常绿观花小乔木。植株立性，枝叶稠密。叶片浓绿色，椭圆形，略上斜，厚革质，中光泽。稠密，具疏细锯齿。花蕾椭圆形，萼片绿色，盛花时开花极稠密。花朵红色，牡丹型，偶尔会出现半重瓣型和托桂型，大到巨型花，花径 10 ~ 13.5 cm；外轮花瓣倒卵形，7 ~ 20 枚，先端微凹；瓣化花瓣扭曲，10 ~ 100 枚，花瓣中褶皱；雄蕊簇生，花药黄色。始花期 5 月，盛花期 6 ~ 9 月，末花期翌年 1 月。

'夏梦华林' 茶花 *C.* 'Xiameng Hualin'

常绿观花灌木。植株直立。叶片浓绿色，长椭圆形到披针形，厚革质，叶面光滑，边缘具浅锯齿。花蕾椭圆形，萼片浅绿色，密披细白绒毛。花朵红色，牡丹型大到巨型，花径 10 ~ 13.5 cm；外轮花瓣倒卵形，7 ~ 20 枚；内瓣扭曲，5 ~ 50 枚；雄蕊多数，花丝粉红色。始花期 7 月，盛花期 9 ~ 11 月，末花期翌年 1 月。

'夏梦玉兰' 茶花 C. 'Xiameng Yulan'

常绿观花小乔木。植株紧凑，立性，生长旺盛。叶片浓绿色，长椭圆形，厚革质。花蕾仿锤形，萼片浅绿色，开花稠密。花朵淡红色，单瓣型，中型花，花瓣5～9枝，交错排列，倒卵形，瓣面粉色较淡，脉边清晰，完全开放后花瓣的中上部外翻，似玉兰花朵状；雄蕊多，基部连合，呈管状；花丝乳白色；花药淡黄色；雌蕊柱头2～3裂。始花期6月中旬，盛花期8月初，末花期12月底。

'夏梦衍平' 茶花 C. 'Xiameng Yanping'

常绿观花灌木。植株立性，枝条稠密坚挺。叶片浓绿色，阔椭圆形，稠密，边缘浅齿，叶背面灰绿色。花蕾阔纺锤形，萼片黄绿色，具白细毛，开花稠密。花瓣玫红色，托桂型中到大型花，花径8～11 cm；外轮花瓣5～9枚，卵圆形，平铺，先端微凹；中部瓣化雄蕊50～150枚，倒卵形，簇拥成团，边缘泛白色；花瓣间偶见少量散生雄蕊，花药黄色。始花期6月，盛花期7～9月，末花期12月。

'夏日探戈' 茶花 *C.* 'Xiari Tange'

常绿观花小乔木。植株立性，生长旺盛。开花稠密。花朵淡红色，半重瓣型，中到大型花，花径 8～11 cm，花瓣 10～30 枚，先端波浪状；花心可见簇状黄色雄蕊。始花期 6 月中旬，盛花期 8 月初，末花期 12 月底。

'夏衣粉妆' 茶花 *C.* 'Xiayi Fenzhuang'

植株紧凑，枝条稠密，生长旺盛。开花稠密。花朵粉红色，具少量白条纹，半重瓣型至玫瑰重瓣型，中到大型花，花径 8～12 cm，花瓣多枚，外轮花瓣倒卵形，排列整齐，中部花瓣略皱褶；雄蕊簇生，花丝粉红色。始花期 6 月中旬，盛花期 9 月，末花期 12 月底。

'瑰丽迎夏' 茶花 *C.* 'Guili Yingxia'

植株立性，生长旺盛。开花稠密。花朵红色至酒红色，花瓣中部偶有白色斑块，半重瓣型至玫瑰重瓣型，中到大型花，花径 8～13 cm，花瓣阔倒卵形，10～30 枚，排列松散，先端略凹，边缘内卷；雄蕊多数。始花期 6 月中旬，盛花期 8～9 月，末花期 12 月底。

'九重夏阁' 茶花 *C.* 'Jiuchong Xiage'

植株紧凑，枝条繁茂，生长旺盛。花朵红色，泛紫色调，牡丹型，中到大型花，花径 8～12 cm，外轮大花瓣 7～11 枚，阔倒卵形，先端略凹，排列紧实，中部瓣化花瓣多数，雄蕊多数，顶部又有数枚大花瓣，形成楼台状。始花期 6 月中旬，盛花期 8～9 月，末花期 12 月底。

2. 山茶品种

C. 'Nuccio' Bella Rosa'

C. 'Mary Agnes Patin'

C. 'Nuccio' Red Leaf Bella'

C. 'Kramer's Supreme'

C. 'Tama Beauty'

C. 'Grand Marshal'

C. 'Chidan'

C. 'Tomorrow's Dawn'

C. 'Huamudan'

C. 'Demitasse'

C. 'Ballet Dancer'

C. 'Bill Quattlebaum'

C. 'Black Magic'

C. 'Black Mosa'

C. 'Bob Hope'

C. 'Zhuapolian'

C. 'Brushfield's Yellow'

C. 'Care Mia'

C. 'Carter's Sunburst'

C. 'Clark Hubbs'

C. 'Clark Hubbs Var.'

C. 'Colletii'

C. 'Elegans'

C. 'Elizabeth Weaver'

C. 'Extravaganza'

C. 'Huafoding'

C. 'Fred Sander'

C. 'Fred Sander'

C. 'Hallstone'

C. 'Hawaii'

C. 'Holly Bright'

C. 'L. T. Dees'

C. 'Magic City'

C. 'Margaret Davis'

C. 'Mark Allan'

C. 'Masterpiece'

C. 'Midnight Magic'

C. 'Black Mosa'

C. 'Nanjing's Agate'

C. 'Nuccio's Cameo'

C. 'Nuccio's Carousel'

C. 'Nuccio's Gem'

C. 'Number One Scholar Red'

C. 'Songzi'

C. 'Pirates Gold'

C. 'Rebel Yell'

C. 'Royal Velvet'

C. 'Scented Treasure'

3. 茶梅品种

埃德小姐茶梅
Camellia sasanqua 'Miss Ed'
山茶科山茶属

形态特征 常绿观花灌木，高可达 3 m。株形开张，生长旺盛。花粉红色，半重瓣，牡丹型花，小到中型，粉红色，花量大。花期 11 至翌年 1 月。

产地及来源 国外园艺栽培品种。江苏、浙江一带多有栽培。

生态习性 喜疏阴，较耐旱，不耐水湿，抗性强。

 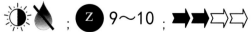 Z 9～10 ;

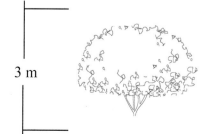

3 m

应用方式
可片植，孤植，还能用作绿篱。用于庭院观赏，公园、小区绿化。

'丹玉' 茶梅　*C. sasanqua* 'Danyu'

植株开张。叶浓绿色，少量叶片有黄斑，叶缘扭曲，齿尖而密。花红色，具数量不等的白斑块，牡丹型，小到中型花，直径 7～8 cm，具淡香。花期 11 至翌年 1 月。

星上星茶梅　*C. sasanqua* 'Star above Star'

常绿观花灌木，株形紧凑。花粉白色带有淡紫红色，简单重瓣，小到中型花，花瓣边缘色较浓，排列呈五星状，层层重叠，花量大。花期 12 月至翌年 2 月。

4. 山茶原种

凹脉金花茶
Camellia impressinervis
山茶科山茶属

形态特征
常绿观花小灌木，高可达3m。树皮黄褐色至灰褐色；嫩枝皮红褐色，有白色短粗毛；老枝黄褐色，无毛。叶革质，椭圆形，浓绿有光泽，叶脉明显下凹。黄色微型单瓣花，1～2朵腋生，蒴果扁圆形。花期3～4月。

产地及来源
原产于广西。广东、广西、浙江有苗源。

生态习性
喜半阴，耐阴，夏季需搭棚遮阴。喜温暖，怕寒冷。不耐水湿。

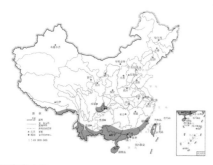

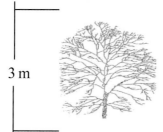

3 m

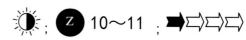

应用方式
　　可片植、孤植于林下做中下层观花种类，也可用于庭院、公园、小区的花境。

博白大果油茶
Camellia gigantocarpa
山茶科山茶属

形态特征 常绿观花果乔木,高5～10 m。小枝无毛。叶薄革质,矩圆形至倒卵形无毛,叶面主脉凹陷。花顶生,单瓣大型,白色,花量极多,开花时繁花满树,花期10月下旬到1月。蒴果黄红色,直径7～12 cm。

产地及来源 原产于广西、江西、广东、福建。

生态习性 喜光,耐半阴,较耐旱,不耐水湿。抗性强。

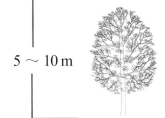

5～10 m

 ; Z 9～11 ;

应用方式
可片植、孤植。可用于庭院观赏或公园、小区应用。

高州油茶
Camellia gauchowensis
山茶科山茶属

形态特征
常绿小乔木，高可达 4 m。花顶生，较大，6～8 cm，白色，单瓣，开花时繁花满树。蒴果圆球形，较大，径 4～7 cm。花期 10 月至翌年 1 月。

产地及来源
原产于广东。广东、浙江、上海有引种栽培，广东有苗源。

生态习性
喜光，耐半阴，较耐旱，不耐水湿，抗性强。

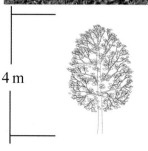

4 m

应用方式
可片植、孤植。用作庭院观赏或公园、小区应用。

攸县油茶
Camellia yuhsienensis
山茶科山茶属

形态特征
常绿灌木或小乔木，高可达6～8 m。树皮光滑，叶革质，椭圆形或近倒卵形，深绿色。花单生枝顶，白色单瓣，微型到小型花，花量大，开花时繁花满树。花期12月至翌年2月。

产地及来源
原产于广西、江西、广东、福建、浙江。

生态习性
喜光，耐半阴，较耐旱，不耐水湿，抗性强。

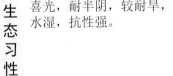

6～8 m

 Z 9～11

应用方式
可片植、孤植。可用于庭院观赏或公园、小区应用。

越南抱茎茶
Camellia amplexicaulis
山茶科山茶属

形态特征 常绿观花灌木到小乔木，高达 4～5 m。叶狭长浓绿，互生，基部心形，与茎紧紧相抱生长，犹如竹笋，因而得名。花单生或簇生于枝顶或叶腋，花瓣肉质，紫红色，花径 4～7 cm。花期 10 月至翌年 4 月。

产地及来源 原产于越南。广东有苗源。

生态习性 喜光，耐半阴，较耐旱，不耐水湿，抗性强。

4～5 m

☀ ◐ 💧 ： Ⓩ 10～11 ； ➡➡⇨⇨

应用方式
可片植、孤植。用于庭院观赏，公园、小区应用。

浙江红山茶
Camellia chekiangoleosa
山茶科山茶属

形态特征 常绿观花灌木到小乔木，高可达 3～4 m。叶革质，椭圆形或倒卵状椭圆形，先端短尖或急尖，基部楔形或近于圆形，无毛。中到大型单瓣花，顶生或腋生，花红色，开花时繁花满树。蒴果卵球形。花期 12 月至翌年 3 月。

产地及来源 原产于浙江、福建、江西、湖南。

生态习性 喜光，耐半阴，较耐旱，不耐水湿，抗性强。

  3～4 m

应用方式
可片植、孤植。可用于庭院观赏或公园、小区应用。

三、木兰科

木兰科植物是我国传统的园林观赏植物，尤其是早春开花、花大艳丽的落叶玉兰亚属类群，深受国内外园林工作者的青睐。早在唐代，玉兰就是园林或庭院中的名贵观赏花木，并有"玉堂春富贵""高洁"等多种美好的寓意。清漪园（颐和园前身）的乐寿堂、清轩及排去殿以东、长廊以北，大片玉兰和紫玉兰栽植，春季花开时节，有"玉香海"的盛景。1789年以后，玉兰、紫玉兰等种类被陆续引入欧洲，并在1827年成功培育出世界第一批杂交品系，优良的适应性和极高的观赏价值吸引着更多的园林爱好者。国际上现注册的玉兰品种已超过1000个。这些品种不仅适应性更强，而且花色、花型、株形、叶形都具有丰富的多样性，极大增加了园林应用的品种选择。木兰科植物自然树形饱满、规则，几乎不需要人工修剪，加上自然病虫害少，部分种类还有较好的吸附灰尘和有害气体的生态功能，是少有的优良低碳生态园林树种。不同株形、花色的木兰科植物均可在以下园林景观中展示其傲人之美。

2. 庭院绿化

很多株形紧凑、花朵繁盛的木兰品种是空间相对狭小的庭院绿地的首选材料，可达到精巧雅致的造园目的。例如，'红笑星'玉兰、新含笑等品种，既可孤植于庭院一隅，也可群植于庭院旷地，与其他春花植物组景，营造群木争艳、百花吐芳的喧闹场面。很多品种还可以一年多次开花，极大增加其观赏性。一些常绿的含笑、广玉兰品种可用于花篱、花墙布置，作为分隔空间之用。在北方地区（7~6区），墙植也是一个很好的常绿树种防寒的栽培措施。

1. 景观绿化

在风景区和观赏点，可选择不同的木兰科植物品种构建出不同的景象。例如，选用白玉兰、紫玉兰等早春开花树种能呈现出春意盎然的壮丽景色；选用广玉兰、乐东拟单性木兰等常绿乔木植于空旷草坪能凸显其美丽的树形；选用鹅掌楸、渐叶木兰、厚朴等季相树种，不仅可以在春夏赏花，还能在秋季渲染出层林尽染、黄叶飘零的秋天景致。在面积较大的绿地小园内，混植多种木兰科植物，即可形成高低错落、层次分明、花事此落彼开的一方彩色天地。

3. 通道绿化

树干高大通直、枝叶茂盛常青、花朵素雅芳香的广玉兰、乐东拟单性木兰，树形雄伟壮丽、树干清洁光滑、树叶大而奇特的渐叶木兰、杂交马褂木等种类，均能生长迅速、有极佳的遮阴效果和观赏性能，是通道绿化的良好树种。

各种色彩和谐的搭配，凸显出木兰独特的风韵，如木兰配植金钟、连翘等黄色花灌木，花期相同，红黄相衬，十分醒目。木兰搭配山茶的专类园组合也是经典之作。在木兰专类园中，常绿的木兰科植物或其他常绿、树冠紧凑的常绿树种，与落叶玉兰品种搭配，因为观赏期错开，是非常不错的选择。木兰专类园可选用的常绿树种有棕榈、白皮松、蚊母树、桂花、茶花、杜鹃等种类。

4. 工矿厂区绿化

木兰科植物不仅树姿优美、花叶秀丽，许多种类还有较强的抗污染能力。例如，白玉兰有较强的抗二氧化硫能力；含笑对氯气具有较强的抗性；广玉兰还有很强的吸滞粉尘能力等，可用于工矿区绿化，对防治工业污染、优化生态环境可发挥重要的作用。

5. 专类园绿化

木兰科植物种类丰富、树姿多变、花色丰富，营建木兰科植物专类园亦是极好的绿化方式。专类园既可纯由木兰科植物组成，栽植多种观赏性强的木兰科植物，供人观赏木兰科植物的姿、态、色、韵；也可由木兰科植物与其他花木组合而成，形成

1. 棕榈园林木兰专利品种

'甜甜'含笑
Michelia 'Tiantian'
木兰科含笑属

形态特征　常绿芳香观花乔木，高4～5 m。芽、叶背面、叶脉、叶柄及嫩枝密被灰褐色毛。叶厚纸质，阔椭圆形或倒卵状椭圆形。花繁密，极芳香，花被片6，肉质，浅黄色，外轮基部略带黄绿色，瓣尖紫红色。1～5月陆续开花，花期长达5个月，1～2月为相对集中开花期。未见结实。

产地及来源　棕榈园林与仙湖植物园2014年合作培育的新品种。广东有苗源。

生态习性　喜光，喜肥沃排水良好的土壤，不耐水湿，适应性较强。

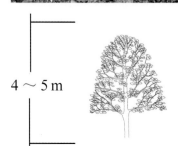

4～5 m

Z 9～11

应用方式
株形整齐美观，花期长且芳香，是优良的芳香乔木。可作行道树或景观树，与落叶观花树种配置较好。

'转转' 含笑
Michelia 'Zhuanzhuan'
木兰科含笑属

形态特征

常绿观花小灌木，高2～3 m。株形圆状。芽、叶背面、叶脉、叶柄及嫩枝密被灰褐色毛。叶纸质，长椭圆形或倒卵状椭圆形，正面深绿色，背面粉绿色，叶柄基部膨大。花被片9，肉质，浅黄色，芳香，径6～7 cm。花期2～3月开花，未见结实。

产地及来源

棕榈园林与仙湖植物园2014年合作培育的新品种。广东有苗源。

生态习性

喜光，耐半阴，较耐旱，不耐水湿。抗性强。

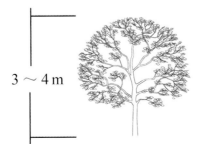

3 ～ 4 m

☀ ◐ 🌙 ; Ⓩ 9～11 ; ➡➡➡⇨

应用方式

早春开花，花小繁密，枝条柔软飘逸，可作盆栽或花境植物，也可高接，培养圆形茂密树冠，作行道树或风景树。

'长安玉盏'含笑
Michelia martinii 'Changan Yuzhan'
木兰科含笑属

形态特征

耐寒常绿观花小乔木，高3～5 m，树冠卵形茂密。嫩芽、花蕾密被红褐色平伏毛；叶革质，条状椭圆形或长倒卵状椭圆形，长6～10 cm；花着生于叶腋，花被片6，黄色，径5～6 cm，盛开时碟状，芳香；花期3月，果熟期9月。树冠浓密，常绿耐寒，是优良的可在8区栽培的常绿阔叶小乔木。

产地及来源

黄心夜合的耐寒新品种。西安有种源。

生态习性

喜阳，略耐阴；喜温暖湿润环境，耐寒；不耐水湿，喜潮湿、肥沃但排水良好的土壤。

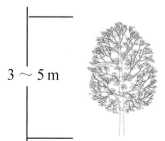

3 ～ 5 m

Z 8～10

应用方式
可孤植或跟彩叶种类配置，还可用作行道树列植。跟其他落叶种类配置观赏性更佳。

"世植2017"含笑
Michelia 'Shizhi 2017'
木兰科木兰属

形态特征
常绿芳香观花乔木，高6 m。树冠圆形茂密；叶革质，倒卵状椭圆形或椭圆形，8～15 cm长，3～7 cm宽；花着生于叶腋，花被片12，乳白色或浅黄色，径5～6 cm，盛开时碟状；花期2～4月。三倍体不结实，染色体数目3 n=3 x=57。

产地及来源
仙湖植物园与棕榈园林2014年合作培育的含笑属杂交新品种，广东有苗源。

生态习性
喜阳，略耐阴；喜温暖湿润环境，略耐寒；不耐水湿，喜潮湿、肥沃但排水良好的土壤。速生，年平均生长速度可达1～2 m。

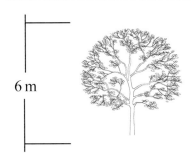

6 m

Z 9～11

应用方式
速生、芳香、树冠饱满。可孤植或跟其他彩叶种类配置，还可用作行道树列植。跟其他落叶种类配置观赏性更佳。

'红玉'玉兰

Magnolia 'Hong Yu'
木兰科木兰属

形态特征 落叶丛生观花乔木。高4～5 m。叶倒卵圆形，厚且色浓绿。花大重瓣，外面粉红色，基部桃红色，花径15～20 cm。花期3月上中旬，先花后叶，夏秋季有零星开花，但花色较春季略淡。绿叶期长，落叶比其他品种晚半个月。

产地及来源 棕榈园林与仙湖植物园和西安植物园2012年合作培育的新品种。浙江、陕西有苗源。

生态习性 适应性强，喜阳，略耐阴，耐移植。喜潮湿、肥沃土壤。

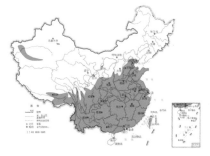

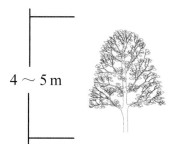

4～5 m

Z 7～10

应用方式
可培育成丛生乔木，在公园草坪上孤植、配植。

'绿星' 玉兰
Magnolia 'Lü Xing'
木兰科木兰属

形态特征 落叶观花矮化小乔木。叶卵状长圆形。花蕾繁密多腋花；花初开时内外均为绿色，后为白色，外基部具紫红色脉纹，花径 8 cm。花期 3 月上中旬。秋季 8 月果熟，红色繁密的果实也具较好的观赏性。

产地及来源 棕榈园林与仙湖植物园和西安植物园 2012 年合作培育的新品种。浙江、陕西有苗源。

生态习性 适应性强，喜阳，不耐阴，耐寒，略耐水湿，喜潮湿、肥沃土壤。

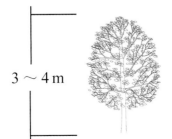

3～4 m

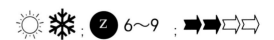

Z 6～9

应用方式
花期早、花密集、初开时绿色的矮化小乔木。植于花坛、花境或盆栽，早春集中盛花，景色壮丽。

'红笑星'玉兰

Magnolia 'Hongxiaoxing'
木兰科木兰属

形态特征 半常绿观花小乔木，高3～4 m。株形紧凑。叶椭圆形，薄革质。花深红色，繁密；春季4月上旬集中开花至5月上旬，6月上中旬开始二次开花，二次开花繁盛不逊于初花，陆续开花直至10月下旬。在西安绿叶期最长，每年12月上中旬才开始落叶。

产地及来源 棕榈园林专利品种（品种权号20080015）。浙江、陕西、广东有苗源。

生态习性 适应性强，喜阳，略耐阴，喜潮湿、肥沃土壤。

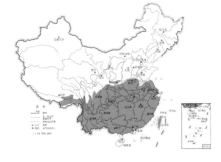

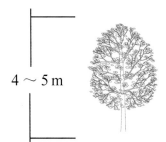

4～5 m

Z 8～10

应用方式
花色艳丽、花期长且落叶晚，可用作花坛、花境长效观花树种或盆栽。

'红吉星' 玉兰
Magnolia 'Hong Jixing'
木兰科木兰属

形态特征

半常绿观花小灌木，高3～4 m。株形紧凑，长势旺盛。叶长椭圆型，革质；花鲜红色，二次花颜色略淡，红色。每年4月中下旬花叶同放，花期可至5月中下旬，6月中下旬二次开花，并陆续开花至10月中下旬。绿叶期长，落叶比其他品种晚1.5～2个月，在西安地区12月上中旬落叶。

产地及来源

棕榈园林与仙湖植物园2012年合作培育的新品种。陕西有苗源。

生态习性

适应性强，喜阳，较耐寒，略耐阴，在荫蔽处少花或无花。喜潮湿、肥沃土壤。

   Z 8～10

3 ～ 4 m

应用方式

株形紧凑、落叶晚，花鲜红繁盛、花期长，可用于花境或小庭院观花树种。

'清心' 天女花
Magnolia sieboldii 'Qingxin'
木兰科木兰属

形态特征
落叶小乔木或灌木，高2～3 m。叶宽倒卵形或倒卵状圆形，膜质。花白色，杯状，具浓郁的白兰香气，下垂。花期6～7月。花被片枯黄脱落后，紫红色的雄蕊和黄绿色的雌蕊仍可保留数天，具有较高的观赏性。

产地及来源
棕榈园林与与仙湖植物园和西安植物园2012合作培育的新品种。浙江、陕西有苗源。

生态习性
适应性强，喜阳，耐寒，喜温暖，不耐干热。喜潮湿、肥沃土壤。

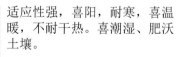

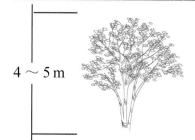

4～5 m

 Z 6～10

应用方式
花洁白芳香，下垂飘逸，花期长，可作庭院观赏或用于花境。

2. 常绿乔木

早花广玉兰

Magnolia grandiflora
'Praecox'
木兰科木兰属

形态特征 常绿观花乔木，高度可达15 m，常在地面处分枝，枝叶较其他广玉兰繁密，叶面亮绿，叶边缘淡绿色，叶尖略微卷曲，叶型较圆。花生于枝顶，纯白色，极香，径可达30 cm；花期可从6月初持续到初秋。3年生实生苗即可开花。

产地及来源 国外园艺栽培品种，美国选育。浙江有苗源。

生态习性 适应性强，喜阳，略耐阴，耐寒（耐-23℃低温），不耐水湿，喜潮湿、肥沃土壤。

  4～5 m

Z 8～10

应用方式

赏花期长的塔状常绿品种，可种在一些重要的建筑物附近，孤植或跟落叶种类配置，还可用作行道树列植。或培育成低矮多分枝株形，栽植于庭院、花坛及花境等处，也可盆栽观赏。

多花广玉兰

Magnolia grandiflora 'Gallisoniensis'

木兰科木兰属

形态特征 常绿观花大乔木，高度可达25 m，常在地面处分枝；叶大，12～15 cm长，长椭圆形，叶面深绿，光亮笔挺，非常漂亮；花生于枝顶，纯白色，极香，径可达20～25 cm；花期可从6月初持续到夏末。

产地及来源 广玉兰变种，法国选育。浙江有苗源。

生态习性 适应性强，喜阳，略耐阴，耐寒（-20℃），不耐水湿，喜潮湿、肥沃土壤。

25 m

☀ ❄ 🐌 ; Ⓩ 8～10 ; ➡➡➡⇨

应用方式

花大且芳香，树形规整特殊，可种植于一些重要的建筑物附近，孤植或跟落叶种类配置，还可用作行道树列植；也可培育成低矮多分枝株形，栽植于庭院、花坛、花境，也可盆栽观赏。

花叶多花广玉兰
Magnolia grandiflora
'Gallisoniensis vareiegata'
木兰科木兰属

形态特征 常绿观叶观花乔木，常在地面处分枝；叶大，长椭圆形，叶面布满不规则亮金色斑块或条纹，极富观赏性；花生于枝顶，纯白色，极香，径可达20～25 cm；花期可从6月初持续到夏末。

产地及来源 多花广玉兰变种，意大利选育。浙江有苗源。

生态习性 适应性强，喜阳，荫蔽环境叶返绿，花少，略耐寒，不耐水湿，喜潮湿、肥沃土壤。

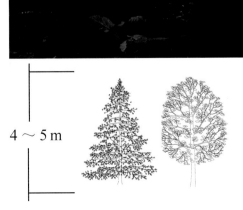

4～5 m

Z 8～10

应用方式
花叶共赏，树形规整，盆栽观赏效果极佳。园林绿化中可种植于一些重要的建筑物附近，孤植或跟落叶种类配置或用作行道树列植；也可培育成低矮多分枝株形，栽植于庭院、花坛、花境。

矮化多花广玉兰

Magnolia grandiflora
'Gallisoniensis Nana'
木兰科木兰属

形态特征 常绿观花小乔木，是多花广玉兰矮化品种，高度、叶片和花朵都是多花广玉兰的3倍，生长速度也较慢；枝叶稠密，自然树形较宽；叶亮绿色，边缘波浪状；花生于枝顶，纯白色，极香；花期可从6月初持续到夏末。

产地及来源 广玉兰变种。浙江有苗源。

生态习性 适应性强，喜阳，略耐阴，耐寒，不耐水湿，喜潮湿、肥沃土壤。

3 m

Z 8～10

应用方式
株形娇小，生长缓慢，适合栽植于庭院、花坛、花境，也可盆栽观赏。

金叶含笑
Michelia foveolata
木兰科含笑属

形态特征

常绿观叶观花乔木，高 4～5 m。芽、幼枝、叶柄、叶背、花梗密被褐色短绒毛。叶厚革质，长圆状椭圆形或阔披针形，常两侧不对称。花被片9～12，黄色，芳香。花期3～5月；果熟期9～10月。该种树型美观，叶背红褐色，在阳光照耀下熠熠生辉，花金黄色，美丽芳香，优良的常绿园林树种。

产地及来源

产于浙江南部、南岭以南至华南和西南各地区。浙江、江西、湖南、广东、上海等地有苗源。

生态习性

喜光，不耐水湿，适应性较强，较耐寒。

4～5 m

☀ ☽ ❄ 🍂 ; Ⓩ 8～10 ; ➤➤➤⇨

应用方式

常列行种植，用于道路绿化，但群植或孤植用于园林配景，并不失其形、色、香、韵之妙。若将之与落叶树种间种或混栽，则常绿与落叶互补，金黄与绿色相映，更显得妩媚动人和妙趣横生。

石碌含笑
Michelia shiluensis
木兰科含笑属

形态特征 常绿乔木，高 6～8 m。叶革质，倒卵状长圆形，叶色粉绿色。花被片 9，白色，芳香，花开时雌蕊群伸出花瓣之外。花期 4～5 月；果熟期 9～10 月。该种叶色粉绿，枝密上举，形成异常浓密的卵形树冠。

产地及来源 原产于海南。湖南、广东、海南有苗源。

生态习性 喜光，不耐水湿，适应性较强。

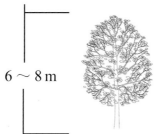

6～8 m

 9～11

应用方式
叶灰绿色，树冠浓密整齐，是非常优良的庭园观赏树种及行道树种。

乐东拟单性木兰
Parakmeria lotungensis
木兰科拟单性木兰属

形态特征
常绿大乔木，高可达 30 m。树干通直，树冠浓密。叶革质，嫩叶紫红色，成熟叶片光洁亮绿。花白色，芳香。花期4～5月。

产地及来源
分布于华中、华南等地。浙江衢州、金华、嵊州、安吉等地有苗源。中国特有种。

生态习性
喜光，略耐阴。喜排水良好的肥沃壤土，不耐积水。较耐寒，在8区北缘需种植于背风阳处；提前2～4个月断根可提高反季节移植的成活率。

☀ ❄ ⓩ 8～11 ；➡➡➡⇨

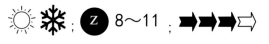

30 m

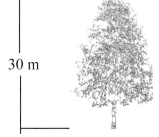

应用方式
树形优美，树冠浓密，叶色亮绿，是布置庭园的优良树种，可孤植、丛植或作行道树。

新含笑
Michelia platypetala
'Xin Hanxiao'
木兰科含笑属

形态特征 常绿观花小乔木，高 4～5 m。叶椭圆形，厚革质。花纯白色，径 6～8 cm，繁密，芳香宜人。花期 3 月，夏秋季还可陆续开出繁盛的花朵，观花期可贯穿春季至晚秋。

产地及来源 阔瓣含笑的园艺栽培品种。四川、浙江、上海有苗源。

生态习性 喜阳，略耐阴，耐寒，可在西安地区安全越冬。耐水湿，喜潮湿、肥沃土壤。

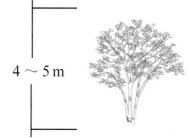

4～5 m

 8～10

应用方式
花白色醒目，花期长，适应性强，观花期长，是非常优良的园林花境植物，也可种植在小庭院中观花。

3. 常绿灌木

广东含笑
Michelia guangdongensis
木兰科含笑属

形态特征　常绿观花观叶小乔木，高2～3 m。嫩枝、芽、叶均密被亮铜色绢毛。叶倒卵状椭圆形，革质。花被片9～12，白色，芳香，繁密，径6～8 cm。花期2～3月；果熟期8～10月。该种的叶片在阳光照耀下发出金灿灿的光芒，为早春开花的彩叶植物，也是广东省的乡土植物。

产地及来源　原产于广东英德。广东、浙江有苗源。

生态习性　喜阳，喜温暖，在阳处叶色红亮。略耐阴，略耐寒，略耐水湿。喜潮湿、肥沃土壤。

　Ｚ 8b～10 ；

应用方式
叶背亮铜色，花繁密醒目，是优良的庭园观赏树种。可用于花境或花坛观花，或修剪成彩叶树球。

2～3 m

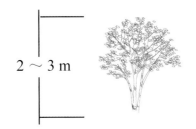

'丹玉'含笑（红花深山含笑）

Michelia maudiae 'Danyu'
木兰科含笑属

形态特征 常绿观花乔木，高 7～8 m。全株无毛；树皮浅灰色。叶厚革质，长圆状椭圆形，叶面深绿色，叶背灰绿或被白粉。花多腋生，繁密极芳香；花被片7～9，背面紫红色，腹面红色，花径8～10 cm。花期2～4月，7～8月还可陆续开花。果期8月。

产地及来源 原种深山含笑开白色花，分布于浙江南部、福建、江西、湖南、广东、广西、贵州。该品种为湖南通道县野外发现的变异个体。成都附近有苗源。

生态习性 喜阳，耐半阴，但在荫蔽条件下花量减少。较耐寒、耐水、肥沃、排水良好的土壤。

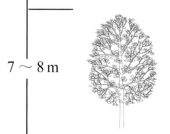

7～8 m

Z 8～11

应用方式
常绿观花的极品用材。可种植在一些重要的建筑物附近，孤植或跟落叶品种配置。还可以用作行道树。或培育成低矮多分枝株形，栽植于庭院、花坛及花境等处。

4. 落叶乔木

欧卡普玉兰
Magnolia 'Åkarp'
木兰科木兰属

形态特征 落叶观花大乔木，高 8～15 m。叶倒卵状椭圆形，绿色。花桃红色，外基部略带绿色。花期 4 月，花叶同放，可持续 2 周。

产地及来源 瑞典栽培品种。陕西有苗源。

生态习性 适应性强。喜阳，耐半阴，耐寒。喜潮湿、肥沃土壤。

8 ～ 15 m

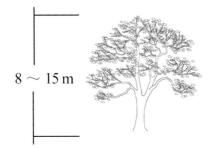

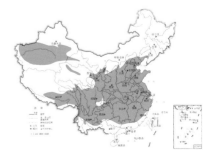

应用方式
速生大乔木，花大色艳，可用作行道树、庭荫树或在公园草坪上作风景树孤植。

青皮玉兰

Magnolia viridula

木兰科木兰属

形态特征　落叶观花小乔木，高达4～6m。叶倒卵形，厚纸质。花粉红色多瓣，径15～20cm。花期3月上中旬。观果期7～8月。

产地及来源　原产于陕西南部，陕西、浙江、广东有苗源。

生态习性　适应性良好。喜阳，略耐阴，耐寒。喜潮湿、肥沃土壤。

4～6m

☀ ❄ 🦋 ; Ⓩ 7～9 ; ➡➡➡⇨

应用方式

株形紧凑，花大芳香。秋季绿叶红果也具较好的观赏性，可作园林风景树和行道树。

'长花' 玉兰

Magnolia 'Changhua'
木兰科木兰属

形态特征 落叶观花小乔木，高 4～6 m. 叶长椭圆形，略侧向内卷。花桃红色，向上色渐淡，边缘向内略卷，花径 10～12 cm。花期长，每年除 4 月上旬为集中开花期外，从 6 月上中旬始可陆续开花至 10 月中下旬，二次花的花量较大。夏秋季绿叶红花具很好的观赏性。

产地及来源 国外园艺栽培品种。浙江、陕西有苗源。

生态习性 适应性强，喜阳，略耐阴，耐寒。喜潮湿、肥沃土壤。

 Z 7～10 ;

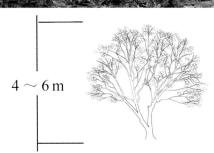

4～6 m

应用方式

赏花期最长的观花乔木品种。株形开展，赏花期长，可植于花坛、花境，也可作行道树或风景树。

达芙妮玉兰
Magnolia 'Daphne'
木兰科木兰属

形态特征 落叶观花小灌木，高 2～3 m，株形矮小紧凑。叶椭圆形，深绿。花鲜黄色，花瓣较窄，微向内卷，径 10～15 cm。晚花型，花叶同放，花期 4 月中下旬到 5 月初。夏季有零星开花。

产地及来源 国外栽培品种。陕西、浙江有苗源。

生态习性 适应性强。喜阳，耐半阴，极耐寒（-29℃）。喜潮湿、肥沃土壤。

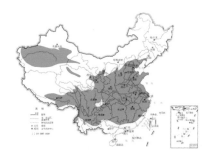

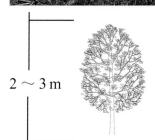

2～3 m

Z 6～9

应用方式
花期最晚，株形娇小，花繁密。宜栽植于精致小型庭院、花坛或花境中。

破晓玉兰
Magnolia 'Daybreak'
木兰科木兰属

形态特征 落叶观花小乔木，高 4～5 m，柱状树型。叶椭圆形，绿色，叶缘微皱。花亮粉红色，径 20～25 cm，花香甜而不腻。花期 4～5 月。

产地及来源 国外栽培品种。陕西、浙江有苗源。

生态习性 适应性强。喜阳，耐寒。喜潮湿、肥沃土壤。

 Z 7～10 ;

4～5 m

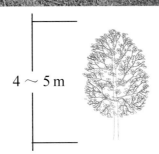

应用方式
花大色艳，树形特别，可栽植于城市公园，也可栽植于精致小型庭院、花坛、花境。

'玉灯'玉兰

Magnolia denudata 'Yu Deng'
木兰科木兰属

形态特征 落叶观花乔木，高可达 8 m。树冠略开展。叶倒卵状圆形或近圆形，10～12 cm 长。花生于枝顶，花被片纯白色，基部略黄绿色，径 10～12 cm，12～32 瓣，花盛开如莲花状，芳香。花期 3 月下旬，比其他白色玉兰花期略晚。果熟期 8～9 月，紫红色的柱状菁葵果，长 12～15 cm，在秋季呈现硕果累累的景色。

产地及来源 西安植物园杨廷栋 1989 年培育的优良栽培品种。陕西、浙江有苗源。

生态习性 喜阳，略耐阴，耐寒，不耐水湿，喜潮湿、肥沃但排水良好的土壤。

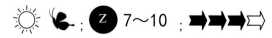 Z 7～10

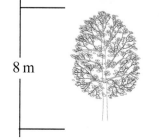

8 m

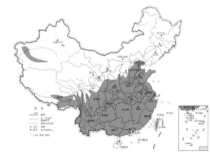

应用方式
花大、芳香、繁密。可孤植或跟其他花色种类配置，还可用作行道树列植。跟其他常绿种类配置观赏性更佳。

林奈玉兰

Magnolia × soulangeana 'Lennei'

木兰科木兰属

形态特征 落叶观花小乔木，高 4 ～ 5 m。叶倒卵状圆形或近圆形，厚纸质。花紫红色，碗状，径12 ～ 25 cm。花期 4 ～ 5 月，比普通二乔玉兰晚，7 ～ 9 月可零星开花。

产地及来源 国外园艺栽培品种。陕西、浙江有中小规格苗源。

生态习性 适应性强。喜阳，略耐阴，荫蔽生境下少花，耐寒，喜潮湿、肥沃土壤。

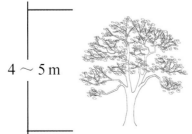

4 ～ 5 m

☀ ❄ Ⓩ 7 ～ 10 ；➡➡➡⇨

应用方式
花大色艳，可用于花境、花坛的植物栽植。

'红运'玉兰

Magnolia × *soulangeana*
'Hong Yun'
木兰科木兰属

形态特征

落叶观花小乔木，高可达 6 m。树冠圆形。叶倒卵形，8～10 cm 长。花生于枝顶，花被片外面紫红色，内面浅红色，径 10～12 cm。初次花期4月，二次花期6月中旬至7月，第三次花期在8月上旬至10月中旬。果少见，熟期8～9月。

产地及来源

国外园艺栽培品种。陕西、浙江有苗源。

生态习性

喜阳，略耐阴，耐寒，不耐水湿，喜潮湿、肥沃但排水良好的土壤。

6 m

☀ ❄ Ⓩ 7～10 ➡➡➡⇨

应用方式

花红色艳丽、繁密，花期长。可孤植或跟其他花色种类配置，片植可以营造早春繁花的盛景。跟其他常绿种类配置观赏性更佳。在炎热少花的夏秋季节，其红色繁盛的花在绿叶映衬下，更易吸人眼球。

黄鸟玉兰

Magnolia 'Yellow Bird'
木兰科木兰属

形态特征 落叶观花乔木，高可达 8 m。树冠紧凑。叶卵状椭圆形，10～15 cm 长。花生于枝顶或叶腋，花被片黄色，基部略带绿色，径 7～10 cm，是最黄的玉兰品种之一。花期4～5月，7～9月还可零星开花。果少见，成熟期9月。

产地及来源 国外园艺栽培品种。陕西、浙江有苗源。

生态习性 喜阳，略耐阴，耐寒，不耐水湿，喜潮湿、肥沃但排水良好的土壤。

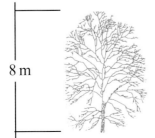

8 m

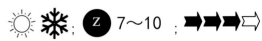

Z 7～10

应用方式

花色亮黄色、醒目，花期长。可孤植或跟其他花色种类配置，还可用作行道树列植。跟其他常绿种类配置可以凸显其观赏特性。

飞黄玉兰
Magnolia 'Elizabeth'
木兰科木兰属

形态特征 落叶观花乔木，高可达 6 m。树冠紧凑。叶倒卵状椭圆形、倒卵状圆形，10～15 cm 长。花生于枝顶或叶腋，花被片黄色，基部略带绿色，径10 cm，花盛开后色略淡。花期4月，7～9月还可零星开花。果少见，成熟期9月。

产地及来源 国外园艺栽培品种。陕西、浙江有苗源。

生态习性 喜阳，略耐阴，耐寒，不耐水湿，喜潮湿、肥沃但排水良好的土壤。

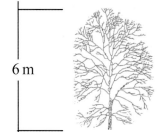

6 m

☀ ❄ ; Ⓩ 7～10 ; ➡➡➡⇨

应用方式
花大、黄色，花期长。可孤植或跟其他花色种类配置，还可用作行道树列植。跟其他常绿种类配置观赏性更佳。

'紫二乔'玉兰

Magnolia × *soulangeana*
'Zi Erqiao'
木兰科木兰属

形态特征

落叶观花小乔木，高可达5 m。树冠紧凑。叶长椭圆状倒卵形，8～10 cm长。花生于枝顶，花被片外面桃红色，内面近白色，径10 cm；花期4月。果少见。

产地及来源

西安植物园杨廷栋于20世纪80年代培育的栽培品种。陕西、浙江有苗源。

生态习性

喜阳，略耐阴，耐寒，不耐水湿，喜潮湿、肥沃但排水良好的土壤。

5 m

☀ ❄ ⓩ 7～10 ; ➡➡➡⇨

应用方式

花红色艳丽、繁密，株形紧凑。可孤植或跟其他花色种类配置，片植可以营造早春繁花的盛景。跟其他常绿种类配置观赏性更佳。因其株形紧凑，还植于建筑物旁。

5. 落叶灌木

'红寿星'玉兰

Magnolia 'Hong Shouxing'

木兰科含笑属

形态特征 半常绿观花小乔木，高3～4 m。株形紧凑，分枝整齐细密，树冠饱满，长势旺盛。叶长椭圆形，纸质。花粉红色，繁密。春季4月上旬集中开花，花期长，可至5月上旬，6月中下旬开始二次开花，陆续开花至10月下旬。在西安绿叶期长，每年11月下旬到12月上旬才开始落叶。

产地及来源 仙湖植物园与西安植物园合作培育的新品种。浙江、陕西、广州有苗源。

生态习性 适应性强，喜阳，略耐阴，略耐移植。喜潮湿、肥沃土壤。

Z 8～10 ;

3～4 m

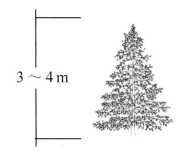

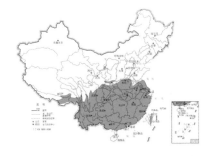

应用方式

株形整齐，花繁密且花期长，可用作花境树种，也可孤植、丛植于庭院作景观树种。

贝蒂玉兰

Magnolia 'Betty'
木兰科木兰属

形态特征 落叶观花小灌木，高 2～3 m。分枝细密紧凑。叶纸质，长椭圆形。花桃红色，略扭曲，呈爪状，花径达 21 cm。3 月下旬至 4 月上旬开花，7 月中下旬可零星开花。

产地及来源 1956 年美国 William Kosar 注册品种。陕西、浙江有苗源。

生态习性 适应性强。耐寒，喜阳，略耐阴，荫蔽生境下少花。耐寒。喜潮湿、肥沃土壤。

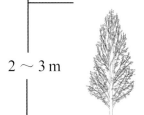

2～3 m

☀ ❄ ； Ⓩ 7～10 ； ➡➡➡▷

应用方式
株形紧凑，花大艳丽，观赏期长。可用在花境、花坛中观赏。

菊花玉兰
Magnolia Stellata
'Chrysanthemumi Flora'
木兰科木兰属

形态特征

落叶观花小灌木，高可达5 m。株形紧凑，圆形。叶长椭圆形，长6～8 cm。花粉红色多瓣芳香，花被片狭长，可达40片，菊花状花朵非常引人注目，径8～10 cm。花期3月。果少见，熟期8月。

产地及来源

国外园艺栽培品种。陕西有苗源。

生态习性

喜全光，略耐阴。耐寒。喜排水良好的肥沃壤土。自然株形为圆形，栽培上配合轻度修剪即可获得良好树形。

5 m

Z 6～10 ;

应用方式

株形整齐美观，花秀丽繁密。可用于花坛、花境的观花树种，或种在小庭院与常绿树种配置；秋叶黄色，具有较好的观赏性。

莱纳德玉兰

Magnolia × *loebneri*
'Leonard Messel'

木兰科木兰属

形态特征 落叶观花小乔木，株形紧凑，高 3 ~ 4 m，冠幅 4 ~ 5 m。花被片条形，菊花状，桃红色，芳香。花期 3 月。

产地及来源 日本园艺栽培品种。陕西、浙江有苗源。

生态习性 喜阳，略耐阴，耐寒，耐水湿。喜潮湿、肥沃土壤。

Z 6~10

3 ~ 4 m

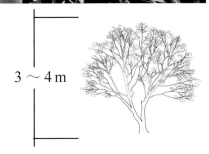

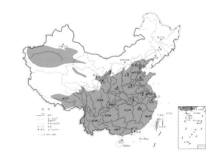

应用方式

株形美观，花繁且香，宜栽植于小型庭院、花坛、花境，可孤植或丛栽。

'丹馨'玉兰

Magnolia 'Dan Xin'

木兰科木兰属

形态特征　落叶观花小灌木，高2～3 m。植株矮化紧凑。叶厚纸质，近圆形。花大且繁密，多簇生、腋生花，花被片粉红色，椭圆状勺形。花期3月下旬至4月上旬，7～9月仍可零星开花。

产地及来源　国内园艺栽培品种。江苏、浙江有苗源。

生态习性　适应性强，喜阳，略耐阴，荫蔽生境下少花，较耐寒。喜潮湿、肥沃土壤。

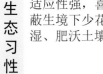

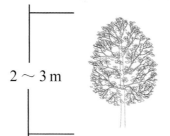

2～3 m

☀ ❄ : Ⓩ 7～10 ; ➡➡⇨⇨

应用方式

株形矮化紧凑，花期长，可用于花境、花坛，也可作小庭院观花植物。

库班玉兰

Magnolia acuminata
'Koban Dori'
木兰科木兰属

形态特征

落叶观花小乔木或灌木，高可达 5 m。树冠紧凑，卵圆形。叶卵形，8～10 cm 长。花生于枝顶或叶腋，黄色，繁密芳香，花被片 9～12 瓣，径 6～8 cm。花期 4 月，可持续开花 10～20 天，夏秋季节，还可持续开花。果少见。

产地及来源

国外园艺栽培品种。陕西有苗源。

生态习性

喜全光，略耐阴；耐寒，可耐 -35℃ 左右的低温；耐移栽；适合华北华东地区气候和土壤。长势中等，健壮；自然株形为卵圆形，栽培上配合轻度修剪即可获得良好树形。

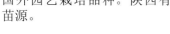

5 m

应用方式

生长健壮，丛生多花，非常适合培育丛生乔木株形；可用于花坛、花境作为晚春观花树种；秋叶棕黄色，具有较好的观赏性。

多瓣紫玉兰
Magnolia polytepala
木兰科木兰属

形态特征 落叶观花小灌木，高可达 2.5 m，冠幅 3.5 m。丛生状，枝条细弱密实。叶纸质。花紫红色，芳香，12～14 瓣，莲花状。花期 3 月下旬～4 月，长达半个月。

产地及来源 原产于福建北部。福建、浙江有苗源。

生态习性 喜阳，耐半阴和水湿，不耐干热，喜潮湿、肥沃土壤。

Z 8～10

2.5 m

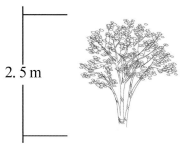

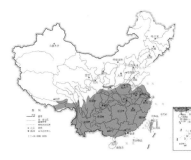

应用方式
灌丛状，花大、多瓣，可用于花坛、花境或盆栽观赏。

景宁玉兰

Magnolia sinostellata
木兰科木兰属

形态特征　落叶观花小灌木，高可达3 m。叶狭椭圆形。花初开时粉红色，后变淡粉色，径5～7 cm。花期3月上旬。

产地及来源　原产于浙江南部。浙江、陕西有苗源。

生态习性　适应性强，较耐寒，喜阳，略耐阴。荫蔽生境下少花。喜潮湿、肥沃土壤，实生苗耐水湿，可生长在流水的沼泽中。

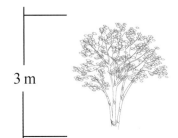

3 m

☀ ◐ 💧 🐛 ; Ⓩ 8～10 ; ➡➡⇨⇨

应用方式
株形紧凑矮化，枝条细密，花繁密、多分枝。可用于花境、花坛配置。

皮鲁埃特玉兰

Magnolia × loebneri
'Mag's Pirouette'
木兰科木兰属

形态特征	落叶观花小灌木，高 1～2 m。株形紧密，多分枝。叶卵圆形，纸质。花白色多瓣，菊花状，径 5～8 cm。花繁密，多腋花。花期 3 月。
产地及来源	日本园艺栽培品种。陕西、浙江有苗源。
生态习性	喜阳，可耐半阴，耐寒，耐水湿。喜潮湿、肥沃土壤。

Z 6～10

1～2 m

应用方式

小叶小花型品种，株形紧凑，分枝细密，花繁密。可用于花坛、花境作为早春观花树种。

'红元宝' 玉兰
Magnolia liliflora 'Hong Yuanbao'
木兰科木兰属

形态特征

落叶观花小灌木。株形紧凑，高 1～2 m。叶椭圆形，纸质。花繁多，紫红色，元宝状，径 8～10 cm。花期 4 月，夏秋还可陆续开花，花量大。花叶同在，绿叶红花具很好的观赏性。

产地及来源

紫玉兰芽变品种，浙江嵊州王飞罡培育。浙江、江苏、陕西有苗源。

生态习性

适应性强。喜阳，略耐阴，不耐热，较耐寒，略耐水湿。喜潮湿、肥沃土壤。

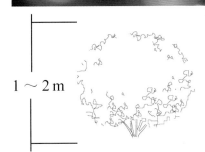

1～2 m

Z 8～10

应用方式

花大色深、花期长，植株矮小紧凑，是优良的花境、花坛观花灌木。也可用于林缘作中下层观花植物。

星花玉兰

Magnolia stellata

木兰科木兰属

形态特征　落叶观花小灌木，高 2～3 m。小枝繁密，株形矮小。叶长圆形。花浅粉色至白色，菊花状，径 7～9 cm。花期 3 月，夏秋有零星开花。秋季落叶前叶色金黄，具有很好的观赏性。

产地及来源　原产于日本岐阜县。我国浙江、陕西及广东有种源。

生态习性　适应性强。喜阳，略耐阴，荫蔽生境下少花，耐寒。喜潮湿肥沃土壤。实生苗耐水湿，可生长在流水的岸边。

 Z 6～10 ;

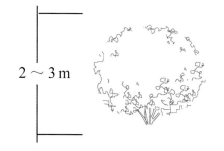

2～3 m

应用方式

株形紧凑矮化，花繁密且香，秋季叶色金黄。宜栽植于小型庭院、花坛、花境中。

6. 其他木兰品种

M. 'Anticipation' 期待玉兰
☀ ❄ Ⓩ 6～10

M. biondii 望春玉兰
☀ ◑ Ⓩ 7～10

M. cylindrica 黄山玉兰
☀ ❄ Ⓩ 6～10

M. 'Emma Cook' 伊玛厨师玉兰
☀ Ⓩ 7～10

M. 'Norman Gould' 诺曼古尔德玉兰
☀ ❄ Ⓩ 6～10

M. pseudokobus 假辛夷
☀ Ⓩ 6～10

M. pseudokobus 'Peony' 白牡丹'玉兰
☀ ❄ Ⓩ 6～10

M. 'Sayonala' 再会玉兰
☀ ❄ Ⓩ 7～10

M. 'Spring Joy' 春天喜悦玉兰
☀ ❄ Ⓩ 6～10

M. 'Tina Durio' 蒂娜玉兰
☀ ❄ Ⓩ 7～10

M. 'Tinas Daughter' 蒂娜的女儿玉兰
☀ ❄ Ⓩ 7～10

M. virginia 'South Type' 南方木兰
☀ ◑ Ⓩ 8～10

M. 'Wada's Memory' '瓦达回忆玉兰'
☀ ❄ Ⓩ 6～10

M. 'White Rose' 白玫瑰玉兰
☀ ❄ Ⓩ 6～10

M. wilsonii 'Erland' 爱尔兰德木兰
☀ ◐ Ⓩ 7～9

M. zenii 宝华玉兰
☀ ◐ Ⓩ 7～10

M. amoena 天目木兰
☀ ◐ Ⓩ 7～10

M. campbellii 滇藏木兰——粉色
☀ ◐ Ⓩ 8～10

M. campbellii 滇藏木兰——红色
☀ ◐ Ⓩ 8～10

M. 'Xiao Keren' '小可人'玉兰
☀ ❄ Ⓩ 6～10

M. 'GH Kearn' 卡恩玉兰
☀ Ⓩ 7～10

M. 'Jane Platt' 简普拉特玉兰
☀ ❄ Ⓩ 6～10

M. 'Judy' 朱迪玉兰
☀ ❄ Ⓩ 7～10

M. loebneri 'Neil Mceachern' 尼尔麦凯玉兰
☀ ❄ Ⓩ 6～10

M. 'Pinkie' 小拇指玉兰
☀ ❄ Z 7～10

M. 'Randy' 蓝迪玉兰
☀ ❄ Z 7～10

M. 'Rullan' 如兰玉兰
☀ ❄ Z 7～10

M. sinostellata 'Mimi' '咪咪' 玉兰
☀ ◐ Z 8～10

M. soulangeana 'Changchun' '长春' 二乔玉兰
☀ ◐ Z 7～10

M. 'Star Wars' 星球大战玉兰
☀ ◐ Z 8～10

M. stellata 'Rosea' 玫瑰星花玉兰
☀ ◐ Z 6～10

M. 'Meimai Erqiao' '美脉二乔' 玉兰
☀ ❄ Z 7～10

M. 'Ziyun' '紫韵' 玉兰
☀ ❄ Z 7～10

M. biondii var. purpurscence 紫望春玉兰
☀ ◐ Z 7～10

M. brooklynensis 布鲁克林玉兰
☀ ❄ Z 7～10

M. cylindrica var.purpurscense 紫黄山玉兰
☀ ❄ Z 6～10

M. 'Eva Maria' 爱娃玉兰
☼ ❄ Ⓩ 7～10

M. 'Frank's Masterpiece' 富兰克的杰作玉兰
☼ Ⓩ 7～10

M. 'Galaxy' 银河玉兰
☼ Ⓩ 6～10

M. 'Pickard's Ruby' 皮卡德玉兰
☼ ❄ Ⓩ 7～10

M. 'Ricki' 瑞克玉兰
☼ ❄ Ⓩ 7～10

M. 'Royal Crown' 皇冠玉兰
☼ Ⓩ 6～10

M. 'Rustica Rubra' 乡下鲁布拉玉兰
☼ ❄ Ⓩ 7～10

M. sprengreii 'Zichen' '紫辰' 玉兰
☼ ❄ Ⓩ 7～10

M. sprengreii 'Xiaofurong' '小芙蓉' 玉兰
☼ ❄ Ⓩ 7～10

M. sprengreii 'Pink Floyd' 粉色佛洛伊德玉兰
☼ ❄ Ⓩ 7～10

M. 'Susan' 苏珊玉兰
☼ ❄ Ⓩ 7～10

M. 'Verbanica' 沃班尼卡玉兰
☼ ❄ Ⓩ 7～10

M. 'Vulcan' 火神玉兰
☼ ❆z 8～10

M. 'Helmer' 赫尔默玉兰
☼ ❄ z 7～10

M. 'Sun Spire' 太阳精神玉兰
☼ ❄ z 7～10

M. 'Sunsation' 复色玉兰
☼ ❄ z 7～10

M. 'Woodsman' 森林人玉兰
☼ ❄ z 7～10

M. acuminata 'Dorothy' 重瓣小黄人玉兰
☼ ❄ z 6～10

acuminata 'Kenneth's Delight' 肯尼思之爱玉兰
☼ ❄ z 6～10

M. acuminata 渐叶木兰
☼ ❄ z 6～10

M. 'Gold Crown' 金冠玉兰
☼ ❄ z 6～10

M. 'Gold Cup' 金杯玉兰
☼ ❄ z 6～10

M. 'Gold Star' 金星玉兰
☼ ❄ z 6～10

M. 'Golden Endeavor' 金色的努力玉兰
☼ ❄ z 6～10

M. 'Golden Gift' 金色礼物玉兰

M. 'Golden Pond' 金色池塘玉兰

M. 'Golden Sun' 金色太阳玉兰

☼ ❄ Ⓩ 6～10　　　☼ ❄ Ⓩ 6～10　　　☼ ❄ Ⓩ 6～10

M. 'Goldflinck' 金色弗兰克玉兰

M. 'Honey Liz' 甜蜜丽斯玉兰

M. 'Hot Flash' 热电玉兰

☼ ❄ Ⓩ 6～10　　　☼ ❄ Ⓩ 6～10　　　☼ ❄ Ⓩ 6～10

M. 'Lennarth Jonsson' 莱纳斯琼森玉兰

M. 'Lois' 洛依斯玉兰

M. 'Miss Honeybee' 蜜蜂小姐玉兰

 6～10　　 6～10　　 6～10

M. 'Stellar Acclaim' 星好评玉兰

M. 'Sundance' 太阳舞玉兰

M. 'Ultimate Yellow' 极品黄玉兰

☼ ❄ Ⓩ 6～10　　　☼ ❄ Ⓩ 6～10　　　 6～10

M. bailina 柏林苦梓
☀ ◐ 🐌 Z 9～10

M.championii 香港木兰
◐ 🐌 Z 10～11

M. compressa var. lanyuensis 兰屿含笑
☀ ◐ 🐌 Z 9～10

M. crassipes 紫花含笑
☀ ◐ ❄ 🐌 Z 8～10

M. delavayi 红花山玉兰
☀ ◐ ❄ 🐌 Z 8～10

M. Dimple '笑靥' 含笑
☀ ◐ 🐌 Z 9～10

M. figo 含笑
☀ ◐ 🐌 Z 9～10

M. 'Fragrant Snow' '香雪' 含笑
☀ ◐ ❄ 🐌 Z 8～10

M. yunnanensis 云南含笑
☀ ◐ ❄ 🐌 Z 8～10

M. maudiae 深山含笑的果实
☀ ◐ ❄ 🐌 Z 8～10

M.odora 观光木的果实
☀ ◐ 🐌 Z 9～10

M. persuaveolens 黄花木兰
☀ Z 10～11

New Specialized Varieties

第二章 专类新优植物

第一节　乔木类

蔷薇科植物在园林中的应用

蔷薇科植物在全世界约有 124 属 3300 余种，中国是其分布中心，约有 55 属 874 种。蔷薇科种类众多，下面以海棠、梅花、桃花、樱花 4 类为例论述其在园林中的应用。

这 4 类蔷薇科植物均为小乔木，其中前 3 种为我国的传统名花，具有悠久的栽培历史和花文化，在众多诗词歌赋中有过描述和歌咏，或明媚风流（"只恐夜深花睡去，故烧高烛照红妆"），或高洁脱俗（"已是悬崖百丈冰，犹有花枝俏"，"零落成泥碾作尘，只有香如故"），或美艳绝伦（"桃之夭夭，灼灼其华"，"占断春光是此花"）。

这些蔷薇科植物在历代的栽培中留下了许多传统品种，如'寿星'桃、'合欢二色'桃，"海棠四品"中的西府海棠和垂丝海棠。到了近现代，随着栽培育种技术的发展，更多新品种不断诞生，株形、花色、花型、叶色等十分多样，极大扩展了这些植物的园林用途和配植手法。根据应用地点分类介绍如下。

1. 公园景区及风景林绿化：常以群植、林植为主。例如，观赏桃和果桃群植营造"桃花源"景观，梅花群植营造"香雪海"景观，樱花群植营造樱花林景观。樱花中的'染井吉野'等品种种植在风景林中，不仅可以在春季欣赏繁花似锦的春景，其秋季美艳的红叶，也为山林增姿添彩。现代海棠品种群中也有许多观果品种，春季花开烂漫，秋季红果累累，甚至经冬不落，其观赏期长至 2～3 季。

2. 居住区绿化：常对植、列植、丛植等，一般搭配高大乔木与下层灌木、花卉形成 3～5 层复合式绿化。海棠、桃花、樱花、梅花均是居住区绿地组团中的重要开花小乔木，是春季绿化组团内的视觉焦点（图 1）。

图1

色系	植物名
红色系	榆叶梅、郁李、麦李、地中海荚蒾
黄色系	连翘、金钟花、金缕梅、蜡瓣花、元宝枫、蜡梅、山矾、檫木、结香、锦鸡儿、棣棠、黄刺玫
白色系	白丁香、菱叶绣线菊、麻叶绣线菊、喷雪花、白鹃梅、稠李、流苏树、山楂、杜梨、豆梨、红叶李、杏、李
蓝紫色系	紫丁香、芫花、二月兰、紫荆、黄山紫荆、加拿大紫荆
多色系	郁金香类、山茶类、木兰类、洋水仙类、月季类、牡丹类

3. 庭院绿化：常孤植、对植。'寿星'桃、红玉海棠、路易莎海棠等株形矮小紧凑的品种适合点缀于小尺度空间内。垂丝海棠或西府海棠在庭院中与白玉兰等植物配植，有"玉堂春富贵"之寓意。蔷薇科植物春季开花绚烂，海棠、桃花、梅花、樱花的许多品种均可种植于庭院，成为庭院中的主景树或焦点树（图 2）。

图2

4. 道路绿化：常对植，高定干的樱花及海棠品种可用作行道树。树形直立高耸的阿达克海棠、树形俏丽的照手桃品种特别适合用于道路中分带及园路夹道（图 3）。

5. 专类园绿化：海棠、桃花、樱花、梅花这 4 类植物均品种繁多，花色缤纷鲜艳，适宜营建专类园。专类园种植可将不同花期、花色、株形的品种互相搭配，延长观赏期、营造鲜明的观赏效果。如碧桃花期较短，一般仅为 1 周，而与山桃、白花山碧桃组成的群落可以将整个观赏期延长至 3～4 周。红玉海棠与绚丽海棠或丰花海棠组成种植搭配，株形上垂枝型和直立型反差强烈，色彩上白色和深粉色对比鲜明。

6. 春花园的营建：春季开花的植物种类众多，以海棠、梅花、桃花、樱花这四种植物为主角，综合考虑植物色彩、质感、花期，对各种品种进行搭配组合，春季花开绚烂时，具有极高的观赏效果（图 4）。

7. 海棠、梅花、桃花、樱花与如下同期开花的植物配植，观赏效果最佳。

图3

海棠 *Malus*
蔷薇科苹果属

苹果属（*Malus*）许多种类都是重要的果树及园林树种，该属有观赏专用价值的种群统称为观赏海棠。落叶乔木或灌木，优秀的花果叶俱赏树种。株形有宽卵、圆锥、直立、垂枝等。单叶互生，绿色，有暗红色、深紫色等常年异色叶品种或秋色叶品种。伞形总状花序，花单瓣、半重瓣、重瓣，花色白、粉、红为主。梨果，果色有红、黄、橘红、紫、栗等，部分品种果实可宿存数月，果实鸟类喜食。通常喜阳，不耐阴，耐寒，耐旱，适宜栽植于排水良好、土层深厚处，有一定的耐盐碱能力，耐修剪，易受蛀干性害虫天牛的危害。北京、山东、河北、河南、江苏等为主要苗源产区。2014 年北京植物园被国际园艺学会命名与栽培品种登录委员会任命为海棠的国际栽培品种登录权威。

绚丽海棠
M. 'Radiant'

落叶乔木，高可达 7 ～ 8 m，树形圆整，生长强健。春季新叶猩红，后转翠绿。花深红色，单瓣，花期 4 月。果橙色至洋红色，果实冰冻后脱落。果实吸引鸟类。

  Z 3 ～ 9

王族海棠
M. 'Royalty'

落叶乔木，高可达 7 m，树形圆整。叶片紫红色至暗紫色。花深红色，半重瓣，花期 4 月，果深紫色，果量很少。果实吸引鸟类。

 Z 3 ～ 9

凯尔斯海棠
M. 'Kelsey'

落叶乔木，高可达 6 ～ 7 m，树形伸展开放。叶片上有白色绒毛。花深粉色，重瓣大花，花瓣基部有白边，花期 4 月。果深紫色。果实吸引鸟类。

 Z 3 ～ 9

红丽海棠
M. 'Red Splendor'

落叶乔木，高 7 ～ 8 m。新叶酒红色，后转绿色。花粉色，单瓣，花期 4 月。果亮红色，宿存至翌年 1 ～ 2 月。果实吸引鸟类。

 Z 3 ～ 9

草莓果冻海棠
M. 'Strawberry Parfait'

落叶乔木，高 5 ～ 7 m。新叶酒红色，后转暗绿色。花浅粉色，边缘深粉色，花期 4 月。果橘红色，果量极丰盛，宿存至翌年，果实吸引鸟类。

 Z 4 ～ 9

丰花海棠
M. 'Profusion'

落叶乔木，高 5 ～ 7 m。新叶深红色，老叶铜绿色。花紫红色，花期 4 月。果深红色，果量丰盛，可宿存至深冬，果实吸引鸟类。

 Z 4 ～ 9

雪球海棠

M. 'Snowdrift'

落叶乔木，高 6 ～ 8 m。叶亮绿色。花蕾粉红色，花白色，花量极大，花期 4 月。果橙红色，8 ～ 9 月为最佳赏果期，10 月果实浆化，吸引鸟类，为招引鸟类的最佳树种之一。

  Z 3 ～ 9

红玉海棠

M. 'Red Jade'

落叶乔木，高 4 m，垂枝品种。叶翠绿色。花蕾朱红色，花浅粉色至白色，花期 4 月。果亮红色，悬挂于枝头，丰盛醒目，果熟期 7 月，10 月浆化后易被鸟类食用。

Z 4 ～ 9

亚当海棠

M. 'Adam'

落叶乔木，高 7 ～ 8 m。新叶绿色带红晕，后转亮绿色。花深红色，后转粉色至浅粉色，花期 4 月。果洋红色，果量大，经冬不落。果实吸引鸟类。

  Z 4 ～ 9

粉芽海棠

M. 'Pink Spire'

落叶乔木，高 5 ～ 7 m。新叶深红色，后转铜绿色。花蕾深玫红色，花粉色，花期 4 月。果紫红色，宿存，果实吸引鸟类。

  Z 4 ～ 9

宝石海棠

M. 'Jewelberry'

落叶灌木或乔木，高 3 m，树形矮小。叶翠绿色。花蕾粉红色，后转白色，花期 4 月。果实亮红色，果熟期 8 月，宿存，果实吸引鸟类。

  Z 4 ～ 9

阿达克海棠

M. 'Adirondack'

落叶乔木，高 5 ～ 7 m。叶革质，深绿色。花蕾深红色，花开后白色带红晕，单瓣，花期 4 月。果实近球形，红色至橘红色。果实宿存到 12 月。

 **Z** 4 ～ 8

草原之火海棠

M. 'Prairifire'

落叶乔木，高 6 ～ 7 m。新叶红色。花深红色，单瓣。果深红色，直径 1 ～ 1.2 cm。花期 4 月中、下旬，果熟期 7 ～ 8 月，果宿存。

Z 4 ～ 9

红裂海棠

M. 'Coralcole'

落叶乔木，树形紧密，圆形，生长慢，株高 5 ～ 6 m，冠幅 4 ～ 5 m。花蕾红色，花开后玫红色，重瓣，有香味。果少，橘红色。

  Z 4 ～ 8

路易萨海棠

M. 'Louisa'

落叶乔木，株形伞形下垂，高可达 4.5 m，冠幅 4.5 m。叶深绿色，有光泽。花蕾玫红色，花开后纯粉色，单瓣，花期长。果黄色，直径 1 cm。

  4～9

罗宾逊海棠

M. 'Robinson'

落叶乔木，树形向上，开展，高8 m，冠幅 8 m。新叶带红色，老叶变棕绿色。花蕾深红色，开后红色，单瓣，花期 4 月中下旬。果酒红色，宿存。

  4～8

印第安魔力海棠

M. 'Indian Magic'

落叶乔木，树形圆形，向上，株高 4.5～6 m。新叶深绿色。花蕾红色，花开后深粉色，单瓣，花期 4 月中、下旬。果亮红到橘红色，直径 1.2 cm，果形长。果宿存。

  4～9

海棠花

M.spectabilis

落叶乔木，树形圆形，向上，株高 4.5～6 m。新叶深绿。花蕾红色，花开后深粉色，单瓣，花期 4 月中、下旬。果亮红到橘红色，直径 1.2 cm，果形长。果宿存。

  4～9

湖北海棠

M. hupehensis

树形高大圆整，8～12 m。叶深绿色。花蕾粉红色，开放后白色，有香气，花期 4～5 月。果球形，径约 1 cm，黄绿色至红色，结实量大，果熟期 9～10 月。湖北海棠的变种平邑甜茶（*M. hupehensis* var. *pingyiensis*）是优秀的嫁接砧木。

 4～9

'红雾'海棠

M. 'Hong Wu'

我司具有自主知识产权的新品种。树形开张。新叶紫红色，后转绿色，叶表面被白色柔毛，远观整棵树犹如笼罩在云雾中，故名。花嫩粉色，直径小。果实较小，果实暗红色，宿存，果萼长，极明显，果熟期 9～10 月。

  4～9

'红菱'海棠

M. 'Hong Ling'

我司具有自主知识产权的新品种。树形开张，呈宽圆锥形，树势强壮。幼叶颜色为橙红色，成熟时变为绿色。花期较晚，花玫红色，边缘翘起，如一个个小小的菱角，故得此名。到落花期，花色呈粉红色，亦没有颓败之感。果实果个较小，约 1 cm，紫红色，上色均匀，果熟期 7～9

  4～9

'红屹'海棠

M. 'Hong Yi'

我司具有自主知识产权的新品种。树形柱形。嫩叶为紫红色，成熟叶片暗绿色。花粉色，花径较大，4.4～5.4 cm。果实暗红色，直径约 2 cm，果熟期 7～9 月。

   4～9

北京植物园海棠栒子专类园中，多个观赏海棠品种在近景的平枝栒子和中远景的雪松、白皮松、元宝枫的映衬下，形成美丽的景观画面。

上海闵行体育公园'染井吉野'樱、垂丝海棠和喷雪花在春雨中寂静地开放。

株形飘洒、生长健硕的凯尔斯海棠与垂枝型的红玉海棠、雪球海棠形成鲜明的对比。

柳丝依依下，北京元大都遗址公园中海棠、照手桃、连翘色彩斑斓。

雪松、垂丝海棠、贴梗海棠、白鹃梅及沿阶草组成简洁明快的植物群落。

中国原产的垂丝海棠与来自北美的海棠新品种争奇斗艳。

各色海棠在松柏和远山的映衬下显得愈发娇艳。

不同品种花色的海棠与金黄色的连翘同期开放。

梅 *Prunus mume*
蔷薇科李属

中国传统十大名花之一。落叶小乔木。叶卵形或椭圆状卵形，互生。花白色、粉红色或红色，近无柄，芳香。果近球形。喜光，喜温暖湿润气候，耐寒性不强，较耐干旱，不耐涝。原产我国西南地区。栽培历史悠久，园艺品种众多，分为真梅、杏梅、樱李梅3个种系。梅花是我国首个获得国际品种登录权的植物。其登录的权威机构是陈俊愉院士领导的中国花卉协会梅花蜡梅分会。

'粉红朱砂'梅

P. mume 'Fenhong Zhusha'

朱砂品种群。花深粉红色，反面颜色略深，花瓣15～21枚。花具淡香。

'天神'梅

P. mume 'Tenjin'

朱砂品种群。花浅粉红色，反面略深。花瓣6～8枚。花具淡香。

'八重铃鹿'梅

P. mume 'Yae-suzuka'

朱砂品种群。花正面桃红色，反面略深，正反面花瓣中间有较深的红色条纹，花瓣17～18枚。花具淡香。

'唐梅'

P. mume 'Tōbai'

朱砂品种群。花正面桃红色，反面略深，正反面花瓣中间有较深的红色条纹。花瓣14～21枚。花具淡香。

'红露'梅

P. mume 'Hong Lu'

朱砂品种群。花正面淡紫堇色，反面略深，花瓣14～17枚。花具浓香。

'单轮朱砂'梅

P. mume 'Danlun Zhusha'

宫粉品种群。花正面淡紫色，反面浓紫色，花瓣5～6枚。花具淡香。

'内裏'梅

P. mume 'Dairi'

宫粉品种群。花粉色，不均，瓣上有较深的红晕。花瓣12～18枚。花具清香。

'桃红台阁'梅

P. mume 'Taohong Taige'

宫粉品种群。花正面淡桃红色，反面颜色深，瓣色不匀。花瓣27～34枚。花具甜香。

人面桃红

P. mume 'Renmian Taohua'

宫粉品种群。花淡桃红色。花瓣13～20枚。花具清香。

'潮塘宫粉'梅

P. mume 'Chaotang Gongfen'

宫粉品种群。花正面淡堇紫色，反面颜色略深，均不匀。花瓣15～17枚。花具浓香。

'扣瓣大红'梅

P. mume 'Kouban Dahong'

宫粉品种群。花正面淡粉红，反面粉红色，均瓣色不匀。花瓣26～30枚。花具甜香。

'小宫粉'梅

P. mume 'Xiao Gongfen'

宫粉品种群。花正面淡粉红色，反面颜色略深，瓣色不匀。花瓣16～18枚。花具甜香。

'八重松岛'梅

P. mume 'Yae-matsushima'

宫粉品种群。花正反面均淡堇紫色。花瓣15～16枚。花具淡香。

'老人美大红'梅

P. mume 'Laorenmei Dahong'

宫粉品种群。花正面浅至极浅紫色，反面淡紫色，正反瓣色均不匀。花瓣32～35枚。花具清香。

'丰后'梅

P. mume 'Bungo'

杏梅品种群。花淡玫瑰红色，内瓣颜色略淡，瓣色不匀。花瓣22～30枚。

'云井'梅

P. mume 'Kumoi'

杏梅品种群。花正面极淡粉红色，反面略深。花瓣17～19枚。

'薰大和'梅

P. mume 'Kaoru-yamato'

杏梅品种群。花正面极浅堇紫色，反面白色。花瓣14～16枚。花具淡杏花香。

'淋朱'梅

P. mume 'Rinshu'

杏梅品种群。花正面桃红色，反面深桃红色。花瓣26～32枚。

'黑田'梅

P. mume 'Kuroda'

杏梅品种群。花紫红至淡紫红色。花瓣18～23枚。

'坂入八房'梅

P. mume 'Sakairi-yatsufusa'

杏梅品种群。花正面淡粉红色，反面深粉红色。花瓣26～33枚。花具清香。

'武藏野'梅

P. mume 'Musashino'

杏梅品种群。花正面近白至淡紫色，反面紫红色，瓣色不匀。花瓣19～22枚。花具杏花香。

'无锡单杏'梅

P. mume 'Wuxi Danxing'

杏梅品种群。花极浅堇紫色，瓣色常不匀。花瓣5枚。

'大凑'梅

P. mume 'Ominato'

杏梅品种群。花暗红色，瓣色不匀。花瓣5～6枚。

'玉牡丹'梅

P. mume 'Tama-botan'

玉蝶品种群。花色乳白色。花瓣14～19枚。花具清香。

'八重冬至'梅

P. mume 'Yae-tōji'

玉蝶品种群。花初开时淡乳黄色，盛开后白色。花瓣18～20枚。花具清香。

'皱瓣单绿'梅

P. mume 'Zhouban Danlü'

绿萼品种群。花白色。花瓣5枚。花具淡香。

'变绿萼'梅

P. mume 'Bian Lü'e'

绿萼品种群。花绿白色，花瓣34～42枚。花具清香。

'红冬至'梅

P. mume 'Ko-toji'

单瓣品种群。花正面淡粉红色，反面比正面颜色略深，花瓣5～8枚。花具清香。

'书屋之蝶'梅

P. mume 'Shooku-no-cho'

单瓣品种群。花正反面均极浅紫堇色，瓣色不匀。花瓣5～9枚。花具浓香。

'小红长须'梅

P. mume 'Xiaohong Changxu'

单瓣品种群。花淡桃红色，花瓣5枚。花具浓香。

'美人'梅

P. × blireiana 'Meiren'

美人梅品种群。1895年在法国以红叶李与重瓣宫粉型梅花杂交后选育而成，抗寒（-30℃）。花粉色至浅紫色，花瓣19～28枚。花有香味，但非典型梅香。叶新稍铜红色。

'美人'梅开粉色花

'美人'梅新叶铜红色

粉红的'美人'梅、黄色的连翘与远山、近湖构筑如画景色。

两株高大还未萌芽的槐树下，成片的粉花'美人'梅与远山黄花的元宝枫形成场面宏大的景观。

杏梅群植的盛花场面。

无锡梅园梅花盛开时花云飘渺。

上海静安雕塑公园中式小庭院中遍植梅花。

上海静安雕塑公园草坪四周的缓坡上群植梅花，形成了围合感。

梅花夹道的上山路。

观赏桃 *Prunus persica*
蔷薇科李属

重要的果树及园林树种。落叶乔木或灌木。单叶互生，椭圆披针形，叶缘有粗锯齿。先花后叶，花白色、粉色至红色。有一花两色或跳枝现象。花梗短，近基生。果实为核果。观赏桃园艺品种多为观花类，也有花果两用的品种。部分品种有彩叶可赏。广泛分布于温带地区，亚洲、欧洲和北美洲均产。喜阳，耐旱，不耐水湿，生长迅速，适宜栽植于排水良好、土层深厚的砂壤土中。在南方湿热地区易发生流胶病。

 ; 4～10

'品霞'桃

P. persica 'Pin Xia'

高4～5m，树体高大开展。花淡粉色，重瓣，系'白花山碧桃'与'合欢二色'桃的杂交后代，早花品种。北京植物园自主培育。

; Z 5～9

'品虹'桃

P. persica 'Pin Hong'

高4～5m，树体高大开展。花粉红色，重瓣，系'白花山碧桃'与'绛桃'杂交后代，早花品种。北京植物园自主培育。

 ; Z 5～9

'绛桃'

P. persica 'Jiangtao'

中国古老品种，高2～3m，株形开展。花红色，重瓣，花期4月中旬。

 ;  5～10

菊花桃

P. persica 'Stellata'

高 2 ～ 3m。花粉色，花瓣披针卵形，重瓣，形似菊花，故名。花期 4 月中下旬。

 ; Z 5 ～ 9

'京舞子'桃

P. persica 'Kyomaiko'

花红色，形似菊花。'菊花桃'芽变品种。

 ; Z 5 ～ 9

'红雨垂枝'桃

P. persica 'Hongyu Chuizhi'

高 3 ～ 4m。垂枝品种，花粉红色，重瓣，花期 4 月中旬。

 ; Z 4 ～ 9

'满天红'桃

P. persica 'Mantian Hong'

高 2 ～ 3m，枝条节间短。花红色，重瓣。满天红果实红至乳黄色，味甜，单果重 130 ～ 150 克，为花果两用型桃。早花品种。

 ; Z 5 ～ 9

'红伞寿星'桃

P. persica 'Hongsan Shouxing'

落叶灌木，高 1 ～ 2m。枝条节间短，着生紧密。新叶紫红色，夏季转紫绿色。花粉红色，重瓣，花期 4 月中下旬。

Z 5 ～ 9

帚型桃品种群

　桃花众多品种中极为独特的一个类型，最早起源于日本江户时代。树体高大直立，枝干开张角度狭小，树冠窄高，干性极强。适合作为行道树和建筑角隅栽植，也适宜列植形成花墙。

'照手白'桃

P. persica 'Teruteshiro'

重瓣白花的帚形桃品种。

Z 5 ～ 9

'照手姬'桃

P. persica 'Terutehime'

重瓣淡粉色花的帚形桃品种。

Z 5 ～ 9

'照手红'桃

P. persica 'Terutebeni'

重瓣红花的帚形桃品种。

Z 5 ～ 9

红叶照手桃

P. persica cv.

照手桃实生苗中产生的变异。新叶紫红色，夏季转紫绿色，花单瓣，粉色。尚未定名。

Z 5 ～ 9

桃花和柳树种植在一起，形成古典诗词中桃红柳绿的意象。

菊花桃是花境中的主景树。

照手桃秋季叶片转为铜红色，有一定观赏价值。

直立向上的株形使得照手桃可以近距离排种，形成壮观的花墙夹道。

红色的桃花与同期开放的黄色连翘形成鲜明的色差。

'五宝'桃、'绛桃'等桃花品种沿驳岸列植，有临水照花之景象。

各个品种的桃花在绿油油的草坪上竞相盛开。

低矮浅粉色的郁李映衬在深粉色的菊花桃前，又与远处常绿针叶树和落叶乔木，一起形成层次丰富的植物景观。

北京植物园中加杨、'绛桃'和郁金香形成的早春景观。

'绛桃'在宁波绿城皇冠花园中的应用。

紫叶桃桃种植于花境中,与下层开白花的毛地黄钓钟柳形成颜色上的反差对比。

杂交品种'品霞'桃和远方杂交父本白花山碧桃。

成都龙泉驿桃花节期间，漫山遍野均可看见盛开着粉花的果桃。

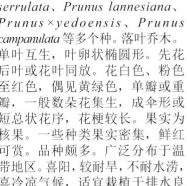

樱花
蔷薇科李属

重要的园林观花树种，包括 *Prunus serrulata*、*Prunus lannesiana*、*Prunus×yedoensis*、*Prunus campanulata* 等多个种。落叶乔木。单叶互生，叶卵状椭圆形。先花后叶或花叶同放。花白色、粉色至红色，偶见黄绿色，单瓣或重瓣，一般数朵花集生，成伞形或短总状花序，花梗较长。果实为核果。一些种类果实密集，鲜红可赏。品种颇多。广泛分布于温带地区。喜阳，较耐旱，不耐水涝，喜冷凉气候，适宜栽植于排水良好、土层深厚的土壤。

华中樱
P.conradinae

原种。高 3 ～ 10 m。花序伞形，有花 3 ～ 6 朵。花白色或粉红色，单瓣。花期 3 月。

; Ⓩ 8 ～ 10

尾叶樱
P.dielsiana

原种。高 5 ～ 10m。花序伞形或近伞形，有花 3 ～ 6 朵。花白色或粉红色，单瓣。花期 3 ～ 4 月。

; Ⓩ 8 ～ 10

福建山樱花

P. campanulata

高 8 ～ 15m。叶浅绿色。花绯红色，单瓣，花梗细长下垂，萼筒管状钟形，紫红色，故又名钟花樱。花期 2 ～ 3 月。果卵球形，红色。另有牡丹樱 *P. campanulata* 'Double-flowered'（重瓣品种）。

高盆樱桃

P. cerasoides

高可达 15m。花粉色至近白色，单瓣，略下垂。花期 12 月至翌年 1 月，故又名冬樱花。果红色，成熟后紫黑色。另有红花高盆樱桃 *P. cerasoides* var. *rubea*：花深粉红色，半重瓣，2 月底至 3 月初叶前开花。

雪泉樱

P. 'Snofozam'

高 3 ～ 4m，垂枝品种。叶片深绿色，秋季落叶前转金黄色至橙色。花白色，单瓣，花期 4 月。

 ; **z** 5 ～ 9

红叶樱花

P. serrulata 'Royal Burgundy'

高 5 ～ 6m。叶片早春紫红色，后转紫绿色至暗紫色。花粉色，重瓣大花。花期 4 月。

z 5 ～ 9

大岛樱

P. speciosa

高可达 10 ～ 15m。花序伞形，有花 3 ～ 5 朵。花白色。花期 4 月。

 ; **z** 7 ～ 10

'染井吉野' 樱

P.×yedoensis 'Somei-yoshino'

高可达 10 ～ 15m。总状花序，有花 4 ～ 5 朵。花蕾粉红色，开花后转浅粉色至白色。花期 4 月。新叶棕红色。

 ; **z** 9 ～ 10

'河津樱'

P.×kanzakura 'Kawazu-zakura'

高可达 7～8m。福建山樱花和大岛樱的自然杂交种，发现于日本静冈县河津町，故得此名。花浅粉色，单瓣，略下垂。花期 3 月中旬。

 : **Z** 7～10

'河津樱' 群体。

椿寒樱

P. 'Introrsa'

高可达 7 ～ 8m，福建山樱花与樱桃的杂交种。花淡粉色，单瓣，略下垂，雄蕊散射，花萼钟形，紫红色。花期 3 月中旬。

; Z 7 ～ 10

'红笠'樱

P. 'Benigasa'

晚樱品种。高 5 ～ 6m。花蕾深粉色，开花后转浅粉色至白色，花瓣 20 ～ 50 枚。花期 4 月。

; Z 7 ～ 10

'松月'樱

P. 'Shogetsu'

晚樱品种。高 5 ～ 6m。花蕾深粉色，开花后转浅粉色至白色，花瓣 20 ～ 30 枚。花期 4 月。

; Z 7 ～ 10

'普贤象'樱

P. 'Fugenzo'

晚樱品种。高 5 ～ 6m。花蕾粉色，开花后转浅粉色，花瓣 20 ～ 50 枚。花期 4 月。新叶红棕色。

; Z 7 ～ 10

'一叶'樱

P. 'Ichiyo'

晚樱品种。高 5 ～ 6m。花淡粉色至白色，花瓣 20 ～ 40 枚。花期 4 月。

; Z 7 ～ 10

'关山'樱

P. 'Kanzan'

晚樱品种。高 5 ～ 6m。花深粉色，花瓣 20 ～ 50 枚。花期 4 月。新叶略带红棕色。

; Z 7 ～ 10

'郁金'樱

Z 7～10

P. 'Ukon'

晚樱品种。高 5～6m。花黄绿色，花瓣 8～20 枚。花期 4 月。

'思川'樱

Z 7～10

P. subhirtella 'Omoigawa'

晚樱品种。高 5～6m。花淡粉紫色，花瓣 5 枚。花期 4 月。

上层的'染井吉野'樱与下层的金钟花、郁李组成多彩的春季植物群落。

日本晚樱的叶子在秋季转为橙色或红色。

无锡鼋头渚公园'染井吉野'樱与山茶、喷雪花、郁金香组成的植物群落。

樱花与油菜花在华东早春同期开放组成明艳的植物景观。

晚樱'关山'在园路两旁夹道种植是樱花园林应用中常见的一种配植手法。

上海闵行体育公园'染井吉野'樱与喷雪花搭配种植，同期开放，形成壮观的景观。

高盆樱桃片植在公园草坪中。

日本晚樱'关山'在溪流边旁逸斜出。

无锡鼋头渚公园'染井吉野'樱与毛桃、金钟花、喷雪花、山茶、二月兰同期开放，色彩绚丽。

无锡鼋头渚公园以樱花为主景树，垂丝海棠、瓜子黄杨为配景的一组植物群落。

鸡爪槭类 *Acer palmatum*
槭树科槭属

东亚重要的观叶园林植物，落叶灌木或小乔木，叶掌状 5 ～ 9 深裂，花紫色，顶生伞房花序，翅果。产我国长江流域及朝鲜、日本，园艺品种极多，叶色有黄、红、古铜、紫红等多种。耐半阴，耐寒性不强。

 Z 8 ～ 10

鸡爪槭 *A. palmatum* 树姿优美，叶形秀丽，春夏叶色青翠，秋叶转红色或古铜色。

鸡爪槭橙红色的秋叶与砖红色的民国建筑相得益彰。

鸡爪槭姿态飘逸，可三五株一组种植于水边。

上海华府樟园花境中的鸡爪槭。

鸡爪槭的红叶与银杏的黄叶形成色彩上的鲜明对比。

鸡爪槭和黄绿色的垂柳形成色彩的对比。

火红的鸡爪槭是小路尽头的视觉焦点。

紫叶鸡爪槭（红枫）*A.palmatum* 'Atropurpureum' 树姿优美，叶形秀丽。新叶紫红色，夏季转绿色，秋季暗红色至紫红色。

红枫株形飘逸，宜配植于水边。

红枫与紫叶加拿大紫荆在植物组团中遥相呼应。

红枫在小广场上列植，其飘逸的姿态柔化了规则式广场和水景带来的生硬感。

以八棱海棠、红枫、千层金为主的植物组团，兼顾树形和色彩的搭配。

在缤纷的花境中，红枫也是一种引人注目的植物。

瑞典哥德堡植物园岩石园中，红枫与羽毛枫作为当仁不让的主角，交相辉映。

高大飘逸的红枫是私家花园的主角。

羽毛槭 *A. palmatum* 'Dissectum'：叶片深裂达基部，裂片狭长且有羽状细裂，秋叶深黄色至橙红色。其树冠开展下垂，叶形纤细可爱，常用于重要组团或花境中。

红羽毛槭 *A.pa-lmatum* 'Dissectum Ornatum'：叶片深裂达基部，裂片狭长且有羽状细裂，叶常年古铜色或古铜红色。株形飘逸，叶形纤细可爱，颜色醒目，常用于花境中。

红羽毛枫与桂花、五针松，毛鹃组成的植物群落。

'赤鹏立泽'槭（焰舞槭）*A. palmatum* 'Aka-shigitatsu-sawa'：早春及春季叶色。

'赤鹏立泽'槭（焰舞槭）*A.palmatum* 'Aka-shigitatsu-sawa'：早春及春季叶色。

蝴蝶槭 *A.palmatum* 'Butterfly'

蝴蝶槭 *A.palmatum* 'Butterfly'

'治郎枝垂'槭（青王子槭）*A. palmatum* 'Jiro-shidare'

红箭槭 *A.palmatum* 'Nigrum'

'琴之糸'槭（金线槭）*A.palmatum* 'Koto-no-ito'

'琴之糸'槭（金线槭）*A.palmatum* 'Koto-no-ito'

'桂'槭（金贵槭）*A. palmatum* 'Katsura'

'桂'槭（金贵槭）*A. palmatum* 'Katsura'

橙之梦槭 *A. palmatum* 'Orange Dream'

'织殿锦'槭（幻彩槭）*A. palmatum* 'Oridono-nishiki'

'珊瑚阁'槭（赤枫）*A. palmatum* 'Sango-kaku'

'大杯'槭（红灯笼槭）*A. palmatum* 'Osakazuki'

布加迪槭 *A. palmatum* 'Trompenburg'

'青龙'槭 *A. palmatum* 'Seiryu'

'青龙'槭

'青枝垂'槭 *A. palmatum* 'Ao-shidare'

绯红皇后槭 *A. palmatum* 'Crimson Queen'

乡恋槭 *A. palmatum* 'Dissectum Rubrifolium'

红羽毛槭 *A. palmatum* 'Dissectum Ornatum'

乌头叶羽扇槭 *A. japonicum* 'Aconitifolium'

血红槭 *A. palmatum* 'Bloodgood'

石榴红槭 *A. palmatum* 'Garnet'

'稻叶枝垂'槭（青王子槭）*A. palmatum* 'Inabashidare'

'织殿锦'槭（幻彩槭）应用于花境中。

橙之梦槭是花境中的焦点植物。

红花槭 *Acer rubrum*
槭树科槭属

落叶乔木，树干笔直，树形圆整，高可达 18 ～ 27 m。叶对生，3 ～ 5 裂，叶绿色，秋季转橙黄色至红色。3 ～ 4 月叶前开花，花小，红色。翅果，嫩时亮红色。该类植物易遭蛀干性害虫如天牛等的危害。

Z 8 ～ 10 ☀ ❄ PH

红点槭 *Acer rubrum* 'Frank Jr.'

夕阳红槭 *A. rubrum* 'Red Sunset'

十月辉煌槭 *A. rubrum* 'October Glory'

早春红花槭开花，枝头染上浅浅的红色。

上海肇嘉浜路道路中分隔离带红花槭列植效果。

上海静安雕塑公园'夕阳红'列植，与绿墙、时花色块形成具有几何感的景观。

紫薇属 Lagerstroemia
千屈菜科

落叶观花灌木或小乔木。单叶对生或近对生。花两性，花瓣常为 6 枚，有长爪，瓣边皱波状。蒴果。产于亚洲和大洋洲。花期多为 5 ～ 10 月，开花时花团满树，花色艳丽，花期较长。

比洛克西紫薇 L. 'Biloxi'
秋叶暗黄色、橙黄色至暗红色。圆锥花序有分岔，球状，花为暗淡的粉色。

皇后蕾丝紫薇 L. 'Queens Lace'
株高 3 ～ 4.5 m，花为西瓜粉色，周围镶有白边，新叶略带红色。

☀ ◐ ❄ ◊ ◖ Ⓩ 7 ～ 11

草原蕾丝紫薇 L. 'Prairie Lace'
半矮生灌木，株高 1.2 ～ 2 m，叶片小而厚，秋天变成红色至橘红色。花为粉红色，周围有白色花边。

维尔玛紫薇 L. 'Velma's Royal Delight'
株形紧密，植株低矮，株高 1 m，冠幅 0.8 m，花为紫色。

拉斐特紫薇 L. 'Lafayette'
植株低矮，小枝繁茂，株形小，垂枝，花白色，5 月中旬始花。

世博会紫薇 L. 'World Expo'
株形微小，枝条下垂，冠幅大于株高，花西瓜红色。

红火箭紫薇 L. 'Red Rocket'
新叶深红色，老叶绿色。花序平均宽 18.2 cm，平均长度 25.1 cm，盛开时形如火箭。花鲜红色，边缘偶有白色斑。花期 6 ～ 10 月。

红火球紫薇 L. 'Dynamite'
新叶微红色，老叶绿色。花序平均宽 27.8 cm，平均长度 35.1 cm，盛开时形如火球。花猩红色，边缘偶有白色边。花期 6 ～ 10 月。

天鹅绒紫薇 L. 'Pink Velour'
新叶酒红色，老叶绿色带紫红色。花序平均宽 20.3 cm，平均长度 23.4 cm，花深粉色。花期 6 ～ 10 月。

盛夏蔓生紫薇 L. 'Summer and Summer'
株高 30 ～ 50 cm。枝条蔓性强。花亮粉红色。花期6 ～ 9月。

富丽紫薇 L. fauriei 花色洁白如玉，树皮棕红色，秋叶鲜红如火。

国外苗圃中紫薇容器苗的标准化生产场景。

国外苗圃中的大规格紫薇容器苗。

郑州雁鸣湖样板区3种不同颜色的紫薇组成的一个植物组团。

带状花境中盛放的矮紫薇。

广玉兰和紫薇在园路两边间隔列植。

南京植物园小园路两旁紫薇美丽的冬态。

北美枫香 *Liquidambar styraciflua*
金缕梅科枫香树属

落叶乔木，原产于北美洲，树干笔直，叶5～7掌状裂。叶形、叶色多变，有许多栽培品种。该种植物具有观赏价值的主要是秋色叶，或金黄色或火红色。

银色国王北美枫香和紫叶加拿大紫荆、红叶石楠球间隔种植，株形和色彩的对比都十分鲜明。

北美枫香 *Liquidambar styraciflua*

银色国王北美枫香 *L. styraciflua* 'Silver King'：叶缘有白边。

国外苗圃中的北美枫香容器苗种植场景。

洒金北美枫香 *L. styraciflua* 'Variegata'：叶上有金黄色斑点或条纹。

圆叶北美枫香 *L. styraciflua* 'Rotundiloba'：叶裂片圆润。

第二节 灌木类

醉鱼草属 *Buddleja*
马钱科

优秀的园林观花灌木。落叶或半常绿，单叶对生。园艺品种多为穗状圆锥花序，花色丰富，有红色、紫色、白色、黄色、粉色等，其花期很长，5～11月花开不断。少部分园艺品种为彩叶或叶上有斑纹。原产热带和亚热带地区，有一定的耐寒能力，对蝴蝶等昆虫很有吸引力，在蝴蝶园的植物配置中占据重要地位。

 Z 5～9

醉鱼草 *B. lindleyana*
原种，分布于长江流域及以南各省。

洛深芝醉鱼草 *B.×* 'Lochinch'
紫花醉鱼草（*B. fallowiana*）与大叶醉鱼草（*B. davidii*）的杂交种。

粉悦大叶醉鱼草 *B.davidii* 'Pink Delight'

白盛大叶醉鱼草 *B. davidii* 'White Profusion'

皇红大叶醉鱼草 *B. davidii* 'Royal Red'

金辉速生醉鱼草 *B.× weyeriana* 'Sungold'
又名黄花醉鱼草或黄球醉鱼草，智利醉鱼草（*B. globosa*）与大叶醉鱼草（*B. davidii*）的杂交种。

桑塔纳大叶醉鱼草 *B. davidii* 'Santana' 金叶紫花的醉鱼草品种。

法兰西岛大叶醉鱼草 *B. davidii* 'Ile de France'

南荷蓝大叶醉鱼草 *B.davidii* 'Nanho Blue'

南荷紫大叶醉鱼草 *B.davidii* 'Nanho Purple'

夏美人大叶醉鱼草 *B.davidii* 'Summer Beauty'

醉鱼草容器苗在国外苗圃中规模化生产的场景。

蝴蝶在醉鱼草花序上采蜜。

白盛醉鱼草应用于上海辰山植物园琴键花园中。

桑塔纳醉鱼草在岩石园中的应用。

醉鱼草配植于溪流沿岸。

紫色的醉鱼草与紫色的柳叶马鞭草决定了花境的色彩基调。

朱蕉属 *Cordyline*
百合科

多年生常绿灌木，有的种呈乔木状，单杆，叶剑形，较硬直，基部抱茎。叶有各种颜色及条纹的组合。园艺品种丰富。原产于东半球热带，耐干旱和高温，不耐寒。国内在长江以南地区有引种栽培。

 Z 9～11

红星新西兰朱蕉 *C. australis* 'Red Star'

红巨人新西兰朱蕉 *C. australis* 'Red Sensation'

太阳舞新西兰朱蕉 *C. australis* 'Sun Dance'

新西兰朱蕉 *C. australis*

红巨人新西兰朱蕉亮丽的颜色、规则的外形与商业街的氛围十分契合。

红巨人新西兰朱蕉是花境中的焦点。

树体高大、外形特异的新西兰朱蕉可以作为花境中的骨架。

高大的新西兰朱蕉对植于一家餐厅的门口。

山茱萸属 *Cornus*
山茱萸科

落叶灌木或乔木。单叶对生，稀互生，全缘，羽状弧形脉。花两性，萼裂、花瓣、雄蕊各为4，伞房状复聚伞花序顶生。核果。产于北温带，中国分布30余种。

红瑞木 *Cornus alba*

落叶灌木。高可达 3 m。枝条鲜红。单叶对生，卵形或椭圆形。花小，白色至黄白色，花期6～7月。核果白色或略带蓝色，果期8～10月。

 Z 3～9

银边红瑞木 *C.alba* 'Elegant-issima' 落叶灌木。枝条鲜红。叶缘有白边，秋叶橘黄色至橘红色。

 Z 3～9

芽黄红瑞木 *C.alba* 'Bud's Yellow'
落叶灌木。枝条黄色。加拿大 Boughen 苗圃选育。

Z 3～9

贝蕾红瑞木 *C.* 'Baileyi' 落叶灌木。冬季枝条为明亮的深红色。耐阴。

 Z 2～8

花园光辉红瑞木 *C.* 'Garden Glow' 落叶灌木。叶黄绿色至金黄色，秋叶红色。冬季枝条鲜红色。全光条件下生长良好，耐阴能力亦强。美国明尼苏达大学育出。

  Z 2～8

主教红瑞木 *C. sericea* 'Cardinal'
落叶灌木。冬季枝条橙红色（图左为'芽黄'，图右为'主教'）。

 Z 2～8

凯尔红瑞木 *C. sericea* 'Kelseyi'
落叶灌木。株形低矮。冬季枝条亮红色。很好的地被植物。

 Z 2～8

隆冬之火欧洲红瑞木 *C. sanguinea* 'Midwinter Fire'
落叶灌木。枝条上部鲜红色，下部橘黄色，远观如火焰。叶绿色，秋叶橘黄色，明亮美丽，且落叶期晚于其他红瑞木。

 Z 3～9

上海辰山植物园中红瑞木片植场景。

隆冬之火欧洲红瑞木可用作绿篱。

红瑞木可用作色块植物。

隆冬之火欧洲红瑞木秋叶橙黄色，在秋冬季是植物组团中十分亮眼的焦点植物。

自然形、橙黄色的隆冬之火欧洲红瑞木与修剪整齐的红花檵木球形成颜色和外形的鲜明对比。

主教柔枝红瑞木（左）和贝蕾红瑞木（右）在苗圃中的种植场景。

胡颓子属 *Elaeagnus*
胡颓子科

常绿或落叶灌木。叶常有银白色或棕色鳞片,单叶互生,全缘。花两性,芳香,无花瓣。花期9～11月。果实核果状。果期5月。该属主产亚洲、欧洲和北美。喜光,耐干旱,也耐水湿。部分品种为长江流域优秀的彩叶植物。

佘山胡颓子 *E. argyi*

埃比胡颓子 *E.×ebbingei*:是胡颓子 *E.pungens* 与大叶胡颓子 *E.macrophylla* 的杂交种。

金边埃比胡颓子 *E.×ebbingei* 'Gilt Edge'

石灰灯埃比胡颓子 *E.×ebbingei* 'Limelight'

金边埃比胡颓子与茶梅、毛鹃点缀置石。

金边胡颓子 *E.pungens* 'Aureo-marginata'

金边胡颓子作色块植物。

金边埃比胡颓子以其亮丽的颜色成为花境中的焦点。

金边埃比胡颓子用于华南地区的花境中，其色叶效果亦出色。

金边埃比胡颓子是桥头转角处的焦点植物，提示着空间的转换。

金边埃比胡颓子球用于常规的组团式绿化中，提亮了整个植物景观的色彩。

上海华府樟园会所外的胡颓子，与红枫、羽毛枫、大叶冬青等形成颜色和株形的鲜明对比。

上海华府樟园会所中式庭院一隅的超大规格金边埃比胡颓子。

金边埃比胡颓子与红花檵木、红千层等形成不同质感和颜色的组合。

金心埃比胡颓子和金色的柏类植物，同样亮丽的颜色，不同的质感形成有趣的对比。

绣球属 Hydrangea
虎耳草科

非常重要的一类园林植物。落叶灌木，单叶对生，花期夏秋季，花型常具大形不育边花或全为大形不育花。蒴果。有观赏价值的部位多为花，花序硕大，花色极多，有白色、红色、粉色、蓝色、紫色等，花的大小、花序类型多样。少数品种叶有斑纹可观。该种产北温带，园艺品种极丰富。喜阴，喜酸性土壤，不耐涝，各品种间耐寒性差别很大。

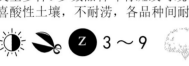 z 3～9

石灰灯圆锥绣球 H. paniculata 'Limelight' 高可达2m。圆锥花序白色后变石灰绿色，花期7～9月。

z 3～9

香草草莓圆锥绣球 H. paniculata 'Renhy' 高可达1.8 m。圆锥花序奶白色至草莓红，花期7～9月。

z 4～9

大花圆锥绣球 H. paniculata 'Grandiflora' 高可达2m。圆锥花序玉白色，花期7～9月。

z 5～9

魔幻月光圆锥绣球 H. paniculata 'Magical Moonlight' 高可达1.8 m。圆锥花序白色，花期7～9月。

z 5～9

粉色梦幻圆锥绣球 H. paniculata 'Pink Fantasy' 高可达1.2 m。圆锥花序白色至淡粉色，花期7～9月。

z 4～9

粉色精灵圆锥绣球 H.paniculata 'Pinky Winky' 高可达1.8 m。圆锥花序白色后变粉色，花期7～9月。

z 4～9

圣代草莓圆锥绣球 H. paniculata 'Rensun' 高可达1.5 m。圆锥花序白色后变淡粉色，花期7～9月。

z 4～9

安娜贝拉乔木绣球 H. arborescens 'Annabelle' 高可达1.2 m。花序纯白色后变墨绿色，花期5～9月。

z 3～9

东陵绣球 H. bretschneideri 高可达1.8 m。不育边花纯白色后变粉红色，可育花白色，花期6～7月。花枝弯曲下沉。

z 4～9

银边绣球 H. macrophylla 'Mariesii Variegata' 高可达1.5 m。叶边缘银白色。不育花白色至淡紫色，可育花紫色，花期5～8月。

z 8～9

无尽夏绣球 *H. macrophylla* 'Endless Summer' 高可达 1.5 m。花序蓝色至粉色，花期 6～9 月。

Z 6b～9

花手鞠绣球 *H. macrophylla* 'Hanatemari' 高可达 1.5 m。不育花重瓣，花序粉色至紫色，花期 6～8 月。

Z 8～9

抚子绣球 *H. macrophylla* f. *normalis* 'Nadeshikogaku' 高可达 1.5 m。周围不育花粉色，中央可育花粉紫色，花期 6～8 月。

Z 8～9

玛尔蒂达绣球 *H. macrophylla* 'Merritt's Supreme' 高可达12m。花序桃红色，花期 6～8 月。

Z 8～9

爱之吻绣球 *H. macrophylla* 'Love You Kiss' 高可达 1.2 m。花瓣纯白色，边缘红色，花期 6～8 月。

Z 5～9

魔幻紫水晶绣球 *H. macrophylla* 'Magical Amethyst' 高可达 1m。花瓣玉绿色与玫红色或紫色镶嵌，花期 6～8 月。

Z 5～9

魔幻珊瑚绣球 *H. macrophylla* 'Magical Coral' 高可达 1 m。花瓣玉绿色与粉红色镶嵌，花期 6～8 月。

Z 5～9

魔幻水晶绣球 *H. macrophylla* 'Magical Crystal' 高可达 1 m。花淡粉色或蓝色逐渐变为绿色带粉红边，花期 6～8 月。

Z 5～9

魔幻翡翠绣球 *H. macrophylla* 'Magical Jade' 高可达 1.5 m。花翡翠绿与白色镶嵌，锯齿深，花期6～8月。

Ⓩ 5～9

魔幻革命绣球 *H. macrophylla* 'Magical Revolution' 高可达1.2 m。花序初开淡粉色，后渐转为粉蓝色与绿色镶嵌，花期6～8月。

Ⓩ 5～9

塔贝绣球 *H. macrophylla* 'Taube' 高可达1.2 m。边缘为粉色至紫色不育花，中央可育花蓝紫色，花期5～8月。

Ⓩ 5～9

帝沃利绣球 *H. macrophylla* 'Tivoli' 高可达1.2 m。花玫红色至蓝色，花瓣边缘白色，花期5～8月。

Ⓩ 5～9

深情绣球 *H. macrophylla* 'You and Me Emotion' 高可达1 m。不育花淡粉色，重瓣，花期5～8月。

Ⓩ 5～9

塞尔玛绣球 *H. macrophylla* 'Selma' 高可达1 m。花瓣边缘紫红色或深粉色，中央淡粉色或白色，花期6～8月。

Ⓩ 7～9

栎叶绣球 *H. quercifolia* 高可达1.8 m。奶白色圆锥花序后变微红色，花期7～8月。

Ⓩ 4～9

上海华府樟园中，绣球在初夏盛开，成为园林中的一抹亮色。

东陵绣球用于古典园林中，披散的株形柔化了塑石驳岸的线条。

浙江虹越公司金筑园中的绣球庭院收集了许多绣球品种。

英式花园一角盛开的乔木绣球。

绣球配植于竹林边缘。

绣球耐阴性强，在香樟林下长势良好，开花旺盛。

绣球品种花形多样，花色丰富。

英国绣球谷一角，绣球在谷中到处盛放，蔚为壮观。

木犀属 *Osmanthus*
木犀科

常绿灌木或小乔木。叶对生。约30余种,产东南亚和北美,中国约23种。南京林业大学的向其柏教授是木犀属植物品种的国际登录权威。

1. 桂花 *O. fragrans*：
叶长椭圆形。花小,淡黄色,浓香,腋生或顶生聚伞花序,花期9～10月。核果卵球形,蓝紫色,果期翌年3～5月

2. '天香台阁'桂花 *O. fragrans* 'Tianxiang Taige'：
新梢和嫩叶紫红色,后转绿色。花乳白色或淡黄白色。花期全年,9月至次年4月最盛。
3. '虔南桂妃'桂花 *O. fragrans* 'Qiannan Guifei'：从新叶至成年叶片有多种色变,如紫红色、浅紫红色、浅红色、浅黄色、黄绿色、白色等,彩叶期近半年。
4. '云田彩桂'桂花 *O. fragrans* 'Yuntian Caigui'：新叶边缘紫红色,后转浅黄色与淡绿色相间。
5. 柊树 *O. heterophyllus*：叶硬革质,卵状椭圆形,缘具3～5对大刺齿,偶为全缘。花白色,甜香,簇生叶腋,10～12月开花。核果蓝色,翌年5～6月果熟。

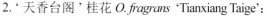

桂花 *O. fragrans*

'天香台阁'桂花 *O. fragrans* 'Tianxiang Taige'

'虔南桂妃'桂花 *O. fragrans* 'Qiannan Guifei'

'云田彩桂'桂花 *O. fragrans* 'Yuntian Caigui'

福建浦城树龄千年以上的九龙丹桂。

'五色'柊树(五彩柊树) *O. heterophyllus* 'Goshiki'：叶上随机散布黄色至白色斑块。

银边柊树 *O. heterophyllus* 'Argenteomarginatus'：叶缘银白色。

丛生桂花在广场绿岛中央孤植。

丛生桂花在建筑两侧对植。

桂花作绿篱。

桂花在建筑前列植。

市政绿地中桂花密植成为背景林，搭配两层高度不同的色块，以沿阶草收边，景观效果简洁。

鸡蛋花属 *Plumeria*
夹竹桃科

落叶观花灌木或小乔木。单叶互生，常集生枝端。花冠漏斗状，5 裂，顶生聚伞花序。蓇葖果。产于热带美洲。花期 7 ～ 8 月。鸡蛋花属植物是典型的热带花卉，具有很高的观赏价值。其株形圆整，树冠如盖，叶片宽大，花色丰富，清香淡雅。在东南亚和我国西双版纳，广泛种植于寺庙附近，故也称"庙树""塔树"。该属仅有 7 个原生种（*P.rubra*，*P.obtusa*，*P.subsessilis*，*P.indora*，*P.filifolia*，*P.albal*，*P.pudica*），世界栽培品种 1000 多个。我司现已建立鸡蛋花种质资源圃，收集原种 5 个、品种 300 余个，并与中科院深圳仙湖植物园共同出版国内鸡蛋花第一部专著：《鸡蛋花园林观赏与应用》。

 Z 10 ～ 11

红鸡蛋花 *P. rubra*：花冠筒状，花大，纯红色，花径 9 ～ 10 cm。

琴叶鸡蛋花 *P. pudica*：叶戟形或匙形，近常绿。花冠筒状，花大，花纯白色，极芳香，呈螺旋状散开。花期 5 ～ 12 月。

安东尼鸡蛋花 *P. rubra* 'Anthony B'

粉橙子鸡蛋花 *P. rubra* 'Salmon Pink'

粉红尤顿鸡蛋花 *P. rubra* 'Yoddoi Pink'

粉云团鸡蛋花 *P. rubra* 'Sangwal Tabtim'

黑老虎鸡蛋花 *P. rubra* 'Black Tiger'

红玫瑰鸡蛋花 *P. rubra* 'Nattharat R-03'

华富里粉美人鸡蛋花 *P. rubra* 'Lopburi Pink'

火熔金鸡蛋花 *P. rubra* 'Jeanmoragne Pink'

绛紫花球鸡蛋花 P. rubra 'Phichaya Purple'

考皇鸡蛋花 P. rubra 'Khaophuang India'

罗德苏克鸡蛋花 P. rubra 'Rod Sukon'

梅拉鸡蛋花 P. rubra 'Mela Matson'

泰国白鸡蛋花 P. rubra 'Siam White'

珍妮鸡蛋花 P. rubra 'Jinny'

朱君子鸡蛋花 P. rubra 'Wa Sitthee'

紫金祥云鸡蛋花 P. rubra 'J-105'

钻石王冠鸡蛋花 P. rubra 'Diamond Crown'

黄白鸡蛋花 P. rubra 'Acutifolia' 株形圆整饱满，能够很好地连接乔木层和地被层。

鸡蛋花以水池为舞台列植其中，繁花满树，颇具仪式感。

杜鹃属 *Rhododendron*
杜鹃花科

非常重要的园林树种。常绿或落叶灌木。单叶互生。合瓣花或离瓣花，花冠通常 5 裂。蒴果。花色丰富，有白色、粉色、红色、紫色、黄色等，花的大小、花型、花瓣斑纹等极其多样。少部分品种叶有斑纹。原生种分布广，北到西伯利亚寒带，南到热带马来西亚地区，园艺品种多。很多品种喜半阴，喜酸性土壤，有的种类耐水湿，耐寒。

南希玛丽杜鹃 *Rhododendron* 'Nancy Marie'
z 9～10

埃尔西李杜鹃 *R.* 'Elsie Lee'
z 8b～10

'喜鹊登枝' 杜鹃 *R.* 'Xique Dengzhi'
z 8b～10

'柳浪闻莺' 杜鹃 *R.* 'Liulang Wenying'
z 8b～10

'万紫千红' 杜鹃 *R.* 'Wanzi Qianhong'
z 8b～10

银边三色杜鹃 *R.* 'Silver Sword'
z 9～10

'红双喜' 杜鹃 *R.* 'Hong Shuangxi'
z 9～10

粉红泡泡杜鹃 *R.* 'Pink Bobble'
z 8b～10

绿色光辉杜鹃 *R.* 'Green Glow'
z 9～10

'青莲' 杜鹃 *R.* 'Qinglian'
z 9～10

火烈鸟杜鹃 *R.* 'Flamingo'   z 7b～10

御代之荣杜鹃 *Rhododendron* 'Miyo-no-sakae'
z 8b～10

'恰恰' 杜鹃 *R.* 'Qiaqia'
z 9～10

'劳动勋章' 杜鹃 *R.* 'Laodong Xunzhang'
z 8b～10

'昆仑玉' 杜鹃 *R.* 'Kunlun Yu'
z 9～10

'西子妆' 杜鹃 *R.* 'Xizi Zhuang'
z 7b～10

'神州奇' 杜鹃 *R.* 'Shenzhou Qi'
z 7b～10

'真如之月' 杜鹃 R. 'Zhenru Zhiyue'
 9 ～ 10

'五宝绿珠' 杜鹃 R. 'Wubao Lüzhu'
z 8b ～ 10

'天章' 杜鹃 R. 'Tianzhang'
z 8b ～ 10

'孩儿面' 杜鹃 R. 'Hai'er Mian'
z 9 ～ 10

'辉煌' 杜鹃 R. 'Huihuang'
z 7b ～ 10

'春之舞' 杜鹃 R. 'Chun Zhiwu'
z 9 ～ 10

'白佳人' 杜鹃 R. 'Bai Jiaren'
z 9 ～ 10

'儿梦' 杜鹃 R. 'Er Meng'
z 9 ～ 10

'四海波' 杜鹃 R. 'Sihai Bo'
z 9 ～ 10

'雅士' 杜鹃 R. 'Yashi'
z 9 ～ 10

'紫气东升' 杜鹃 R. 'Ziqi Dongsheng'
z 7b ～ 10

'紫秀' 杜鹃 R. 'Zixiu'
z 7b ～ 10

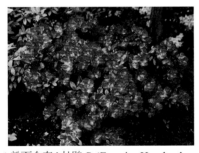

'粉面含春' 杜鹃 R. 'Fenmian Hanchun'
z 9 ～ 10

'哈达' 杜鹃 R. 'Hada'
z 7b ～ 10

'春潮' 杜鹃 R. 'Chunchao'
z 7b ～ 10

'蓝英' 杜鹃 R. 'Lanying'
z 9 ～ 10

'小青莲' 杜鹃 R. 'Xiao Qinglian'
z 8b ～ 10

'狂欢节' 杜鹃 R. 'Kuanghuanjie'
z 9 ～ 10

'白香玉' 杜鹃 R. 'Bai Xiangyu'
z 8b ～ 10

韩国仁川机场杜鹃花和洋水仙小景。

英国邱园日本园低矮的杜鹃花丛。

日本足利花卉园中掩映在各色杜鹃中的小路，小路尽头盛放着紫藤花。

英国爱丁堡植物园杜鹃园落叶杜鹃区，各色杜鹃争奇斗艳。

英国伦敦圣詹姆斯公园各种颜色的杜鹃和宿根植物组成的花境。

欧洲杜鹃园中的高山杜鹃有不同的高度、色彩和花型。

英国 Brodick Castle 花园中路两旁的各种落叶杜鹃与其他园林植物形成层次丰富的植物景观。

欧洲酒店中修剪整齐的杜鹃花篱是春景中的主角。

北方园林中的耐寒杜鹃品种——石岩杜鹃（*R. obtusum*）。

上海滨江森林公园毛鹃、春鹃和唯一能在华东低海拔地区生长的高山杜鹃——云锦杜鹃（*R. fortunei*）组成的群落。

上海滨江森林公园春季杉类植物、鸡爪槭、杜鹃、黄菖蒲等组成的层次丰富的水边植物群落。

常州红梅公园杜鹃（*R. simsii*）和红枫成为春季古典园林里的一抹亮色。

上海植物园杜鹃园春景。

上海植物园杜鹃园展示了各种颜色的杜鹃花。

上海滨江森林公园溪畔红枫、毛鹃、羊踯躅、黄菖蒲组成的色彩对比鲜明的群落。

种植着数十个杜鹃花品种的花园。

杜鹃花育种圃。

华东山区常见的马银花（*R. ovatum*）和杜鹃（*R. simsii*）。

蔷薇属 Rosa
蔷薇科

落叶灌木。常为羽状复叶，互生。果实为瘦果，生于肉质坛状花托内，花有白色、粉色、玫红色、大红色、橙色、黄色等多种，花型亦多，也有一些种和品种秋季红果繁盛，观赏价值高。该种分布于北半球温带和亚热带地区，园艺品种极多。喜光，耐寒，耐旱性较强。

红刺玫 *R.multiflora* var.*cathayensis*
野蔷薇变种　　　**z** 7～10

白玉堂蔷薇 *R. multiflora* var. *alboplena*
野蔷薇变种　　　**z** 7～10

缫丝花 *R.roxburghii* 原种
z 8～10

金樱子 *R.laevigata* 原种
z 8～10

玫瑰 *R.rugosa* 原种，该种有些品种很耐盐碱　　**z** 3～9

木香 *R.banksiae* 原种
z 7～10

黄木香 *R. banksiae* f. *lutea* 木香变
z 7～10

月月红月季 *R. chinensis* 'Slater's Crimson China' 中国传统品种 **z** 5～9

安吉拉月季 *R.* 'Angela' 藤本月季
z 5～9

红梅朗月季 Rosa 'MEImalyna'
z 5～9

甜蜜之梦月季 *R.* 'FRYminicot' 丰花
月季　　　　　**z** 6～9

银禧庆典月季 *R.* 'Silver Jubilee'
z 6～9

路易克莱门兹月季 *R.* 'CLElou'
z 5～9

绿袖子月季 *R.* 'HARlenten'
z 6～9

白钟月季 *R.* 'POUlwhite'
z 6～9

锦囊妙计月季 *R.* 'HORcoffdrop' 现代
藤本月季　　　　**z** 6～9

莫林纽克斯月季 *R.* 'AUSmol'
z 5～9

山田太太月季 *R.* 'Mrs Yamada'
z 6～9

桃乐西威尔逊月季 *R.* 'Dorothy Wilson'：丰花月季　Ⓩ 6～9

埃克赛尔萨月季 R. 'HELexa' 蔓性月季　Ⓩ 5～9

大开眼界月季 R. 'Eyeopener' 匍匐月季　Ⓩ 6～9

金凤凰月季 *R.* 'MEIdresia'　Ⓩ 5～9

粉扇月季 *R.* 'Pink Fan'　Ⓩ 5～9

坦尼克月季 *R.* 'Tineke'　Ⓩ 5～9

加里娃达月季 *R.* 'Gallivarda'　Ⓩ 5～9

香欢喜月季 *R.* 'Perfume Delight'　Ⓩ 5～9

天堂月季 *R.* 'Paradise'　Ⓩ 5～9

希望月季 *R.* 'Kiboh'　Ⓩ 5～9

亚力克红月季 *R.* 'Cored'　Ⓩ 5～9

红双喜月季 *R.* 'ANDeli'　Ⓩ 5～9

摩纳哥公主月季 *R.* 'MEImagarmic'　Ⓩ 5～9

杰斯塔乔伊月季 *R.* 'Just Joey'　Ⓩ 5～9

却可克月季 *R.* 'MEIcloux'　Ⓩ 5～9

火和平月季 *R.* 'MACbo'　Ⓩ 5～9

光谱月季 *Rosa* 'MEIzalitaf'　Ⓩ 5～9

冰山月季 *R.* 'KORbin'　Ⓩ 5～9

迪奥月季 *R.* 'DELdiore'　Ⓩ 5～9

诺瓦利斯月季 *R.* 'KORfriedhar'　Ⓩ 5～9

冰美人月季 R. 'Ice Beauty'
Z 5～9

金绣娃月季 R. 'Golden Baby'
Z 5～9

金太阳月季 R. 'Golden Sun'
Z 5～9

法拉皇后月季 R. 'DELivour'
Z 5～9

巴黎少女月季 R. 'La Parisienne'
Z 5～9

西多乡教士月季 R. 'DELarle'
Z 5～9

莫奈月季 R.'JACdesa'
Z 5～9

蝴蝶夫人月季 R. 'Madam Butterfly'
Z 5～9

橙柯斯特月季 R. 'Orange Koster'
Z 5～9

蟋蟀月季 R. 'Cricket'
Z 5～9

怜悯月季 R. 'Compassion'
Z 5～9

龙沙宝石月季 R. 'MEIviolin'
Z 5～9

仙境月季 R. 'MEIpitac'
Z 5～9

旋转木马月季 R. 'Magic Carrousel'
Z 5～9

上海植物园藤本月季多个品种组成的花墙。

纪念芭芭拉月季 R. 'DELchifrou'
Z 5～9

红色直觉月季 R. 'DELstriro'
Z 5～9

月季既可以作为墙面绿化材料又可以作为地被材料。

上海辰山植物园月季园中质量一流的树状月季。

树状月季列植效果。

树状月季在国外苗圃中的规模化生产场景。

法国莫奈花园中树状月季、芍药与有髯鸢尾、紫罗兰组成的以粉色和蓝紫色为主色调的花境。

在瓜子黄杨绿篱围合的空间里片植丰花月季，这种种植手法在法式园林中很常见。

上海辰山植物园月季园中的月季拱门。

上海华府樟园中式庭院内种植的安吉拉月季和玫瑰竞相盛放。

有些月季品种冬季红果累累，观赏效果好。

接骨木属 *Sambucus*
忍冬科

落叶灌木或小乔木。羽状复叶对生。浆果状核果。该属植物主产于东亚和北美。喜光，耐寒，耐旱。园艺品种大多花叶俱美。

'萨瑟兰金'接骨木 *S.racemosa* 'Sutherland Gold'

金羽接骨木 *S.racemosa* 'Plumosa Aurea'

黑色蕾丝接骨木 *S. nigra* 'Eva'

黑美人接骨木 *S. nigra* 'Gerda'

花叶接骨木 *S. nigra* 'Albomarginata'

金叶接骨木 *S. nigra* 'Aureomarginata'

三种接骨木株形和色彩的对比。

黑色蕾丝接骨木与紫叶美国红栌、灯台树的配植效果。

绣线菊属 *Spiraea*
蔷薇科

落叶灌木。单叶互生，叶缘有齿或裂。花白色或粉色，数朵花集生成伞形花序或伞房花序。果实为蓇葖果。除可观花外，部分品种还具备彩叶或秋色叶效果。该属主产于北温带地区。有一定的耐寒性，耐旱性较强。

 Z 5～9

菱叶绣线菊 S.×*vanhouttei* 高达 2m。叶片菱状卵形至菱状倒卵形，有 3～5 浅裂，故名。花白色，伞形花序。花期 4～5 月。有金叶品种 金色喷泉菱叶绣线菊 S.×*vanhouttei* 'Golden Fountain' Z 5～9

中华绣线菊 *S.chinensis* 高达 3m，枝条开展拱曲。叶菱状卵形至倒卵形。花白色，半球状伞形花序，小花 16～25 朵。花期 5～6 月。 Z 5～10

粉花绣线菊 *S. japonica* 高达 1.5m。叶卵状椭圆形。花粉色，复伞房花序，花期 6～7 月。

金山绣线菊 S.×*bumalda* 'Gold Mound'：高 40～60cm，粉花绣线菊与白花绣线菊 S. *albiflora* 杂交育成。新叶金黄色，后转黄绿色。花粉红色。花期 6～7 月。 Z 7～9

金焰绣线菊 S.×*bumalda* 'Gold Flame'：高 40～60cm。新叶红色至金黄色，夏季转绿色，秋季铜红色。花粉红色。花期 6～7 月。

珍珠绣线菊（喷雪花）*S.thunbergii* 高达 3m，枝条细柔，开展拱曲。叶狭长披针形，秋叶橘红色。花白色，3～5 朵成无总梗的伞形花序，开花时繁花满枝，宛若喷雪，故名。花期 3～4 月。 Z 7～9

麻叶绣线菊 *S.cantoniensis* 高达 2m，枝条细长，开展拱曲。叶菱状披针形或菱状长椭圆形。花白色，半球状伞形花序。花期 5～6 月。 Z 7～9

珍珠绣线菊与连翘相邻种植，同期开花的景象。

金山绣线菊和 金焰绣线菊作地被，秋季叶变色后观赏效果亦佳。

贴梗海棠与珍珠绣线菊花期相同。

两大丛 金山绣线菊种植于台阶尽头的两侧，预示着空间的变化。

垂丝海棠、珍珠绣线菊、红叶石楠、黄金菊组成了一个色彩丰富的群落。

珍珠绣线菊橙红色的秋叶与毛核木紫红色的果实为秋季增添了色彩。

丁香属 *Syringa*
木犀科

落叶灌木或小乔木。单叶对生，罕羽状裂或羽状复叶。花萼、花冠各4裂，花多紫色或白色，花具浓郁芳香，花期4～6月。蒴果。该属植物产于欧洲和亚洲，园艺品种多。喜光，耐寒，不耐热。

紫丁香 *S. oblata* 圆锥花序，花淡紫色。

朝阳丁香 *S. oblata* subsp. *dilatata* 圆锥花序，花冠有紫、白二色。

'香雪'丁香 *S. oblata* 'Xiang Xue' 圆锥花序，花白色，具2～3层花瓣。

'紫云'丁香 *S. oblata* 'Zi Yun' 圆锥花序，花淡紫色，具2层花瓣。

布氏丁香 *S.* × *hyacinthiflora* 'Pocahontas' 圆锥花序，花深紫色，随着花的开放花色逐渐变淡。

'波峰'丁香 *S. oblata* 'Buffon' 花淡紫或粉紫色，单瓣，花冠较大，花序疏松。

花叶丁香 *S.* × *persica*：圆锥花序，花冠淡紫色。

'金园'北京丁香 *S. reticulata* subsp. *pekinensis* 'Jin Yuan' 圆锥花序，花黄色。

'什锦'丁香 *S.×chinensis* 圆锥花序侧生，花冠淡紫色或粉红色。

'罗兰紫'丁香 *S. oblata* 'Luolan Zi' 大型圆锥花序，花蓝紫色，2～3层重瓣花。

'四季蓝'丁香 *S. meyeri* 'Siji Lan' 花淡粉色至淡紫色。

紫丁香、白丁香、连翘和贴梗海棠组成的色彩丰富的植物组团。

紫丁香点缀于人工瀑布水系边上，树形飘逸，摇曳生姿。

丁香和海棠都是华北春季最具观赏价值的植物。

锦带花属 *Weigela*
忍冬科

落叶小灌木，枝条开展。叶椭圆形或卵状椭圆形。花冠漏斗状钟形。花期4～6月。原产东亚。喜光，耐半阴，耐寒，耐干旱瘠薄。部分园艺品种花叶俱美。

☀ ❄ 💧 🌿 Ⓩ 5～9

花叶锦带花 *W. florida* 'Variegata' 叶缘乳白色或浅黄色，花粉色。

紫叶锦带花 *W. florida* 'Follia Purpureis' 叶紫红色，花粉色。

金亮锦带花 *W. florida* 'Gold Rush' 叶金黄色，花胭脂红色。

粉公主锦带花 *W. florida* 'Pink Princess' 花粉色。

红王子锦带花 *W. florida* 'Red Prince' 花鲜红色。

奥博尔锦带花 *W. florida* 'Abel Carrière' 花深粉色。

上海华府樟园中 金亮锦带花、粉公主锦带花与毛鹃、小丑火棘、玉簪组成的中下层植物组团。

上海华府樟园中盛花的金亮锦带花垂向水面。

中国科学院北京植物园在园路边列植的奥博尔锦带花。

丝兰属 *Yucca*
百合科

常绿灌木。茎不分枝或少分枝。叶狭长剑形，丛生。花杯状，下垂，花被片乳白色，在花茎顶端组成圆锥花序。蒴果。原产美洲。

凤尾兰 *Y. gloriosa* 叶硬直，无丝。
Ⓩ 7～11

金边凤尾兰 *Y. gloriosa* 'Variegata' 叶硬直，无丝，叶缘有金边。　Ⓩ 8～11

千手丝兰 *Y. aloifolia* 叶面凹，叶缘粗糙，无丝。
Ⓩ 8～11

金边千手丝兰 *Y. aloifolia* 'Marginata' 叶面凹，叶缘粗糙，有金边，无丝。冬季受冻后叶片转红色。
Ⓩ 8～11

匙叶丝兰 *Y. filamentosa* 叶上部边缘内卷呈匙形，有卷曲白丝。

金边匙叶丝兰 *Y. filamentosa* 'Bright Edge' 叶上部边缘内卷呈匙形，叶有金边，有丝。　Ⓩ 8～11

金心匙叶丝兰 *Y. filamentosa* 'Color Guard' 叶上部边缘内卷呈匙形，叶中央有金色条纹，有丝。
Ⓩ 8～11

金边匙叶丝兰剑形叶的外形令其在花境中极其醒目。

金边千手丝兰与修剪成球形的红花玉芙蓉在外形上形成十分有趣的对比。

带主干的 金边千手丝兰外形特异，与棕榈科植物上下搭配较为协调。

第三节 藤本类

叶子花属 *Bougainvillea*
紫茉莉科

常绿藤本或灌木。单叶互生，卵形。茎具刺。叶状苞片极具观赏价值，椭圆形，呈单瓣或重瓣状，颜色鲜艳，色彩丰富，有红色、黄色、紫色、白色等。花3朵簇生于苞片内。观赏期近乎全年。有彩叶品种。原产南美洲和中美洲。喜温暖、湿润和阳光充足的环境，耐热，不耐寒。生性强健，耐干旱和瘠薄。

  Z 9b～11

粉粧光叶子花 *B.glabra* 'Eva' 叶缘有银白色斑块。花苞片浅紫色。

银斑白花光叶子花 *B.glabra* 'Alba Variegata' 叶边缘带银白色斑块。花苞片纯白色。

金斑浅紫光叶子花 *B. peruviana* 'Mrs H. C. Buck' 叶缘带金黄色斑块。花苞片呈浅紫色。

茄色光叶子花 *B. glabra* 'Mrs Eva' 叶形较大。花苞片呈茄紫色。

双色秘鲁叶子花 *B.peruviana* 'Mary Palmer' 叶翠绿色。花苞片红白双色花或单苞双色，芽心和幼叶呈淡红色。枝条柔软。

宫粉秘鲁叶子花 *B.peruviana* 'Mrs.H.C.Buck' 苞片先端渐尖，白里带红，呈宫粉色。

金心秘鲁叶子花 *B.peruviana* 'Thimma' 叶近主脉处有金黄色斑块，叶外缘绿色。花苞片呈红白双色或单苞双色。枝条柔软。

大红叶子花 *B.spectabilis* 'Crimsonlake' 叶大且厚，深绿无光泽。花苞片近圆形，大红色。

砖红叶子花 *B.spectabilis* 'Lateritia' 苞片砖红色，急尖。

大花深紫叶子花 *B.spectabilis* 'Speciosa' 叶厚且大。花苞片深紫色。

金斑白花叶子花 *B.spectabilis* 'White Stripe' 叶周缘带奶油色斑块。花苞片纯白色。

西施杂种叶子花 *B.× buttiana* 'Cherry Blossom'
重苞，苞片底部白色，顶端带红紫色的粉红色。

黄锦杂种叶子花 *B.× buttiana* 'Doubloon'
重苞，苞片橙黄色，有时逆变为红色。

塔紫杂种叶子花 *B.× buttiana* 'Helen Johnson' 叶形较小，革质，束生在枝条上成塔形。花苞片紫红色，花型较小，紧密成团状，聚生在枝条顶端。

怡红杂种叶子花 *B.× buttiana* 'Los Banos Beauty'
重苞，苞叶初呈白色，后为浅妆粉红色，有时逆变为红色。

重瓣大红杂种叶子花 *B.× buttiana* 'Marietta'
花苞片呈重瓣大红，花凋谢后，花苞片不会脱落。

皱叶深红杂种叶子花 *B.× buttiana* 'Scarlet Queen Variegated' 叶缘带乳白色斑块，叶缘皱卷呈波状。花苞片呈深红色。

柠檬黄杂种叶子花 *B.× buttiana* 'Mrs McLean'
苞片浅黄色，先端急尖，基部心形，整苞近圆形。

叶子花用于花架绿化。

叶子花株形飘逸，可应用于水边。

叶子花是华南地区立交桥垂直绿化中很重要的植物。

叶子花整形修剪后作为花廊，观赏效果很好。

将叶子花固定在建筑墙面形成的墙面绿化。

铁线莲属 *Clematis*
毛茛科

落叶藤木。叶对生。萼片花瓣状，有白色、粉红色、红色、紫色等。瘦果，通常宿存羽毛状花柱。大多数种类喜石灰土，不耐干旱，亦不耐涝。部分品种很耐寒。品种可分为早花大花型、晚花大花型、意大利型、德克萨斯型、单叶型、长瓣型、华丽杂交型、常绿型、卷须型、威灵仙型、西藏型、佛罗里达型等多个类型。

白王冠铁线莲 *C.* 'Hakaookan' 早花大花型
z 4～9

波罗的海铁线莲 *C.* 'Baltyk' 早花大花型
z 4～9

丹尼尔铁线莲 *C.* 'Daniel Deronda' 早花大花型
z 4～9

帝王红铁线莲 *C.* 'Rüütel' 早花大花型
z 4～9

杜上尉铁线莲 *C.* 'Capitaine Thuilleaux' 早花大花型
z 4～9

皇帝铁线莲 *C.* 'Kaiser' 早花大花型
z 4～9

拉夫蕾铁线莲 *C.* 'Countess of Lovelace' 早花大花型
z 4～9

普鲁吐斯铁线莲 *C.* 'Proteus' 早花大花型
z 4～9

水晶喷泉铁线莲 *C.* 'Crystal Fountain' 早花大花型
z 4～9

沃金美女铁线莲 *C.* 'Belle of Woking' 早花大花型
z 4～9

仙女座铁线莲 *C.* 'Andromeda' 早花大花型
z 4～9

小美人鱼铁线莲 C. 'Little Mermaid' 早花大花型
Z 4～9

小鸭铁线莲 C. 'Piilu' 早花大花型
Z 4～9

玉髓铁线莲 C. 'Chalcedony' 早花大花型
Z 4～9

约瑟芬铁线莲 C. 'Josephine' 早花大花型
Z 4～8

月光铁线莲 C. 'Moonlight' 早花大花型
Z 4～9

包查德铁线莲 C. 'Comtesse de Bouchaud' 晚花大花型
Z 4～9

玛格丽特铁线莲 C. 'Margaret Hunt' 晚花大花型
Z 3～9

如梦铁线莲 C. 'Hagley Hybrid' 晚花大花型

乌托邦铁线莲 C. 'Utopia' 晚花大花型
Z 5～9

迈克莱特铁线莲 C. 'Mikelite' 意大利型
Z 3～9

薇尼莎铁线莲 C. 'Venosa Violacea' 意大利型
Z 4～9

戴安娜公主铁线莲 C. 'Princess Diana' 德克萨斯型
Z 5～9

舞池铁线莲 C. 'Odoriba' 德克萨斯型
ⓩ 6～9

浅紫罗兰铁线莲 C. 'Bluish Violet' 单叶型
ⓩ 4～9

紫铃铛铁线莲 C. 'Rooguchi' 单叶型
ⓩ 4～9

杜兰铁线莲 C. 'Durandii' 单叶型
ⓩ 4～9

白色高压铁线莲 C. 'Albina Plena' 长瓣型
ⓩ 3～9

小精灵铁线莲 C. 'Forsteri Pixie' 常绿型
ⓩ 6～9

银币铁线莲 C. 'Cartmanii Joe' 常绿型
ⓩ 7～9

幻紫铁线莲 C. 'Sieboldii' 佛罗里达型
ⓩ 6～9

华沙女神铁线莲 C. 'Warszawska Nike' 早花大花型　ⓩ 4～9

丰富铁线莲 C. 'Abundance' 意大利型　ⓩ 4～9

钻石球铁线莲 C. 'Diamond Ball' 早花大花型　ⓩ 4～9

铁线莲拱廊

铁线莲作为垂直绿化，在铸铁栏杆上盛放的场景

紫藤属 *Wisteria*
豆科

重要的园林落叶观花藤本。羽状复叶互生。总状花序顶生，下垂。花蝶形，芳香，花有白色、粉红色、紫色等，花序有长有短，最长可达1.8m以上。原产东亚、北美及大洋洲，园艺品种较多。喜光，耐寒，耐旱，不耐涝。

紫藤 *W. sinensis*

玫瑰多花紫藤 *W. floribunda* 'Rosea'

长穗多花紫藤 *W. floribunda* 'Macrobotrys'

紫水晶紫藤 *W. frutescens* 'Amethyst Falls'

丰花紫藤 *W. sinensis* 'Prolific'

重瓣多花紫藤 *W. floribunda* 'Violacea plena'

长穗白多花紫藤 *W. floribunda* 'Longissima Alba'

蓝月紫藤 *W. macrostachya* 'Blue Moon'

日本足利花卉园中白色的树状多花紫藤与姹紫嫣红的石岩杜鹃上下辉映。

日本足利花卉园中各种花色的石岩杜鹃与多花紫藤同期盛开，蔚为壮观。

日本足利花卉园中近景的羽扇豆、大花飞燕草与中景的红色杜鹃、紫色树状多花紫藤，远景的白色紫藤、绿树组成了斑斓的画卷。

小路左边白色的紫藤和红色的杜鹃上下呼应，小路右边粉色的杜鹃和紫色的紫藤争奇斗艳，可以看出设计者对植物配色的考究。

上海嘉定紫藤公园廊架上多花紫藤修长纤美的花序密密的垂下，场景壮观而华丽。

将白色紫藤品种固定在墙面形成的垂直绿化。

第四节 草本类

美人蕉属 *Canna*
美人蕉科

多年生草本。高可达 1.5～2m。叶卵状长圆形。花色有红色、粉红色、橙色、黄色、白色等多种。花期6～8月,南亚热带地区可周年开花。园艺品种花及叶有各种色彩及条纹的变化。部分种类耐水湿,大部分种类不耐寒。

粉花美人蕉 *C. glauca*
高 1.5～2m。叶宽大,卵形或卵状长圆形。花粉色,花期6～8月。耐水湿,在浅水中生长良好。

金线美人蕉 *C.×generalis* 'Striatus' 高 1.5～2m。叶宽大,卵形或卵状长圆形,叶脉金黄色,叶缘具红边。花橘黄色,花期6～8月。

红线美人蕉 *C.×generalis* 'Tropicana'
高约1m。叶宽大,卵形或卵状长圆形,叶暗紫色,镶嵌绿、黄、红、粉红等各色条纹。花橘黄色,花期6～8月。

z 8～11

紫叶美人蕉 *C.×generalis* 'America' 高约1m。叶宽大,卵形或卵状长圆形,叶紫色至古铜色。花橘黄色,花期6～8月。

z 8～11

金线美人蕉沿道路列植,在春夏之交十分壮观。

广玉兰的圆形树穴中用 紫叶美人蕉覆盖。

紫叶美人蕉与矮生美人蕉形成高低错落的层次。

漂浮在水中的生态浮岛上可以种植各种美人蕉品种。

萱草属 *Hemerocallis*
百合科

多年生宿根草本。叶条状披针形。顶生圆锥花序，花筒状漏斗形，上部裂为6片，向下翻卷。园艺栽培品种极多。主要花色有红色、黄色、橙色、粉红色等。花期5～7月。喜阳，耐半阴，耐寒，耐旱。

 Z 6～9

金娃娃萱草 *H.* 'Stella de Oro'

绚丽萱草 *H.* 'Radiant'

红运萱草 *H.* 'Baltimore Oriole'

漂亮女士萱草 *H.* 'Saucy Lady'

非洲萱草 *H.* 'Africa'

阿帕奇萱草 *H.* 'Apache War Dance'

黑莓龙萱草 *H.* 'Blackberry Dragon'

燃烧的灯芯萱草 *H.* 'Blazing Lamp Sticks'

宇宙女王萱草 *H.* 'Cosmo Queen'

玩笑萱草 *H.* 'Fooled Me'

忘却的梦境萱草 H. 'Forgotten Dreams'

海尔范萱草 H. 'Frans Hals'

最后接触萱草 H. 'Final Touch'

节日愉快萱草 H. 'Holiday Delight'

等边三角形萱草 H. 'Isosceles'

克里斯托山萱草 H. 'Sangre de Cristo'

帝王蟹萱草 H. 'King Crab'

海马萱草 H. 'Sea Horse'

西罗亚萱草 H. 'Siloam Ruby Christie'

西罗亚重瓣萱草 H. 'Siloam Double Classic'

酷暑萱草 H. 'Sultry Summer'

瑞丽塔萱草 H. 'Trahlyta'

常绿萱草 H. × hybrida

萱草在林缘形成花带。

萱草沿路种植形成花带。

萱草种植于红花檵木桩下，沿路缘形成花带。

萱草与其他宿根植物配植形成各种色彩和质感的对比。

金娃娃萱草种植于树池中，生长良好。

萱草在池塘、河道旁边片植形成的花带。

大花萱草种植于树穴。

萱草应用于花境中。

萱草应用于岩石园中。

萱草与紫娇花片植形成的花海效果。

片植的红运萱草与花叶玉簪形成对比。

居住区入口两边各布置了一片萱草形成的对称式种植。

红花的萱草与白色的矮篱色彩对比强烈。

朱顶红属 *Hippeastrum*
石蒜科

多年生球根花卉，具鳞茎。叶6～8枚，花后抽出，鲜绿色，带状。花茎中空，稍扁，花2～4朵，花被裂片长圆形，顶端尖，花形似喇叭，花期由冬末至春天，有时可延至初夏。花有白色、淡红色、玫红色、橙红色、大红色等，有的品种具有各式条纹。原生种和园艺栽培品种多达1000种以上。

  9～10

朋友朱顶红 *H.* 'Amigo'

自由者朱顶红 *H.* 'Liberty'

本菲卡朱顶红 *H.* 'Benfica'

红狮 *H.* 'Red Lion'

至尊天鹅绒 *H.* 'Royal Velvet'

小丑朱顶红 *H.* 'Clown'

'米纳瓦' *H.* 'Minerva'

桑巴 *H.* 'Samba'

苹果花 *H.* 'Apple Blossom'

波利舞曲 *H.* 'Bolero'

法罗 *H.* 'Faro'

苏珊 *H.* 'Susan'

维拉 *H.* 'Vera'

马特洪峰 *H.* 'Matterhorn'

长野 *H.* 'Nagano'

娜佳 *H.* 'Naranja'

女神 *H.* 'Aphrodite'

舞蹈皇后朱顶红 H. 'Dancing Queen'

双迹 H. 'Double Record'

帕萨迪纳 H. 'Pasadena'

'花边石竹' H. 'Picotee'

宝石 H. 'Jewel'

樱桃妮芙朱顶红 H. 'Cherry nymph'

花孔雀朱顶红 H. 'Blossom Peacock'

魅力四射 H. 'Charisma'

柠檬 H. 'Lemon Lime'

童话 H. 'Fairy Tale'

大力神朱顶红 H. 'Hercules'

雷诺娜朱顶红 H. 'Rilona'

祖母绿 H. 'Emerald'

法拉利 H. 'Ferrari'

橙色赛维朱顶红 H. 'Orange Souvereign'

白肋朱顶红 H. reticulatum 'Striati-*folium'

多瑙河朱顶红 H. 'Donau'

路德维希 H. 'Ludwig Dazzler'

朱顶红作为地被材料在园林中的应用效果。

玉簪属 *Hosta*
百合科

多年生宿根草本。叶卵状心形、卵形或卵圆形，叶有多种大小、花纹或颜色。顶生总状花序，花白色或紫色，筒状漏斗形，芳香。花期6～9月。园艺品种众多，2011年英国皇家园艺学会共记载了39种1673个品种。耐寒，喜阴，大部分不耐强光照射。

☀ ❄ Ⓩ 3～9

紫萼 *H. ventricosa*

玉簪 *H. plantaginea*

甜心玉簪 *H.* 'Sweet Heart'

金王冠玉簪 *H.* 'Golden Tiara'

地主玉簪 *H.* 'Ground Master'

金色年华玉簪 *H.* 'Golden Age'

法兰西玉簪 *H.* 'Francee'

鳄梨玉簪 *H.* 'Avocado'

蓝天使玉簪 *H.* 'Blue Angel'

橘子酱玉簪 *H.* 'Orange Marmlade'

八月月光玉簪 *H.* 'Agust Moon'

八月美人玉簪 *H.* 'August Beauty'

蓝色钻石玉簪 *H.* 'Blue Diamond'

翡翠皇冠玉簪 *H.* 'Emerald Tiara'

金旗玉簪 *H.* 'Gold Standard'

六月玉簪 *H.* 'June'

小明玉簪 *H.* 'Little Ming'

莫尔海姆玉簪 H. 'Moerheim'

太平洋蓝边玉簪 H. 'Pacific Blue Edger'

糖和奶油玉簪 H. 'Sugar and Cream'

白心波叶玉簪 H. 'Undulata Univittata'

蓝杯玉簪 H. 'Blue Cup'

翠鸟玉簪 H. 'Halcyon'

爱国者玉簪 H. 'Patriot'

远大前程玉簪 H. 'Great Expectations'

巨无霸玉簪 H. 'Sum and Substance'

山谷冰川玉簪 H. 'Valley's Glacier'

白边波叶玉簪 H. 'Undulata Albomarginata'

边境街道玉簪 H. 'Border Street'

初霜玉簪 H. 'First Frost'

中国科学院北京植物园林下带状种植的玉簪专类园。

蓝色的玉簪与红色的槭树形成绝妙的配色。

蓝色的玉簪成为花境中的焦点植物。

浙江虹越金筑园中的玉簪花园，地面覆盖松树皮以避免土壤裸露。

香樟和广玉兰林下片植了 甜心玉簪。

玉簪具备耐水湿的特性，可以与喜湿的蕨类及报春花类植物一起种植于溪流两岸。

玉簪耐水湿，紧挨溪流岸边种植生长良好。

玉簪作为地被植物，收边效果整齐且富于视觉变化。

玉簪在园路做收边的地被植物。

玉簪是林地花园不可或缺的角色。

几大丛玉簪对植于道路两侧，将游人引向通向森林的幽深小径。

花菖蒲类 *Iris ensata*
鸢尾科鸢尾属

又称玉蝉花，多年生湿生观花草本。叶条形，高 0.5～0.8m，中脉明显而突出。花有蓝紫色、黄色、红色、白色等，斑点及花纹变化甚大，单瓣至重瓣，花期5～6月。以日本栽培最盛，已育出100多个园艺品种。

     Z 5～9

'初鸟'花菖蒲

'姬镜'花菖蒲 *I. ensata* 'Hime-kagami'

'菅生川'花菖蒲 *I. ensata* 'Sugougawa'

'华紫'花菖蒲 *I. ensata* 'Hanamurasaki'

'长井古丽人'花菖蒲 *I. ensata* 'Nagai-koreijin'

'青根'花菖蒲 *I. ensata* 'Aone'

花叶花菖蒲 *I. ensata* 'Variegata'

'雾峰'花菖蒲 *I. ensata* 'Kirigamine'

'雪且见'花菖蒲 *I. ensata* 'Yukikatsumi'

'桃霞'花菖蒲 *I. ensata* 'Momo-gasumi'

'里樱'花菖蒲 *I. ensata* 'Satozakura'

'爱知之辉'花菖蒲 *I. ensata* 'Aichi-no-kagayaki'

'乙女卡'花菖蒲 *I. ensata* 'Otometouge'

'新滨扇'花菖蒲 *I. ensata* 'Shin-hamaogi'

'扬羽'花菖蒲 *I. ensata* 'Ageba'

'吾妻镜' 花菖蒲 *I. ensata* 'Azuma-kagami'

花菖蒲在湿地生长良好。

不同花色的花菖蒲片植效果。

3种不同颜色的花菖蒲在水际湿地盛开。

无锡鼋头渚公园花菖蒲园中，花菖蒲盛放场景。

路易斯安那鸢尾类 Louisiana Irises
鸢尾科鸢尾属

又称彩虹鸢尾，是一个天然杂种。多年生常绿草本。叶翠绿，剑形。花型奇特，花色丰富，有蓝紫色、橙黄色、红色、白色、复色等，花期5～6月。园艺品种较多。喜湿也耐干旱，但湿地生长明显比旱地生长情况良好，在浅水生境生长健壮。在长江流域冬季叶可保持翠绿。

   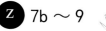

手牵手彩虹鸢尾 I. 'Hand in Hand'

深蓝彩虹鸢尾 I. 'Seriously Blue'

瑞特彩虹鸢尾 I. 'Rhedt'

孤星彩虹鸢尾 I. 'Lone Star'

可爱彩虹鸢尾 I. 'Likeable'

海波彩虹鸢尾 I. 'Sea Wisp'

天堂彩虹鸢尾 I. 'Good Heavens'

卡斯佩斯彩虹鸢尾 I. 'Canjun Caspers'

小恶魔彩虹鸢尾 I. 'Hey Little Devil'

色彩彩虹鸢尾 I. 'Colorific'

怀希婚礼彩虹鸢尾 I. 'Waihi Wedding'

劳拉路易斯彩虹鸢尾 I. 'Laura Louise'

一夜成名彩虹鸢尾 I. 'Overnight Success'

精致蕾丝彩虹鸢尾 I. 'Dainty Lace'

阳光和冲浪彩虹鸢尾 I. 'Sun and Surf'

黑 色 斗 鸡 彩 虹 鸢 尾 I. 'Black Gamecock'

混合蜂蜜彩虹鸢尾 I. 'Honey Jumble'

艾达摩根彩虹鸢尾 I. 'Ada Morgan'

雷鸣之夜彩虹鸢尾 I. 'Night Thunder'

白色希望彩虹鸢尾 I. 'Great White Hope'

在长江流域，彩虹鸢尾在冰雪的覆盖下仍能保持常绿。

彩虹鸢尾苗圃种植情况。

色彩彩虹鸢尾片植，景象十分壮观。

上海辰山植物园不同色彩的彩虹鸢尾片植水边。

彩虹鸢尾柔化了驳岸线条的生硬感，红色和紫色的花朵为园林增添了一抹亮色。

有髯鸢尾 Bearded Irises
鸢尾科鸢尾属

垂瓣上有髯毛的鸢尾品种的统称，近代花卉园艺中发展迅速、花型花色变化惊人、园艺品种增加迅速的一类观赏植物。多年生草本。叶剑形，灰绿色。花色多，由白色至雪青色，玫红色至紫红色，或由淡黄色经黄色、橙色至褐红色，或由淡蓝色经蓝色至深紫黑色，并有花边、垂瓣旗瓣异色等色彩变化。耐寒性强，耐旱怕涝。有髯鸢尾花期多在春季，部分品种在秋季有二次开花现象。

 Z 4～9

要塞鸢尾 *I.* 'Alcazar'

再享天福鸢尾 *I.* 'Blessed Again'

血石鸢尾 *I.* 'Bloodstone'

魂断蓝桥鸢尾 *I.* 'Blue Staccato'

金娃娃鸢尾 *I.* 'Brassie'

幻光鸢尾 *I.* 'Bright Vision'

法国回声鸢尾 *I.* 'Echo de France'

全佳鸢尾 *I.* 'Everything Plus'

赫氏蓝鸢尾 I. 'Halston'

杰尼粉鸢尾 I. 'Jennifer Rebecca'

短梦鸢尾 I. 'Little Dream'

黄链鸢尾 I. 'Zipper'

音箱鸢尾 I. 'Music Box'

春舞鸢尾 I. 'Spring Dancer'

笛声鸢尾 I. 'Tantara'

大都会鸢尾 I. 'Metropolitan'

紫托白鸢尾 I. 'Making Eyes'

黄与蓝鸢尾 I. 'Edith Wolford'

不朽白鸢尾 I. 'Immortality' 二次开花鸢尾品种

粉珍宝鸢尾 I. 'Precious Little Pink' 二次开花鸢尾品种

荞麦黄鸢尾 I. 'Buckwheat' 二次开花鸢尾品种

小黄鸢尾 I. 'Zowie'

朦蓝鸢尾 I. 'Sleep Time'

爱尔兰国家植物园多个有髯鸢尾品种组成的花带。

小路两侧的有髯鸢尾花带。

竹芋科 Marantaceae

多年生常绿草本。叶基生或茎生，叶片宽阔，常具美丽的色彩和斑纹。花序有圆锥花序、总状花序，或呈头状及球果状。最常见的竹芋科植物有 4 大类：*Calathea*（肖竹芋）、*Ctenanthe*（锦竹芋）、*Maranta*（竹芋）和 *Stromanthe*（卧花竹芋）。该属主产美洲热带，少数产非洲热带。喜半阴和高温多湿的环境。

 Z 10 ～ 11

箭羽竹芋 *Calathea insignis*

红背竹芋 *Stromanthe sanguine*

帝王罗氏竹芋 *Calathea louisae* 'Emperor'

绿羽竹芋 *Calathea majestica*

玫瑰竹芋 *Calathea roseopicta*

飞羽竹芋 *Calathea setosa*

方角肖竹芋 *Calathea stromata*

绒叶肖竹芋 *Calathea zebrina*

浪星竹芋 *Calathea rufibarba* 'Wavestar'

孔雀竹芋 *Calathea makoyana*

豹纹竹芋 *Maranta leuconeura*

竹芋点缀山石，姿态飘逸。

彩虹紫背竹芋 Stromanthe sanguinea 'Tricolor' 和玫瑰竹芋、金边虎尾兰、变叶木、星点藤组成的建筑角隅的小景。

竹芋作为地被植物，色彩鲜艳，质感细腻密实。

以竹芋类为主的一组宿根观叶植物组合。

莲类 *Nelumbo nucifera*
莲科莲属

著名水生花卉，多年生浮水植物。叶二型，浮水叶圆形或卵形，基部具弯缺，沉水叶薄膜质。花大，美丽，浮在水面或高出水面。花色有红色、黄色、白色、蓝色、紫色、粉色、橙色等。睡莲的最佳种植水深一般为 50～70cm。睡莲分两个生态类型，耐寒睡莲和热带睡莲。耐寒睡莲没有蓝色和蓝紫色花的品种，花期一般在 6～10 月间。热带睡莲花色全，且常年开花。

   4 ～ 11

'重瓣一丈青'莲 *N. nucifera* 'Chongban Yizhangqing'

'嵊县碧莲'*N. nucifera* 'Shengxian Bilian'

'碧云'莲 *N. nucifera* 'Bi Yun'

'江南春'莲 *N. nucifera* 'Jiangnan Chun'

'金玉满堂'莲 *N. nucifera* 'Jinyu Mantang'

'秋色'莲 *N. nucifera* 'Qiu Se'

'白兰媚'莲 *N. nucifera* 'Bailan Mei'

'白衣天使'莲 *N. nucifera* 'Baiyi Tianshi'

'茉莉莲'*N. nucifera* 'Moli Lian'

'冰娇'莲 *N. nucifera* 'Bing Jiao'

'秋水长天'莲 *N. nucifera* 'Qiushui Changtian'

'大洒锦'莲 *N. nucifera* 'Dasajin'

'云锦'莲 *N. nucifera* 'Yunjin'

'醉梨花'莲 *N. nucifera* 'Zui Lihua'

'舞妃莲'*N. nucifera* 'Wufei Lian'

'锦霞'莲 *N. nucifera* 'Jin Xia'

'披针红'莲 *N. nucifera* 'Pizhen Hong'

'小精灵'莲 *N. nucifera* 'Xiao Jingling'

'红飞天'莲 N. nucifera 'Hong Feitian'

'丽质芳姿'莲 N. nucifera 'Lizhi Fangzi'

'东方明珠'莲 N. nucifera 'Dongfang Mingzhu'

'中山红台'莲 N. nucifera 'Zhongshan Hongtai'

'西湖红莲'N. nucifera 'Xihu Honglian'

'湘莲'N. nucifera 'Xiang Lian'

'红霞'莲 N. nucifera 'Hongxia'

'红灯高照'莲 N. nucifera 'Hongdeng Gaozhao'

'红牡丹'莲 N. nucifera 'Hong Mudan'

'瑰丽'莲 N. nucifera 'Guili'

'蟹爪红'莲 N. nucifera 'Xiezhao Hong'

'红颜滴翠'莲 N. nucifera 'Hongyan Dicui'

'飞虹'莲 N. nucifera 'Fei Hong'

'国庆红'莲 N. nucifera 'Guoqing Hong'

'红樱桃'莲 N. nucifera 'Hong Yingtao'

'尼赫鲁莲'N. nucifera 'Nihelu Lian'

广州珠江公园茶室木平台前水杉、水松、水竹芋、荷花等水生湿生植物组成的植物群落。

荷花片植效果。

睡莲属 *Nymphaea*
莲科

著名水生花卉，多年生浮水植物。叶二型，浮水叶圆形或卵形，基部具弯缺，沉水叶薄膜质。花大，美丽，浮在水面或高出水面。花色有红色、黄色、白色、蓝色、紫色、粉色、橙色等。睡莲的最佳种植水深一般为 50～70cm。睡莲分 2 个生态类型，耐寒睡莲和热带睡莲。耐寒睡莲没有蓝色和蓝紫色花的品种，花期一般在 6～10 月间。热带睡莲花色全，且常年开花。

  Z 3～12

白仙子睡莲 *N.* 'Gonnère' 耐寒睡莲

'白鹤' 睡莲 *N.* 'Bai He' 耐寒睡莲

格劳瑞德睡莲 *N.* 'Gloire du Temple-sur-Lot' 耐寒睡莲

玫瑰睡莲 *N.* 'Marliacea Rosea' 耐寒睡莲

'娇娇' 睡莲 *N.* 'Jiao Jiao' 耐寒睡莲

彼得睡莲 *N.* 'Peter Slocum' 耐寒睡莲

粉牡丹睡莲 *N.* 'Pink Peony' 耐寒睡莲

霞光睡莲 *N.* 'Pink Sunrise' 耐寒睡莲

'锦绣' 睡莲 *N.* 'Jin Xiu' 耐寒睡莲

'丹心' 睡莲 *N.* 'Dan Xin' 耐寒睡莲

'独秀' 睡莲 *N.* 'Du Xiu' 耐寒睡莲

伊丽莎白公主睡莲 *N.* 'Princess Elizabeth' 耐寒睡莲

'纯情' 睡莲 *N.* 'Chun Qing'：耐寒睡莲

'赤子之心' 睡莲 *N.* 'Chizi zhi Xin' 耐寒睡莲

'彩霞' 睡莲 *N.* 'Cai Xia' 耐寒睡莲

'赛菊' 睡莲 *N.* 'Sai Ju' 耐寒睡莲

斯塔芬睡莲 N. 'Staven Strawn' 耐寒睡莲

'霞妃' 睡莲 N. 'Xia Fei' 耐寒睡莲

伦勃朗睡莲 N. 'Rembrandt' 耐寒睡莲

壮丽睡莲 N. 'Splendida' 耐寒睡莲

红雷克睡莲 N. 'Laydekeri Fulgens' 耐寒睡莲

奥毛斯特睡莲 N. 'Almost Black' 耐寒睡莲

苏人睡莲 N. 'Sioux' 耐寒睡莲

孟加勒睡莲 N. 'Mangala-Ubon' 耐寒睡莲

科罗拉多睡莲 N. 'Colorado' 耐寒睡莲

'万维莎' 睡莲 N. 'Wanvisa' 耐寒睡莲

德克萨斯睡莲 N. 'Texas Dawn' 耐寒睡莲

黄乔伊睡莲 N. 'Joey Tomocik' 耐寒睡莲

巨花睡莲 Nymphaea gigantea 热带睡莲

泰国之星睡莲 N. 'Star of Siam' 耐寒睡莲

狐火睡莲 N. 'Fox Fire' 热带睡莲

蓝蜘蛛睡莲 N. 'Blue Spider' 热带睡莲

'毕家蓝星'睡莲 *N.* 'Bijia Lanxing'：热带睡莲

泰国皇后睡莲 *N.* 'Queen of Siam'：热带睡莲

'祖修红'睡莲 *N.* 'Zuxiu Hong'：热带睡莲

'华昌'睡莲 *N.* 'Hua Chang'：热带睡莲

安塔丽娅睡莲 *N.* 'Antares'：热带睡莲

卡拉的阳光睡莲 *N.* 'Carla's Sunshine'：热带睡莲

睡莲应用于中式园林中。

睡莲可以打破大片水面的单调感。

芍药 *Paeonia lactiflora*
芍药科芍药属

多年生草本花卉。在中国古代被誉为"花相"。二回三出羽状复叶互生。花瓣呈倒卵形，5～13枚，原种花白色。园艺品种花色丰富，有白色、粉色、红色、紫色、黄色、绿色、深紫色和复色等，花径10～30cm，花瓣可达上百枚。芍药花期5～6月。喜肥，喜侧方遮阴，耐旱，不耐涝。

'百花园' 芍药 *P. lactiflora* 'Baihua Yuan'

'长颈红' 芍药 *P. lactiflora* 'Changjing Hong'

'嫦娥' 芍药 *P. lactiflora* 'Chang'e'

'大红袍' 芍药 *P. lactiflora* 'Dahong Pao'

'粉银针' 芍药 *P. lactiflora* 'Fen Yinzhen'

'海棠红' 芍药 *P. lactiflora* 'Haitang Hong'

'红艳飞霜' 芍药 *P. lactiflora* 'Hongyan Feishuang'

'花二乔' 芍药 *P. lactiflora* 'Hua Erqiao'

'莲台' 芍药 *P. lactiflora* 'Lian Tai'

'柳叶红' 芍药 *P. lactiflora* 'Liuye Hong'

'茄紫幻彩' 芍药 P. lactiflora 'Qiezi Huancai'

'沙金冠顶' 芍药 P. lactiflora 'Shajin Guanding'

'冰清' 芍药 P. lactiflora 'Bing Qing'

'双菱紫' 芍药 P. lactiflora 'Shuangling Zi'

'杨妃出浴' 芍药 P. lactiflora 'Yangfei Chuyu'

'向阳奇花' 芍药 P. lactiflora 'Xiangyang Qihua'

'玉面荷花' 芍药 P. lactiflora 'Yumian Hehua'

'红风' 芍药 P. lactiflora 'Hong Feng'

上海辰山植物园中的芍药专类园。

芍药应用于墙垣花境中。

狼尾草属 *Pennisetum*
禾本科

一年或多年生草本。秆直立，丛生，高度为 0.3 ～ 1.2m。小穗单生，偶有 2 ～ 3 枚簇生。花序下常密被柔毛。对土壤适应性较强，耐干旱贫瘠土壤。

小兔子狼尾草 *P. alopecuroides* 'Little Bunny' 花序短小精致。

ⓩ 6 ～ 10

羽绒狼尾草 *P. villosum*：花序细腻，形似兔尾，短而粗，银白色。

ⓩ 6 ～ 10

东方狼尾草 *P. orientale*：株形小巧，穗状圆锥花序粉白色。

ⓩ 6 ～ 10

长尾东方狼尾草 *P. orientale* 'Tall Tails'：花序较细长。

ⓩ 6 ～ 10

柔穗狼尾草 *P. setaceum*：株形高大，约为 1.2 ～ 1.7m，穗状圆锥花序粉白色。

ⓩ 9 ～ 11

紫梦狼尾草 *P. setaceum* 'Rubrum'：叶狭长，质感细腻，全年紫红色。穗状花序密生，狭长条状，紫红色。

ⓩ 9 ～ 11

北京园博园会彼得·拉茨展园中几何形的石板和柔软的狼尾草，2 种材料形成外形和质感的对比。

道路穿过一片羽绒狼尾草，消失在紫叶象草的尽头，两种植物颜色和高度反差鲜明。

紫梦狼尾草沿道路种植。

新西兰麻属 *Phormium*
龙舌兰科

多年生常绿草本植物。叶剑形，强直厚革质。园艺品种叶色丰富，有各种颜色及条纹的组合。圆锥花序，花基部筒状，花冠暗红色。夏季开花。原产新西兰，耐寒性较差。

 Z 9～11

奶油色新西兰麻 *P.* 'Cream Delight'

日落新西兰麻 *P.* 'Sundowner'

金色罗伊新西兰麻 *P.* 'Golden Roy'

彩虹日出新西兰麻 *P.* 'Rainbow Sunrise'

冲浪者新西兰麻 *P.* 'Surfer'

花叶新西兰麻 *P.* 'Variegatum'

黑紫新西兰麻 *P.* 'Atropurpureum'

金浪新西兰麻 *P.* 'Yellow Wave'

艾莉森新西兰麻 *P.* 'Alison Blackman'

新西兰麻 *P. tenax*

观赏草专类园中片植的青铜新西兰麻。

鲜明的色彩和独特的外形让新西兰麻成为花境中的主角。

道路转角花境中的新西兰麻。

景天属 *Sedum*
景天科

一年生或多年生宿根草本。叶肉质，对生、互生或轮生，全缘或有锯齿，少有线形。花序聚伞状或伞房状，腋生或顶生，花白色、黄色、红色、紫色。果为蓇葖果。喜光，稍耐阴，耐寒性强，耐旱，不耐涝。

☀ ❄ ◐ Ⓩ 5～9

金叶景天 *S.* 'Aureum' 植株高 5～7cm。单叶对生，密生于茎上，叶片圆形，金黄色。

薄雪万年草 *S. hispanicum* 叶片棒状，表面覆有白色蜡粉。叶片密集生长于茎端。花朵 5 瓣星形，花白色略带粉红。花期夏季。

八宝景天 *S.spectabile* 叶 3 枚轮生，或下部 2 叶对生。伞房花序密集，花色有白色、紫红色、玫红色、粉红色等。花期 8 月。

反曲景天 *S. reflexum* 叶灰绿色，具白色蜡粉。花亮黄色。花期 6～7 月。

金叶佛甲草 *S. lineare* 'Golden Teardrop' 叶片金黄，线形。聚伞花序，花色金黄。花期 4～5 月。华东地区冬季常绿，华北冬季地上部分枯萎。

胭脂红景天 *S. spurium* 'Coccineum' 茎匍匐，叶片深绿后转为胭脂红色，冬季紫红色。花深粉色。花期 6～9 月。华东地区冬季常绿，华北冬季地上部分枯萎。

胭脂红景天和蓝羊茅形成令人惊喜的色彩对比。

胭脂红景天在华北秋季颜色火红，非常美丽。

八宝景天苗圃生产场景。

金叶佛甲草因其耐寒低矮整齐的特性在立体绿化中经常使用。

Other Varieties in Landscape

第三章　其他新优植物精选

乔木

小叶白辛树

Pterostyrax corymbosus

安息香科白辛树属。落叶乔木。叶纸质，倒卵形、宽倒卵形或椭圆形。花白色，花量大，芳香。果实倒卵形。花期3～4月，果熟期9月。

 Z 8～9

金柱柏

Cupressus macrocarpa 'Golden Pillar'

柏科柏木属。常绿小乔木，高6 m。树枝直立向上生长，紧凑，树冠圆锥形。在全日照下，叶片呈金黄色，半阴环境下为黄绿色。枝叶芳香。

 Z 7b～9

山桐子

Idesia polycarpa

大风子科山桐子属。落叶乔木，高8～21 m。树冠阔圆形。树皮淡灰色。叶心形。大型圆锥花序顶生，花黄绿色。果红色，果序长而下垂，似葡萄，经冬不落。花期4～5月，果熟期10～11月。

 Z 7～11

三色千年木

Dracaena marginata 'Tricolor'

百合科龙血树属。常绿小乔木，茎杆直立，高可达5 m。叶密生于枝顶，剑形，叶红、黄、绿3色，形成清晰的竖长条纹。

 Z 9b～11

蓝箭柏

Juniperus scopulorum 'Blue Arrow'

柏科刺柏属。常绿观叶灌木或小乔木。树形直立无分枝，狭窄，呈剑形。叶霜蓝色。

 Z 4～9

红花天料木
（母亲子、母生）

Homalium hainanense

大风子科天料木属。常绿乔木，一般高8～15 m。树皮灰色。叶革质。花外面淡红色，内面白色。蒴果倒圆锥形。花期6月至翌年2月，果熟期10～12月。

 Z 9b～11

东京桐

Deutzianthus tonkinensis

大戟科东京桐属。落叶乔木，高达 12 m。叶多集生于枝端，叶背苍灰白色。花序顶生，花白色。果稍扁球形。花期 4～6 月，果熟期 9 月。

 ☀ ; Ⓩ 10～11

重阳木

Bischofia polycarpa

大戟科秋枫属。落叶乔木，高 15 m。树冠圆整。枝叶茂密。早春叶亮绿色，鲜嫩，入秋变红色。总状花序。果褐红色。花期 4～5 月，果熟期 9～11 月。

 ☀ ◑ ❧ ❧ ; Ⓩ 8～9

五月茶（五味子）

Antidesma bunius

大戟科五月茶属。常绿乔木，高达 10 m。叶纸质。雄花序穗状，雌花序总状。核果，果序下垂，熟时红色，可食用。花期 3～5 月，果熟期 9～11 月。

☀ ◑ ⓅⒽ ; Ⓩ 9b～11

油桐

Vernicia fordii

大戟科油桐属。落叶乔木，高达 10 m。圆锥状聚伞花序顶生，花先叶或与叶同时开放，花瓣白色，有淡红色脉纹。核果近球形。花期 3～4 月。果熟期 8～9 月。

 ☀ ⓅⒽ ; Ⓩ 7～10

枸骨

Ilex cornuta

冬青科冬青属。常绿灌木或小乔木，高 3～4 m。叶二型，深绿色，先端具 3 枚尖硬刺齿。花黄绿色。果鲜红色。花期 4～5 月，果熟期 9 月，经冬不落。

 ☀ ◑ ❄ ❧ ⓅⒽ ; Ⓩ 8～10

鸡冠刺桐

Erythrina crista-galli

豆科刺桐属。落叶观花灌木或小乔木，高 2～4 m。花叶同放，总状花序，稍下垂或与花序轴成直角，花萼钟状，花深红色。花期 4～7 月。

 ☀ ⓅⒽ ; Ⓩ 9b～11

铁冬青

Ilex rotunda

冬青科冬青属。常绿灌木或乔木，高达 10 m。树冠宽圆形。小枝红褐色，幼枝及叶柄均带紫黑色。伞形花序，花小，黄白色。核果球形，熟时鲜红色，结实量大，远观似花。果熟期 10～12 月。

 ☀ ◑ ❄ ❧ ⓅⒽ ; Ⓩ 8～10

金脉刺桐

Erythrina variegata 'Picta'

豆科刺桐属。落叶小乔木，高 3～5 m。叶中脉绿色，主脉黄色。总状花序，花鲜红色或橘红色。花期 2～3 月。

 Z 10～11

凤凰木

Delonix regia

豆科凤凰木属。落叶乔木，高达 20 m。树冠扁圆形，宽广。二回羽状复叶，鲜绿色。总状花序大，鲜红色至橙红色，有光泽。荚果，黑褐色。花期 6～7 月，果熟期 8～10 月。

 Z 10～11

红伞合欢

Albizia julibrissin 'Boubri'

豆科合欢属。落叶观花乔木，高 3～8 m。树形伞形开展，枝叶飘逸。头状花序，粉红色。荚果褐色。花期 7～9 月。

 Z 6～9

巧克力合欢（紫叶合欢）

Albizia julibrissin 'Summer Chocolate'

豆科合欢属。落叶乔木。树冠伞形开展。二回羽状复叶纤细似羽，新叶鲜红色至紫红色，仲夏变暗紫色，入秋红色。头状花序，粉红色。花期 6～7 月。

Z 6b～10

山合欢

Albizia kalkora

豆科合欢属。落叶观花乔木，高达 15 m。树冠开阔。二回羽状复叶，小叶似镰刀。头状花序，花黄白色。荚果。花期 5～6 月，果熟期 8～10 月。

Z 7～9

红豆树

Ormosia hosiei

豆科红豆属。常绿或落叶乔木，高 20～30 m。珍贵用材树种。羽状复叶，叶浓绿色。圆锥花序，花冠白色或淡紫色，有香气。荚果，种皮鲜红色。花期 4～5 月，果熟期 10～11 月。

Z 9～11

花榈木

Ormosia henryi

豆科红豆属。常绿乔木，高 16 m。树体通直。树皮光滑。叶深绿色。总状花序，花蝶形，淡绿色。荚果，裂开时种皮鲜红色。花期 7～9 月，果熟期 10～11 月。木材芳香。

Z 9～10

香花槐

Robinia × ambigua 'Idahoensis'

豆科刺槐属。落叶观花乔木，高 12 m。树干笔直，树冠开阔。总状花序，小花紫红色，芳香。花期春季。根系发达，萌芽、根蘖性强，保持水土能力强。

Z 4b ～ 9

'平安'槐

Sophora japonica 'Ping'an'

豆科槐属。落叶乔木。枝条下垂，树冠伞状或蘑菇状，直径达 2 m 以上。圆锥花序，花米黄色。花期 7 ～ 8 月

Z 6 ～ 10

台湾相思

Acacia confusa

豆科金合欢属。常绿乔木，高 15 m。叶柄呈叶状，披针形。头状花序，金黄色，微香。荚果扁平。花期 3 ～ 10 月，果熟期 8 ～ 12 月。海岸防风固沙树种。

Z 10 ～ 11

银荆（白粉金合欢）

Acacia dealbata

豆科金合欢属。常绿乔木，高约 25 m。小叶线形，银灰色或浅灰蓝色。头状花序，花黄色。荚果长条形，暗褐色。花期 4 月，果熟期 7 ～ 8 月。

Z 9 ～ 11

黄槐

Senna surattensis

豆科决明属。半常绿小乔木或灌木，高 5 ～ 7 m。树干直立空心。偶数羽状复叶，似含羞草，朝开夕闭。总状花序，鲜黄色至深黄色，醒目。荚果。花果熟期近全年。

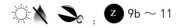

Z 9b ～ 11

腊肠树

Cassia fistula

豆科决明属。落叶乔木，高达 22 m。树冠阔圆形。花叶同放，总状花序下垂，黄色。荚果圆柱形，黑褐色，似腊肠。花期 5 ～ 7 月，种子于翌年 5 ～ 7 月成熟。

Z 10 ～ 11

铁刀木

Cassia siamea

豆科决明属。常绿乔木，高约 10 m。总状花序着生于枝顶叶腋，串串金黄色，醒目。荚果，熟时紫褐色。花期 10～11 月，果熟期 12 月至翌年 1 月。抗污染。

斑叶牛蹄豆（斑叶金龟树）

Pithecellobium dulce 'Variegatum'

豆科牛蹄豆属。常绿小乔木。树冠圆形。枝密集，柔软下垂。羽片 1 对，新叶粉红白色，后变白绿色，最后为全绿色。花白色或淡黄色，有香气。花期 3 月。

 Z 10～11

水黄皮

Pongamia pinnata

豆科水黄皮属。常绿乔木，高 8～15 m。枝叶平展如伞盖。花冠白色或粉红色。荚果。花期 5～6 月，果熟期 8～10 月。沿海防护林树种。

Z 10～11

雨树

Samanea saman

豆科雨树属。常绿乔木。树冠极广展。二回羽状复叶。花玫瑰红色，花期 8～9 月。荚果长圆形。

 Z 11

金叶皂荚

Gleditsia triacanthos 'Sunburst'

豆科皂荚属。落叶乔木，高 9～11 m。枝条舒展，无枝刺。幼叶金黄色，成熟叶浅黄绿色，秋叶仍为浅黄绿色。总状花序，花后不结实。

 Z 8～10

四季春 1 号巨紫荆

Cercis gigantea 'Siji Chun 1 Hao'

豆科紫荆属。落叶大乔木，高达 30 m。株形开展。叶心形。花先叶开放，玫红色。长条形荚果，果荚秋季红褐色。花期 3～4 月。果熟期 8～9 月。

Z 7～10

长芒杜英（尖叶杜英）

Elaeocarpus apiculatus

杜英科杜英属。常绿乔木，高 8 m。株形塔形。叶聚生枝顶，革质，倒披针形。总状花序，花瓣白色，先端呈流苏状撕裂。花期 8～9 月，果实在冬季成熟。

 Z 10～11

中华杜英

Elaeocarpus chinensis

杜英科杜英属。常绿小乔木，高3～7m。树冠圆整。叶深绿，上面有光泽，换叶时部分叶变红色。总状花序。核果椭圆形。花期5～6月。

☀ PH ： Z 9～10

毛糯米椴

Tilia henryana

椴树科椴树属。落叶乔木。叶圆形，基部心形。聚伞花序。果实倒卵形，有棱5条。花期6月。

☀ ◑ ： Z 7～9

南京椴

Tilia miqueliana

椴树科椴树属。落叶乔木，高20m。树姿清幽，浓荫。叶卵圆形，基部心形，似菩提树叶。聚伞花序。果实球形，熟时红色，醒目。花期7月，果熟期9月。蜜源植物。

☀ ◑ ： Z 8～10

垂枝暗罗（印度安塔树）

Polyalthia longifolia

番荔枝科暗罗属。常绿乔木，高达8m。树冠锥形或塔状，树干高挺，侧枝纤细下垂。叶狭披针形，叶缘波状。花清香。花期3月中旬。宗教植物。

☀   ： Z 10～11

香榧

Torreya grandis 'Merrillii'

红豆杉科榧树属。常绿乔木。小枝下垂。叶深绿色，较原种稍长、稍宽，质地也较软。种子大，是深受欢迎的干果。

☀ ◑ ❄ ： Z 8～9

红木

Bixa orellana

红木科红木属。常绿灌木或小乔木，高2～10m。株形圆整。单叶互生，嫩叶搓揉有红色汁液。圆锥花序，花白色或粉红色。果鲜红色或暗红色。花期6～10月，果熟期7月至翌年5月。

☀ ◑ ： Z 9b～11

沙枣

Elaeagnus angustifolia

胡颓子科胡颓子属。落叶灌木或小乔木，高5～10 m。枝有时具刺，幼枝银白色。叶背面或两面银白色，落叶前黄色。花被外面银白色，里面黄色。核果黄色，椭球形。花期6～7月，果熟期9～10月。

交让木

Daphniphyllum macropodum

虎皮楠科虎皮楠属。常绿灌木或小乔木，高达10 m或更高。树冠圆形。叶革质，叶面光泽，叶柄紫红色。总状花序，花淡绿色。果实黑色。花期4～5月，果熟期9～10月。

海杧果

Cerbera manghas

夹竹桃科海杧果属。常绿乔木，高4～8 m。树冠圆整。叶大，叶集生于小枝上部。花白色，芳香。花期3～10月，果熟期7月至翌年4月。红树林植物，适用于生态湿地或海岸防潮。乳汁有毒。

福禄紫枫

Liquidambar formosana 'Fulu Zifeng'

金缕梅科枫香属。落叶乔木，高达15 m。树干通直，当年生枝紫色。叶掌状，幼叶紫红色至黑紫色，老叶正面紫色，背面紫红色。

蕈树（阿丁枫）

Altingia chinensis

金缕梅科蕈树属。常绿乔木，高达20 m。树冠圆锥形，枝繁叶茂。叶翠绿色。雄花序短穗状，雌花序头状。果序头状。花期4月，果熟期10～11月。

港柯（东南石栎）

Lithocarpus harlandii

壳斗科柯属。常绿乔木，高约18 m，树干通直。叶细长秀美，硬革质。花序着生于当年生枝的顶部。坚果。花期5～6月，果熟期翌年9～10月。

栓皮栎

Quercus variabilis

壳斗科栎属。落叶大乔木，高达30 m。树皮黑褐色，木栓层发达。叶缘具刺芒状锯齿，秋叶变黄色。坚果。花期3～4月，果熟期翌年9～10月。

苏玛栎

Quercus shumardii

壳斗科栎属。落叶乔木。树干笔直。叶形奇特，具深裂，春季新叶部分鲜红色，夏季叶片亮绿色，秋叶变成橙红色。

 5b～9b

乌冈栎

Quercus phillyreoides

壳斗科栎属。常绿乔木，高达 10 m。小枝纤细，灰褐色。叶革质，倒卵形或窄椭圆形。果长椭圆形。花期 3～4 月，果熟期 9～10 月。

 7～10

青冈

Cyclobalanopsis glauca

壳斗科青冈属。常绿大乔木，高达 20 m。叶面光亮，叶背灰绿色。雄花序为下垂柔荑花序，花黄绿色。果序着生果 2～3 个，坚果，含淀粉。花期 4～5 月，果熟期 10 月。造林树种。

 8～10

苦槠

Castanopsis sclerophylla

壳斗科锥属。常绿乔木，高可达 20 m。树冠圆球形。叶厚革质，叶背浅银灰色。穗状花序，花白色，花量大，醒目。坚果，可食用。花期 4～5 月，果熟期 10～11 月。造林树种。

 8～11

珙桐（鸽子树）

Davidia involucrata

蓝果树科珙桐属。落叶乔木，高 15～20 m。树皮深灰色或深褐色。叶纸质。头状花序，花紫红色，花序基部两片大而洁白的苞片醒目，似白鸽。花期 4 月。

 8～9

连香树

Cercidiphyllum japonicum

连香树科连香树属。落叶大乔木，高 10～20 m。树冠开阔，树干通直。叶心形，秋冬季变为金黄色、深红色。蓇葖果荚果状。花期 4 月，果熟期 8 月。孑遗树种。

 6～9

非洲楝（非洲桃花心木）

Khaya senegalensis

楝科非洲楝属。常绿大乔木，株高 20 m。树冠宽阔。树皮灰白色，平滑或呈斑驳鳞片状排列。羽状复叶互生。圆锥花序。蒴果球形。

 : 10～11

楝

Melia azedarach

楝科楝属。落叶乔木，高达 10 m。分枝广展。奇数羽状复叶。圆锥花序，花淡紫色，花量大，醒目，芳香。核果浅黄色，宿存期长。花期 4～5 月，果熟期 10～12 月。

 ; 8～10

麻楝

Chukrasia tabularis

楝科麻楝属。常绿乔木，高达 25 m。圆锥花序，花瓣黄色或略带紫色，有香味。蒴果近球形，灰黄色或褐色。花期 4～5 月，果熟期 7 月至翌年 1 月。

 ; 9b～11

红茴香

Illicium henryi

八角科八角属。常绿灌木或小乔木。树皮灰褐色至灰白色。叶革质。花粉红色至深红色，暗红色，蓇葖果。花期 4～6 月，果熟期 8～10 月。

 ; 9～10

马褂木（鹅掌楸）

Liriodendron chinense

木兰科鹅掌楸属。落叶大乔木，高达 40 m。树冠圆锥形，树干通直。叶先端平截或微凹，全叶呈马褂形，秋季叶变黄色。花单生枝顶，黄绿色。花期 5～6 月，果熟期 9～10 月。

 ; 8～10

大叶木莲

Manglietia megaphylla

木兰科木莲属。常绿乔木，高达 30～40 m。植株各处密被锈褐色长绒毛。叶片宽大，革质，常 5～6 片集生于枝端。花乳白色。花期 5 月，果熟期 9～10 月。

 ; 9～10

'京绿' 白蜡

Fraxinus velutina 'Jinglü'

木犀科白蜡属。落叶乔木，高达 15 m。树冠伞形，萌枝力强。绿叶期长。花期 3 月底至 4 月初。无果。

 ;

5～9

水曲柳
Fraxinus mandshurica

木犀科梣属。落叶大乔木，高30 m。树干通直，树皮灰白色，小枝略呈四棱形。奇数羽状复叶，叶轴有狭翅。圆锥花序。花期5～6月，果熟期9～10月。造林树种。

☀ ❄ : Ⓩ 4～7

金叶黄栌
Cotinus coggygria 'Ancot'

漆树科黄栌属。落叶小乔木或灌木。叶卵圆形或倒卵形，春季新叶金黄色，入夏后转淡。无花。

☀ ❄ ◣ : Ⓩ 5～9

野漆
Toxicodendron succedaneum

漆树科漆属。落叶乔木，高达10 m。叶羽状绿色，秋叶红色、深红色。花淡黄绿色。果扁球形，黄色。容易使人过敏，不宜栽植于路旁。

☀ ◣ : Ⓩ 7～11

人面子
Dracontomelon duperreanum

漆树科人面子属。常绿大乔木，高达20～35 m，具板根。树冠近塔形、卵圆形，树干通直。叶色浓绿。圆锥花序，花白色，芳香。果肉白色，横切似人脸。花期5～6月，果熟期9～10月。

☀ ◗ : Ⓩ 10～11

虎眼火炬树
Rhus typhina 'Tiger Eyes'

漆树科盐肤木属。落叶小乔木，高5～8 m。羽状复叶，春季新叶金黄色，秋季叶转橙红色至火红色。

☀ ❄ ◣ PH : Ⓩ 3～9

盐肤木
Rhus chinensis

漆树科盐肤木属。落叶小乔木，高可达9 m。冠形开张。秋叶红色。花黄白色，圆锥花序顶生。果实成熟时为淡红色，有咸味。蜜源植物。花期8～9月，果熟期10～11月。

☀ ❄ ◣ PH : Ⓩ 5～10

'丽红'元宝枫
Acer truncatum 'Lihong'

槭树科槭属。落叶小乔木，树冠伞形或倒广卵形。叶掌状5裂，春叶红色，10月下旬至11月中旬变为血红色。花期4月，果熟期9月。

☀ ◐ ❄ ◣ : Ⓩ 4～9

安福槭

Acer shangszeense var. *anfuense*

槭树科槭属。落叶乔木。叶较大。果序圆锥状，翅果较大，翅中段最宽，张开成钝角，红色，醒目。果熟期9月。

☀☼；Ⓩ9

临安槭

Acer linganense

槭树科槭属。落叶小乔木，高约6～7m。叶纸质，通常9裂。翅果张开成锐角至钝角，鲜红色，醒目。花期4～5月，果熟期9月。

☀☼；Ⓩ9

色木槭

Acer mono

槭树科槭属。落叶乔木，高达15～20m。树皮粗糙。叶纸质，常5裂，秋叶橙红色。花淡白色。翅果翅长圆形。花期5月，果熟期9月。

☀☼❄；Ⓩ5～8

五裂槭

Acer oliverianum

槭树科槭属。落叶小乔木。叶纸质，基部近于心形或截形，5裂，秋季变橙红。花淡白色。翅果张开近水平。花期5月，果熟期9月。

☀☼；Ⓩ8～10

秀丽槭

Acer elegantulum

槭树科槭属。落叶乔木，高达20m。树皮深褐色。当年生嫩枝淡紫绿色，多年生老枝深紫色。叶掌状5裂。翅果，成熟后淡黄色。花期5月，果熟期9月。

☀☼❄；Ⓩ6～9

绛日槭

Acer 'JFS-KW202'

槭树科槭属。落叶乔木，高达10m。树形规整，树冠对称，树干直立。叶片厚实饱满，富有光泽，红叶期超长，春夏绛紫色，秋叶栗红色至酒红色。

☀☼❄❄；Ⓩ6～10

岭南槭

Acer tutcheri

槭树科槭属。落叶乔木，高5～10m。叶3～5裂，秋季变红。圆锥花序，淡黄白色。翅果熟时红色。花期4月。果熟期5～9月。

☀ⓅⒽ🍃；Ⓩ9～10

杜梨

Pyrus betulifolia

蔷薇科梨属。落叶观花乔木，高达 10 m。树冠开展。先花后叶，花开满树，白色。果小，近球形。花期 4 月，果熟期 8 ～ 9 月。

玉香缇梨

Pyrus calleryana 'Glen's Form'

蔷薇科梨属。落叶乔木，高达 13 m。树冠圆锥型直立向上。夏叶深绿色，秋叶亮黄色、亮橙色至红色。先花后叶，花白色。花期 4 月。

毛叶木瓜

Chaenomeles cathayensis

蔷薇科木瓜属。落叶观花灌木至小乔木，高 2 ～ 6 m。先花后叶，淡红色或白色。果实卵球形或近圆柱形，黄色有红晕，味芳香。花期 3 ～ 5 月，果熟期 9 ～ 10 月。

球花石楠

Photinia glomerata

蔷薇科石楠属。常绿灌木或小乔木，高 6 ～ 10 m。树冠球形。春季新叶鲜红色。花序稠密，花白色。果实卵形，红色。花期 5 月，果熟期 9 月。造林树种。

细花泡花树

Meliosma parviflora

清风藤科泡花树属。落叶乔木，高达 15 m。树皮灰色，平滑。单叶，纸质，倒卵形。圆锥花序，花小，白色。核果球形，熟时红色。花期夏季，果熟期 9 ～ 10 月。

面包树

Artocarpus communis

桑科波罗蜜属。常绿乔木，高 10 ～ 15 m。叶大，成熟之叶羽状分裂，深绿色，有光泽。雄花序棍棒状，雌花序球形。核果椭圆形至圆锥形。

波罗蜜

Artocarpus heterophyllus

桑科波罗蜜属。常绿乔木，高 10 ～ 20 m。老树常有板状根。老茎生花。聚花果奇特，长达 1 m，浅黄色至黄褐色。秋末至春季开花，秋后冬初季节为果熟期。

构树
Broussonetia papyrifera

桑科构属。落叶乔木，高16 m。单叶互生，叶卵形至广卵形。聚花果球形，橘红色。花期5～6月，果熟期9月。

 ：Z 4～9

大琴叶榕
Ficus lyrata

桑科榕属。灌木或小乔木，高常不及9 m。叶提琴形或倒卵形。花期6～8月；果实单生叶腋，鲜红色。

：Z 9b～11

黑叶橡胶榕（黑金刚）
Ficus elastica 'Decora Burgundy'

桑科榕属。常绿乔木。树冠大，广展。叶厚，黑紫色，有光泽，托叶紫红色，幼芽红色，渐长成褐红色。

 ：Z 10～11

桑
Morus alba

桑科桑属。落叶乔木或灌木，高10～20 m。树形阔伞状。秋叶金黄色。聚花果卵状椭圆形，成熟时红色或暗紫色。花期4～5月，果熟期5～8月。

 ：Z 6～10

厚皮香
Ternstroemia gymnanthera

山茶科厚皮香属。常绿灌木或小乔木，高可达10 m。树冠圆锥形或浑圆。叶簇生枝端，叶柄红色，叶厚。花淡黄白色，芳香。肉质假种皮鲜红色。花期5～7月，果熟期8～10月。

 ：

Z 8～10

木荷
Schima superba

山茶科木荷属。常绿大乔木，高25 m。树形美观，树姿优雅，枝叶繁茂。新叶及秋叶红艳。总状花序，花白色，有香味。花期6～8月。生物防火林带理想树种。

：Z 8b～11

银桦

Grevillea robusta

山龙眼科银桦属。常绿大乔木，高达 25 m。叶二次羽状深裂。总状花序，橙色或黄褐色。果卵状椭圆形，黑色。花期 3 ~ 5 月，果熟期 6 ~ 8 月。

☀ : Z 9 ~ 11

灯台树

Bothrocaryum controversum

山茱萸科灯台树属。落叶观花乔木，高 6 ~ 15 m。树形优美，层状开展。花白色，聚伞花序明显。花期 5 ~ 6 月。

☀ ◐ ❄ : Z 5 ~ 9

花叶灯台树

Cornus controversa 'Variegata'

山茱萸科山茱萸属。落叶乔木或大灌木。叶具白色或黄白色边。花白色，花期 5 ~ 6 月。核果紫红色至蓝紫色。

☀ ◐ : Z 7 ~ 9

秀丽四照花

Cornus hongkongensis subsp. *elegans*

山茱萸科山茱萸属。常绿观花灌木或小乔木，高 3 ~ 8 m。冬叶和春叶红色。苞片大，白色，花小，淡黄色。果球形，黄色或红色。花期 5 ~ 6 月，果熟期 11 ~ 12 月。

☀ : Z 9 ~ 10

四照花

Cornus kousa subsp. *chinensis*

山茱萸科山茱萸属。落叶观花、观果小乔木，高可达 8 m。树冠伞形。叶对生，浓绿色，叶背粉绿色，入秋变红色，观叶期达 1 月有余。总苞片花瓣状，白色，4 枚。核果球形，肉质，熟时紫红色。花期 5 ~ 6 月，果熟期 9 ~ 10 月。

☀ ◐ ❄ : Z 7 ~ 9

北美红杉

Sequoia sempervirens

杉科北美红杉属。常绿特大乔木，高可达 110 m，胸径可达 8 m。树冠圆锥形。枝叶密生，树皮红褐色。叶二型。

☀ ◐ ❄ 💧 : Z 8 ~ 9

日本柳杉

Cryptomeria japonica

杉科柳杉属。常绿乔木，高达 40 m。树冠尖塔形。叶钻形。雄花长椭圆形，雌花圆球形。果近球形。花期 4 月，果熟期 10 月。

☀ ◐ ❄ : Z 6 ~ 9

水松

Glyptostrobus pensilis

杉科水松属。半常绿乔木，高 8 ～ 10 m。树冠塔形。树干基部膨大呈柱槽状，具吸收根。大枝近平举，小枝微下垂。叶分为鳞形、条形、条状钻形。球果。果实秋后成熟。耐水淹，可吸附重金属。

 ： Z 9 ～ 10

莫氏榄仁（卵果榄仁）

Terminalia muelleri

使君子科诃子属。落叶乔木，高 5 m。主干浑圆挺直，枝桠自然分层轮生，层层分明有序。冬叶落叶前变紫红色。

 ： Z 9b ～ 11

小叶榄仁树

Terminalia neotaliala

使君子科诃子属。落叶乔木，株高 9 ～ 10 m。主干浑圆挺直，枝桠自然分层轮生于主干四周。枝桠柔软，小叶枇杷形。冬季落叶后光秃柔细的枝桠美观，益显独特风格。

 ： Z 10 ～ 11

罗浮柿

Diospyros morrisiana

柿科柿属。落叶乔木或小乔木，高可达 20 m。树冠伞形，枝叶繁茂。叶浓绿色，有光泽。花冠近壶形，白色。果实球形，黄色。花期 5 ～ 6 月，果熟期 11 月。

柿

Diospyros kaki

柿科柿属。落叶大乔木，高可达 27 m。树冠球形或长圆球形。叶纸质。花不显著。果球形、扁球形、球形而略呈方形、卵形等，成熟后变黄色、橙黄色。花期 5 ～ 6 月，果熟期 9 ～ 10 月。

 ： Z 6 ～ 10

象牙树

Diospyros ferrea

柿科柿属。常绿小乔木，高 5 m。树皮灰褐色或带黑色。叶革质，正面深绿色，有光泽，背面绿色。花冠管状钟形，带白色或淡黄色。果椭圆形，熟时橙黄转紫红。花期晚春至初夏。

 ： Z 10 ～ 11

枳椇（拐枣）

Hovenia acerba

鼠李科枳椇属。落叶乔木，高 8 m。树冠圆形或倒卵形。花黄绿色。果近球形，灰褐色，果柄肉质，扭曲，褐色，可食。花期 6 月，果熟期 8 ～ 10 月。

 ： Z 6 ～ 10

金钱松

Pseudolarix amabilis

松科金钱松属。落叶大乔木，高 40 m。树干通直，枝条轮生平展，树冠卵状塔形。叶条形，扁平柔软，秋叶金黄色。球果卵圆形，熟时淡红褐色。花期 4 月，球果 10 月成熟。

 ： Z 7 ～ 10

冷杉
Abies fabri

松科冷杉属。常绿乔木，高达40 m。树冠尖塔形，树干端直。枝条轮生。叶面有光泽。球果卵状圆柱形，熟时暗蓝黑色，略被白粉。造林树种。

☀◑ ❄ : ⓩ 2～9

日本冷杉
Abies firma

松科冷杉属。常绿乔木，在原产地高达50 m。树形挺拔，树冠幼时塔形，成年树广卵状圆形。叶条形，排列整齐。球果圆柱形，熟时黄褐色。

☀◑ ❄ ⓅⒽ : ⓩ 5b～9

白皮松
Pinus bungeana

松科松属。常绿乔木，高30 m，胸径可达3 m，树冠阔圆锥形。树皮淡灰绿色或粉白色，呈不规则片状剥落。

☀ ❄ : ⓩ 4～9

湿地松
Pinus elliottii

松科松属。常绿乔木，高达30 m。树姿挺秀。叶针形，粗硬，有光泽。球果椭圆状圆锥形，红褐色。花期3月，果熟期翌年9月。

☀ ❄ ◤ ⓅⒽ : ⓩ 7～11

蓝叶黎巴嫩雪松
Cedrus libani 'Glauca'

松科雪松属。常绿乔木，高达40 m。树形宽柱形。针叶在长枝上单生，在侧枝上密集轮生，叶灰蓝色。果实为直立球果，成熟时褐色。

☀◑ ❄ ◤ : ⓩ 8～9

油杉
Keteleeria fortunei

松科油杉属。常绿乔木，高达30 m。树冠塔形，树干通直，枝条开展。树皮暗灰色。叶条形，在侧枝上排成两列。球果圆柱形。花期3～4月，种子10月成熟。

☀ ◤ ⓅⒽ : ⓩ 9b～10

美花红千层
Callistemon citrinus

桃金娘科红千层属。常绿灌木至小乔木，高1～2 m。树冠椭圆形或圆形。叶条形，坚硬。花瓶刷形，红色。花期春夏。

☀ ◤ ⓅⒽ ◣ ◢ : ⓩ 9～11

美丽红千层（多花红千层）
Callistemon speciosus

桃金娘科红千层属。常绿灌木或小乔木。树冠圆球形。花酒瓶刷形，深红色。花期初春至秋季。

☀ ◑ ◤ ⓅⒽ : ⓩ 9～11

海南蒲桃
Syzygium hainanense

桃金娘科蒲桃属。常绿小乔木，株高5 m。株形开阔，树冠凸凹或圆形。叶片革质，稍有光泽。果实椭圆形或倒卵形。耐火抗风，蜜源植物。

☀ ◤ : ⓩ 10～11

蒲桃（水蒲桃）
Syzygium jambos

桃金娘科蒲桃属。常绿乔木，高10 m。主干极短，广分枝。叶披针形，革质。聚伞花序，白色。果皮肉质，成熟时黄色。花期3～4月，果熟期5～6月。

 10～11

水翁
Cleistocalyx operculatus

桃金娘科水翁属。常绿乔木，高15 m。植株开展，树干多分枝。叶浓绿色。圆锥花序生于无叶的老枝上，花白色。花期5～6月。可用于人工湿地污水净化。

 10～11

肉花卫矛
Euonymus carnosus

卫矛科卫矛属。半常绿乔木，高达15 m。秋季叶深红色。蒴果近球形，种子亮黑色，假种皮深红色，醒目。具较强的耐盐能力。

 4a～9

西南卫矛
Euonymus hamiltonianus

卫矛科卫矛属。落叶灌木或小乔木，高5～10 m。叶对生。聚伞花序，白绿色。蒴果粉红色带黄色，假种皮橙红色，种子红棕色。花期6～7月，果熟期9～10月。

 5～11

滨木患
Arytera littoralis

无患子科滨木患属。常绿乔木或灌木，高达10 m。树冠圆整。新叶淡黄绿色。果色缤纷，熟时呈橙红色、黄色及黑色。花期夏初，果熟期秋季。

 10～11

'皇冠'栾树（金叶栾树）
Koelreuteria paniculata 'Huangguan'

无患子科栾树属。落叶乔木，树高15 m。新叶黄色，后转黄绿色。大型圆锥花序，花黄色。蒴果，果似小灯笼，初为淡黄绿色，成熟时褐色。花期6～7月。

 7～9

台湾栾树
Koelreuteria elegans subsp. *formosana*

无患子科栾树属。落叶乔木，高达15 m。树冠圆整。二回羽状复叶。圆锥花序顶生，花黄色。蒴果，果瓣近圆形，红色。花期5～6月，果熟期7～12月。

 10～11

梭罗树
Reevesia pubescens

梧桐科梭罗树属。常绿或半常绿乔木，高达16 m。新叶红色，叶密被星状毛。聚伞状花序，花白色或粉红色，花量大，醒目。果梨形，具5棱。花期5～6月。

 9～11

大花五桠果（大花第伦桃）

Dillenia turbinata

五桠果科五桠果属。常绿大乔木，高 30 m。树冠开展，亭亭如盖。总状花序，花黄色或浅红色，芳香。花期 4～5 月。深根性，抗强风。

☀ ◐ 🐌 ● Ｚ 10～11

五桠果（第伦桃）

Dillenia indica

五桠果科五桠果属。常绿乔木，高 25 m。树冠开展，亭亭如盖。叶互生，叶缘成锯齿状，叶面皱摺。花白色，单生枝顶。深根性，抗强风。

☀ ◐ ● Ｚ 10～11

龙爪柳

Salix matsudana 'Tortuosa'

杨柳科柳属。落叶灌木或小乔木，高 5～7 m。小枝不规则扭曲。叶背粉绿色，全叶呈波状弯曲。荑荑花序。

☀ ◐ ❄ ◣ 💧 ● Ｚ 4b～10

红叶腺柳

Salix chaenomeloides 'Variegata'

杨柳科柳属。落叶乔木。生长快。小枝红褐色，有光泽。顶端新叶亮红色，后变为橙黄色，老叶变为绿色，叶背具银白色，红叶期 4～9 月。

☀ ❄ ◣ 💧 🅟 ● Ｚ 5～9

眼镜柳

Salix babylonica 'Annularis'

杨柳科柳属。落叶乔木，高达 6 m。枝条半垂。叶片自然卷成圆圈形。

☀ ❄ 💧 ● Ｚ 4～10

新疆杨

Populus alba var. *pyramidalis*

杨柳科杨属。落叶乔木，高达 30 m。树冠窄圆柱形或尖塔形。树皮灰白或青灰色，光滑少裂。叶具掌状深裂，基部平截。花期 4～5 月，果熟期 5 月。

☀ ❄ ◣ 🅟 ● Ｚ 1～8

'红霞'杨

Populus 'Hongxia'

杨柳科杨属。落叶大乔木。树冠饱满，分枝多，开张角度大，分布均匀。新叶鲜红色，渐变橘红色、金黄色，下部叶变为黄绿色，落叶期叶片橘红色，叶柄、叶脉、干茎、新梢为紫红色。

☀ ❄ ◣ ◣ 🅟 🐌 ● Ｚ 3～10

珊瑚朴

Celtis julianae

榆科朴属。落叶大乔木，高达 25 m。叶厚纸质。冬季及早春枝上长满红褐色花序，状如珊瑚。核果，橙红色。果熟期 9～10 月。

四蕊朴（滇朴）

Celtis tetrandra

榆科朴属。落叶大乔木，高达 30 m。树冠宽广。树皮灰白色。叶秋季变黄色。果近球形，黄色、橙黄色。花期 3～4 月，果熟期 9～10 月。

青檀

Pteroceltis tatarinowii

榆科青檀属。落叶乔木，高 20 m。植株飘洒，树形美观。树皮常片状剥落。叶卵形，秋叶变黄色。花期 4 月，果熟期 8～9 月。宣纸制作的原材料。

金叶荷兰榆

Ulmus × hollandica 'Wredei'

榆科榆属。落叶观叶灌木或小乔木，高 8～10 m。树冠椭圆形或圆锥形。叶卷曲，簇生，新叶黄色，老叶转黄绿色。花紫红色。

垂枝榆

Ulmus pumila 'Tenue'

榆科榆属。落叶乔木。枝条下垂后全株呈伞形。花先叶开放。翅果近圆形。花果熟期 3～6 月。

小叶垂枝榆

Ulmus pumila 'Pendula'

榆科榆属。落叶小乔木。树冠丰满，伞形。枝条柔软，细长下垂，生长快，自然造型好。

圆冠榆

Ulmus densa

榆科榆属。落叶乔木。枝条直伸至斜展，树冠密，近圆形。叶被毛。花在去年生枝上排成簇状聚伞花序。翅果。果熟期 4～5 月。

雪花榆（花叶榔榆）

Ulmus parvifolia 'Variegata'

榆科榆属。落叶乔木，高约 15 m。树姿飘洒。树皮薄鳞片状剥落后仍较光滑。叶椭圆形至倒卵形，单锯齿，叶面有大片白斑。

柚

Citrus maxima

芸香科柑橘属。常绿乔木。叶质颇厚，浓绿色。花白色。果圆球形、扁圆形、梨形或阔圆锥状，淡黄色或黄绿色，清香。花期4～5月，果熟期9～12月。

黄皮

Clausena lansium

芸香科黄皮属。常绿小乔木，高5～10 m。树冠圆整。花黄白色，芳香。果淡黄色至暗黄色，果肉乳白色，半透明。花期4～5月，果熟期8月。华南乡土果树。

紫楠

Phoebe sheareri

樟科楠木属。常绿乔木，高15～20 m。树形广展。叶革质，倒卵形椭圆形。圆锥花序，花黄绿色。核果卵形，黑色。花期4～5月，果熟期9～10月。

闽楠

Phoebe bournei

樟科楠属。常绿大乔木，高达40 m。树冠钟状，冠层厚，树干通直。叶光亮，秀美。造林树种。木材芳香。

楠木

Phoebe zhennan

樟科楠属。常绿大乔木，高达30 m。树干通直圆满，树冠钟形。聚伞圆锥花序。果椭圆形，熟时黑色。花期4～5月。果熟期9～10月。珍贵用材树种。

浙江楠

Phoebe chekiangensis

樟科楠属。常绿乔木，高达20 m。树体高大通直，树冠整齐，枝叶繁茂。圆锥花序，被黄色绒毛。果椭圆状卵形，熟时黑褐色。花期4～5月，果熟期9～10月。

薄叶润楠（华东楠）

Machilus leptophylla

樟科润楠属。常绿乔木，高可达28 m。树冠宽阔，亭亭如盖。新叶淡红色。果球形，熟时蓝黑色。果熟期6～9月。

短序润楠
Machilus breviflora

樟科润楠属。常绿乔木，高达 8 m。叶革质。圆锥花序状聚伞花序，花白色。果球形。花期 7 ～ 9 月，果熟期 10 ～ 12 月。

 10 ～ 11

红楠
Machilus thunbergii

樟科润楠属。常绿乔木，株高 10 ～ 15 m。树冠平顶或扁圆形。嫩枝紫红色。新叶鲜红。果序梗鲜红色，果皮紫黑色。花期 2 月，果熟期 7 月。有较强抗风能力。

 9 ～ 10

刨花润楠
Machilus pauhoi

樟科润楠属。常绿乔木，高可达 20 m。树冠宽阔，树形优美。叶条形亮绿色，新叶淡红色。果球形，熟时蓝黑色。果熟期 6 ～ 9 月。

 9 ～ 10

浙江润楠
Machilus chekiangensis

樟科润楠属。常绿乔木，高达 20 m。叶革质或薄革质，集生枝顶，倒披针形。花黄白色。果球形。花期 3 ～ 4 月，果熟期 7 ～ 8 月。

 9 ～ 11

黑壳楠
Lindera megaphylla

樟科山胡椒属。常绿大乔木，高达 20 m。树冠圆整，树干通直。根肉质。叶集生于枝端，叶浓绿色。花期 4 月中旬，果熟期 10 月上旬。成林生长好。

 9 ～ 10

阴香
Cinnamomum burmannii

樟科樟属。常绿乔木，株高 14 m。树冠近圆球形。树皮光滑，内皮红色，味似肉桂。叶亮绿色，夏、秋新叶淡红，揉碎有香味。花期主要在秋、冬季，果熟期主要在冬末及春季。

 9b ～ 11

舟山新木姜子
Neolitsea sericea

樟科新木姜子属。常绿乔木，高达 10 m。树皮灰白色，嫩梢和嫩叶密被金黄色绢毛。伞形花序簇生叶腋或枝侧。果球形，红色。花期 9 ～ 10 月，果熟期翌年 1 ～ 2 月。

9 ～ 10

吊灯树
Kigelia africana

紫葳科吊灯树属。常绿乔木，高达 20 m。树冠圆伞形或馒头形。花冠橘黄色或褐红色。果下垂，圆柱形，坚硬，肥硕，不开裂，经久不落。花期 4 ～ 5 月，果熟期 9 ～ 10 月。

十字架树（叉叶木）
Crescentia alata

紫葳科葫芦树属。常绿小乔木，高 3 ～ 6 m。树冠开阔伸展。叶簇生于小枝。老茎生花，花冠褐色，近钟状，檐部呈五角形。花期夏季。

楸
Catalpa bungei

紫葳科梓属。落叶乔木，高 8 ～ 12 米。根深冠窄。叶三角状卵形或卵状长圆形。顶生伞房状总状花序，花淡红色。蒴果线形，下垂似面条。花期 5 ～ 6 月，果熟期 6 ～ 10 月。造林树种。

阳桃
Averrhoa carambola

酢浆草科阳桃属。乔木，高 12 m。奇数羽状复叶，互生。圆锥花序，花小，微香，花枝和花蕾深红色。浆果肉质 5 棱，淡绿色或蜡黄色，可食用。花期 4 ～ 12 月，果熟期 7 ～ 12 月。

猫尾木
Dolichandrone cauda-felina

紫葳科猫尾木属。常绿乔木，高达 10 m 以上。冠大荫浓。干直。叶近对生，奇数羽状复叶。花大，黄色。蒴果极长，悬垂，密被褐黄色绒毛。花期 10 ～ 11 月，果熟期 4 ～ 6 月。

灌木

蓝雪花
Plumbago auriculata

白花丹科白花丹属。多年生常绿观花亚灌木，枝条伸长后呈半蔓性，高0.9～3m。花簇生如绣球状，花冠高脚碟状，浅蓝色或白色。花期6～9月。

 9～11

金边百合竹
Dracaena reflexa 'Variegata'

百合科龙血树属。多年生常绿灌木或小乔木，高2.5～4m。茎常弯曲，无分枝。叶螺旋状着生，叶边缘有宽的淡黄色条纹中部绿色，带细黄色条纹。

 10～11

金心百合竹
Dracaena reflexa 'Song of Jamaica'

百合科龙血树属。常绿灌木或小乔木，高可达5m。茎多分枝。叶生于分枝上部或近顶端，叶片中部有纵向的黄绿色条纹。花单生，圆锥花序生于分枝顶端。

 10～11

金心香龙血树
Dracaena fragrans 'Massangeana'

百合科龙血树属。叶宽带状聚生茎干上部，革质富光泽，叶片中央有一金黄色宽条纹，两边绿色。

 10～11

矮生铺地柏（小刺柏）
Juniperus procumbens 'Nana'

柏科刺柏属。常绿小灌木，高0.3m。树冠开展平卧叶小，锥状，硬而紧密，新叶亮绿色，渐变灰绿色，冬叶紫色。球果黑色。

 4～9

黄金海岸鹿角桧
Juniperus × pfitzeriana 'Gold Coast'

柏科刺柏属。常绿观叶灌木，高0.6～0.9m。树冠椭圆形、圆锥形或圆形。春、夏、秋叶呈黄绿色，冬叶转为黄金色。

 4～9

银边百里香
Thymus 'Silver King'

唇形科百里香属。常绿亚灌木。株形浓密紧凑。叶卵形，深绿色，边缘银白色。花淡紫色。花期6～7月。

 6～9

紫锦木（俏黄栌）
Euphorbia cotinifolia

大戟科大戟属。半常绿灌木或小乔木，高5～8m。小枝红色。叶轮生，两面红色至紫红色。圆锥花序松散，花黄白色。花期9～10月。全株有乳汁，微毒。

 10～11

雪花木
Breynia nivosa

大戟科黑面神属。常绿观叶小灌木，高 1.5 m。小枝似羽状复叶。叶互生，嫩叶白色，成熟时绿色带有白色斑纹，老叶绿色。

☀ ：ⓏＺ 10～11

琴叶珊瑚（日日樱）
Jatropha integerrima

大戟科麻风树属。常绿观花灌木，高达 3 m。树冠圆形或卵圆形。单叶互生，叶面浓绿色，叶背紫绿色。聚伞花序，花红色或橘红色。花期全年。

☀ ◐ ⓅⒽ：Ｚ 9b～11

花叶木薯
Manihot esculenta 'Variegata'

大戟科木薯属。常绿灌木，高 1.5 m。叶肉质，掌状，有黄色斑块，叶柄红色。圆锥花序，花萼带紫红色。花期 9～12 月。

☀ ◐：Ｚ 10～11

乳叶红桑
Acalypha wilkesiana 'Java White'

大戟科铁苋菜属。常绿灌木，高达 2 m。枝密叶大，冠型饱满。叶卵形，绿色，具白斑。穗状花序，花白色。花期 6～10 月。

☀ ◐ ⓅⒽ：Ｚ 10～11

红桑（铁苋菜）
Acalypha wilkesiana

大戟科铁苋菜属。常绿灌木，高 1～4 m。叶阔卵形，古铜色或浅红色，常有不规则的红色或紫色斑块。穗状花序，浅紫红色。

☀ ✂：Ｚ 10～11

瘤腺叶下珠（锡兰叶下珠）
Phyllanthus myrtifolius

大戟科叶下珠属。常绿匍匐状灌木，高 0.5 m。茎多分枝，枝条纤细柔软，嫩枝紫褐色，在侧枝呈羽状排列。单叶互生。蒴果，扁圆形。

☀ 💧：Ｚ 10～11

黄金狭冠冬青
Ilex × *attenuata* 'Sunny Foster'

冬青科冬青属。多年生常绿灌木，高 2～3 m。叶片较小，金黄色，色泽纯，十一月份以后，叶片逐渐变深绿色。花黄白色。果球形，红色。花期 4～5 月，果熟期 9～10 月。

☀ ❄ ⓅⒽ：Ｚ 8～10

银边地中海冬青
Ilex aquifolium 'Argentea Marginata'

冬青科冬青属。常绿灌木或小乔木，高 14 m。树冠塔形。叶带刺，暗绿色，叶缘有较宽的乳黄色，幼叶为粉红色。花白色。浆果，红色。果熟期秋至冬。

◐ ❄ ⓅⒽ：Ｚ 7b～9

无刺枸骨
Ilex cornuta 'Fortunei'

冬青科冬青属。常绿灌木或小乔木，高可达3 m。植株紧凑。叶厚，叶缘无刺齿，深绿色，具光泽。花淡黄色。果球形，鲜红色，花期4～5月，果熟期10～12月。

 : Z 8～11

异叶冬青（小叶枸骨）
Ilex dimorphophylla

冬青科冬青属。常绿灌木，高1.5 m。直立，枝叶浓密。叶小，圆形，暗绿色。花白色。浆果黑色。

 : Z 6～9

直立冬青
Ilex crenata 'Sky Pencil'

冬青科冬青属。常绿灌木，高3～4 m。植株自然挺拔向上，具线条感。叶细小密集。花白色。果深紫红色。果熟期9～10月。

: Z 7～10

密实冬青
Ilex crenata 'Compacta'

冬青科冬青属。常绿灌木，高1.0～1.5 m。树冠椭圆形，株形紧凑。新枝条紫色。叶光滑，深绿色。花白色。花期5～6月。

 : Z 8～10

先令冬青
Ilex vomitoria 'Schilling's Dwarf'

冬青科冬青属。常绿灌木，高1.2 m～1.8 m。树冠圆形，株形紧凑。叶小，卵形，深绿色，幼叶微微泛红。花白色。不结果。花期春季。

 : Z 8～10

苏里南朱缨花（粉扑花）
Calliandra surinamensis

豆科朱缨花属。落叶观花灌木或小乔木，高可达4 m。多分枝。二回羽状复叶。花瓣小，花丝多而长，淡玫瑰红色，基部白色，细长的花丝聚合成束，形似粉扑。花期5～7月。

 : Z 10～11

美丽胡枝子
Lespedeza formosa

豆科胡枝子属。落叶观花灌木，高1～2 m。多分枝，枝伸展。花冠红紫色。荚果倒卵形。花期7～9月，果熟期9～10月。可用于山体边坡等困难立地条件的绿化。

 : Z 6～10

番泻决明属

Senna alata

豆科决明属。常绿灌木或小乔木，高1.5～3 m。直立总状花序，花金黄色。荚果长带状，近四棱形，具翅。花期夏末至冬季，果熟期冬季。

 Z 10～11

多花木蓝

Indigofera amblyantha

豆科木蓝属。落叶观花灌木，高0.8～2 m。总状花序，花粉红色。荚果条形，棕褐色。花期5～7月，果熟期9～11月。

 Z 6～10

马棘

Indigofera bungeana

豆科木蓝属。落叶观花灌木，高1～3 m。羽状复叶。总状花序，花冠淡红色或紫红色，花量大。荚果线状圆柱形，褐色。花期5～6月，果熟期8～10月。

 Z 7～10

黄顽童染料木（金雀花）

Genista 'Yellow Imp'

豆科染料木属。落叶或半落叶观花灌木，高达2 m。直立，树冠椭圆形。叶互生，鲜绿色。总状花序，花密集，黄色。荚果线形。花期6～9月。

 Z 8～9

黄花羊蹄甲

Bauhinia tomentosa

豆科羊蹄甲属。半常绿直立灌木，高1～4 m，树冠开张。叶纸质，圆形，先端2裂，基部圆形或心形。花淡黄色，后边褐色，花冠钟形，不能完全开放。

Z 10～11

洋金凤

Caesalpinia pulcherrima

豆科云实属。常绿观花灌木或小乔木，高3 m。总状花序，小花圆形具柄，黄色或橙红色，边缘波状皱折。荚果近长条形，扁平。华南全年开花。

 PH Z 9b～11

朱缨花（美蕊花）

Calliandra haematocephala

豆科朱缨花属。常绿灌木，高2～5 m。二回羽状复叶，嫩叶红褐色。花冠淡紫红色，花丝细长聚合成小绒球，鲜红色。荚果带状，有时泛红色。花期长。

Z 9b～11

黄山紫荆

Cercis chingii

豆科紫荆属。落叶观花灌木，高2～4 m。先花后叶，数朵簇生于老枝上，淡紫红色，后渐变白色。荚果。花期2～4月，果熟期9～10月。

 Z 6～9

紫穗槐

Amorpha fruticosa

豆科紫穗槐属。落叶观花灌木，高1～4m。丛生，枝叶繁密。总状花序，蓝紫色。花果熟期5～10月。抗风沙、抗逆性极强，适用作边坡绿化树种。

 PH ; Z 2～9

花叶马醉木

Pieris japonica 'White Rim'

杜鹃花科马醉木属。常绿灌木。叶片长椭圆形，新叶黄色，老叶深绿色，边缘有淡黄色的晕圈。总状或圆锥状花序，花白色。蒴果。花期2～5月。

 PH ; Z 8b～10

红叶木藜芦

Leucothoe fontanesiana 'Scarlatta'

杜鹃花科木藜芦属。常绿灌木。秋冬季叶深红色，夏季叶绿色。花白色，浓香，花期4～6月。

 ; Z 9～10

蓝莓

Vaccinium uliginosum

杜鹃花科越橘属。著名果树。落叶或常绿小灌木，高可达2m。秋叶变红色。花绿白色。浆果近球形，熟时黑紫色，被白粉。花期5～7月，果熟6～8月。

 PH ; Z 5～9

花叶小海桐

Pittosporum heterophyllum 'La Blanca'

海桐花科海桐花属。常绿灌木，高1.5m。株形紧凑。叶绿色，边缘具黄白色不规则花纹，部分新叶奶油黄色，簇生似花多形状。伞形花序，花黄白色，芳香。花期春夏季。

 PH ; Z 8～10b

矮紫杉（伽罗木）

Taxus cuspidata var. *nana*

红豆杉科红豆杉属。常绿灌木。多分枝而向上。叶较紫杉密而宽。耐阴性强。

; Z 4～9

曼地亚红豆杉

Taxus × *media*

红豆杉科红豆杉属。常绿灌木或乔木，高可达7m。茎表面鳞片状，叶条形，排列成两列。种子生于杯状红色肉质的假种皮中。

Z 6～9

常山

Dichroa febrifuga

虎耳草科常山属。落叶灌木，高1～2m。幼茎蓝紫色。叶两面绿色或一至两面紫色。花紫色，花密繁茂。浆果，亮蓝紫色，干时黑色。花期6～7月，果熟期8～12月。

; Z 7～11

托比红溲疏

Deutzia 'Tourbillon Rouge'

虎耳草科溲疏属。落叶灌木，高约 2 m。树皮红橙色，剥落。秋季叶变为黄色或粉色。花深粉色渐变成浅粉色、白色。花期 6 月。

☀️ ◐ ❄️ ; Ⓩ 5～9

花叶溲疏

Deutzia scabra 'Variegata'

虎耳草科溲疏属。落叶灌木，高达 3 m。叶片花白色，略带黄色。伞房花序，花瓣白色。果球形。花期 5～6 月，果熟期 8～10 月。

☀️ ◐ ❄️ ; Ⓩ 5～8

宁波溲疏

Deutzia ningpoensis

虎耳草科溲疏属。落叶观花灌木，丛生，高 1～2.5 m。枝叶繁茂。花繁密素雅，白色。花期 5～7 月。

☀️ ◐ 🍃 ; Ⓩ 7～9

小花溲疏

Deutzia parviflora

虎耳草科溲疏属。落叶观花灌木，高约 2 m。伞房花序，小花白色。果球形。花期 5～6 月，果熟期 8～10 月。

☀️ ◐ ❄️ 🍃 ; Ⓩ 5～9

顶花板凳果（富贵草）

Pachysandra terminalis

黄杨科板凳果属。常绿亚灌木，高 0.2～0.3 m。根茎状横卧。叶薄革质，有 4～6 片接近着生，似簇生状，叶片菱状倒卵形。

◐ ● ❄️ ; Ⓩ 7～10

花叶夹竹桃

Nerium oleander 'Variegatum'

夹竹桃科夹竹桃属。常绿灌木，高可达 5 m。叶深绿色，具不规则乳黄色边缘。聚伞花序，花冠深红色。花期仲夏至初秋。

☀️ ◐ 🍃 ⓅⒽ 🌱 ; Ⓩ 8b～10

夹竹桃

Nerium indicum

夹竹桃科夹竹桃属。常绿直立大灌木，高达 5 m。聚伞花序，花冠漏斗状，深红色或粉红色，栽培品种花有黄色或白色。花期夏秋。

☀️ 💧 ⓅⒽ ; Ⓩ 8b～11

金心蔓长春花

Vinca minor 'Illumination'

夹竹桃科蔓长春花属。常绿蔓性半灌木状，高 0.3 m。叶椭圆形，边缘深绿色，中间黄色。花冠筒漏斗状，花冠蓝色。花期 3～5 月。

☀️ ◐ ❄️ 🍃 ;

Ⓩ 8～10

狭叶异翅藤

Heteropterys angustifolia

金虎尾科异翅藤属。常绿灌木。叶披针形或长椭圆状披针形。花辐射对称，鲜黄色。翅果紫红色至鲜红色。花果熟期全年，盛花果熟期8～11月。

 10～11

蜡瓣花

Corylopsis sinensis

金缕梅科蜡瓣花属。落叶灌木，高3～4.5 m。小枝有柔毛。叶脉清晰。花先叶开放，总状花序下垂，花瓣蜡质，奶油色或黄色，芳香。蒴果。花期3～4月。

 9～10

蚊母树

Distylium racemosum

金缕梅科蚊母树属。常绿灌木或小乔木。枝叶密集，树形整齐。叶深绿色，发亮。总状花序，红色。蒴果卵圆形。

8～11

花叶苘麻

Abutilon 'Savitzii'

锦葵科苘麻属。常绿观叶观花灌木，高1.5 m。叶掌状，叶缘具白色斑纹。花冠钟形，橘黄色相间紫色条纹。花期5～10月。

 9b～10

赤苞花

Megaskepasma erythrochlamys

爵床科赤苞花属。常绿半木质化灌木，高达2～3 m。叶宽椭圆形，叶脉明显。花序顶生，层层叠起，苞片由深粉色到红紫色不等，可维持约2个月不脱落。果实棍棒状。

 10～11

山蜡梅（亮叶蜡梅）

Chimonanthus nitens

蜡梅科蜡梅属。常绿灌木，高1～3 m。叶面具光泽。花黄白色，有香味。花期9～12月，果熟期翌年5月。

 9～10

夏蜡梅
Calycanthus chinensis

蜡梅科夏蜡梅属。落叶灌木,高1~3 m。小枝对生。叶有光泽,略粗糙。花大,花白色。瘦果长圆形。花期5月中下旬,果熟期10月上旬。

  :  8~9

金边禾叶露兜
Pandanus pygmaeus 'Variegatus'

露兜树科露兜树属。常绿观叶丛生灌木。叶狭线形,紧密螺旋状着生,边缘黄色,有刺。穗状花序,雌花有白色佛焰苞。果黄色。

☼ ◑ : Z 10~11

扇叶露兜树（红刺露兜）
Pandanus utilis

露兜树科露兜树属。常绿灌木或小乔木,高达8 m。叶剑状长披针形,灰绿色,簇生茎顶,边缘或叶背面中脉有红色锐刺。聚花果菠萝状。花果熟期9~10月。

☼ ◑ ◧ ◊ : Z 10~11

钉头果
Gomphocarpus fruticosus

萝藦科钉头果属。常绿灌木。具乳汁。茎具微毛。叶线形,叶缘反卷。花红色,兜状。蓇葖果肿胀。花期夏季,果熟期秋季。

 : Z 6~9

花叶臭牡丹
Clerodendrum bungei 'Pink Diamond'

马鞭草科大青属。落叶观叶、观花亚灌木,高2 m。株形紧凑。叶绿色,边缘具不规则白斑。聚伞花序,花红色或粉红色。花期5~11月。

 : Z 8~9

臭牡丹
Clerodendrum bungei

马鞭草科大青属。落叶灌木,高达2 m。叶片肥大,浓绿色,揉搓有异味。花玫瑰红色。花期6~9月,果熟期8~11月。

 : Z 7~10

海州常山
Clerodendrum trichotomum

马鞭草科大青属。落叶灌木,高8 m。聚伞花序,花萼紫红色,花冠白色或粉红色。核果近球形,熟时蓝紫色。花果熟期6月至翌年1月。有根蘖现象。

☼ ◑ ❄ ◊ PH

 : Z 6a~9

帽子花
Karomia tettensis

马鞭草科帽子花属。常绿蔓性灌木,高2~3 m。花萼伞形粉紫色,花冠喇叭形,蓝色。花期春夏至初秋。

☼ ◑ ◊ : 9b~11

斑叶香娘子

Premna serratifolia 'Variegata'

马鞭草科豆腐柴属。半落叶灌木。叶十字对生，革质，阔卵形，叶面具有白色斑点，皱缩状，揉搓具强烈气味。花小，黄绿色。

 ; Z 10～11

金边假连翘

Duranta repens 'Marginata'

马鞭草科假连翘属。常绿灌木。叶黄绿色，具金黄色边缘。圆锥花序，花冠蓝紫色或白色。果金黄色。花期春夏。

; Z 10～11

马缨丹（五色梅）

Lantana camara

马鞭草科马缨丹属。常绿灌木。叶揉烂有强烈的气味。花冠顶端多五裂，状似梅花，花多色，全年开花。浆果紫黑色。

; Z 9b～11

白棠子树

Callicarpa dichotoma

马鞭草科紫珠属。落叶观果灌木，高约1m。株形小巧，冠型紧凑。花冠紫红。果紫红色，量大。果熟期8～11月。

; Z 5～11

老鸦糊

Callicarpa giraldii

马鞭草科紫珠属。落叶灌木，高3～5m。丛生。叶灰绿色，幼叶常带古铜色。花小，紫红色。浆果球状，紫色，宿存期长，醒目。花期5～6月，果熟期7～11月。

; Z 6a～9

互叶醉鱼草

Buddleja alternifolia

马钱科醉鱼草属。落叶灌木，高1～4m。长枝细弱，上部常弧状弯垂。叶正面深绿色，幼时被灰白色星状短绒毛。圆锥状聚伞花序较长，花萼钟状，花冠紫蓝色。蒴果椭圆状。花期5～7月。果熟期7～10月。

; Z 7～9

红花翅果连翘

Abeliophyllum distichum 'Roseum'

木犀科翅果连翘属。落叶小灌木，高可达1m。花像连翘花，呈淡雅的浅粉色。花期3～4月。

; Z 5～9

金色时代金钟连翘

Forsythia × intermedia 'Golden Times'

木犀科连翘属。落叶灌木，高1.5m。枝条拱形开展。叶具黄金色亮斑。先花后叶，花钟形，亮黄色。花期4～5月。

; Z 5a～9

金钟连翘

Forsythia × intermedia

木犀科连翘属。半常绿灌木，株高 2 m。枝细长呈拱形。先花后叶，花金黄色，密集。花期 3 ～ 4 月。

 5 ～ 9

金边卵叶女贞

Ligustrum ovalifolium 'Aureum'

木犀科女贞属。常绿或半常绿灌木，高 2 ～ 3 m。株形紧凑。叶暗绿色，具较宽的黄边。花白色，管状，有香味。花期 6 ～ 7 月。

 6 ～ 10

彩纹小叶女贞

Ligustrum quihoui 'Variegatum'

木犀科女贞属。落叶或半常绿灌木，高 2 ～ 3 m。株形自然。叶倒卵状椭圆形，嫩叶绿，边缘淡粉红，成熟叶边缘转为黄白色。圆锥花序细长，花白色，有香味。花期 5 ～ 7 月。

 8 ～ 10

金森女贞

Ligustrum japonicum 'Howardii'

木犀科女贞属。常绿灌木。节间短。叶革质，春季新叶鲜黄色，后转为金黄色，部分新叶沿中脉两侧或一侧局部有浅绿色斑块，醒目。

 8 ～ 10

浓香茉莉

Jasminum odoratissimum

木犀科素馨属。常绿灌木，高 1 ～ 3 m。枝条弯拱。羽状复叶，互生，小叶 5 ～ 7 枚，革质。聚伞花序，花浓香，鲜黄色。花期 5 ～ 6 月。

 9 ～ 10

萼距花

Cuphea hookeriana

千屈菜科萼距花属。常绿灌木或亚灌木状，高 0.3 ～ 0.7 m。叶对生，叶色浓绿色，具光泽。总状花序，花深紫色。花果熟期几乎全年，盛花期 5 ～ 8 月。

 9b ～ 11

虾子花

Woodfordia fruticosa

千屈菜科虾子花属。常绿观花灌木，高 1.5 ～ 4 m。树形伞形，枝条柔软下垂。花聚生圆锥状，花红色。蒴果狭椭圆形。花期 3 ～ 4 月。

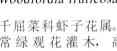 10 ～ 11

金边六月雪

Serissa foetida 'Variegata'

茜草科白马骨属。常绿丛生灌木，高不足 1 m。叶小，叶缘黄白色或淡黄色。花小，花冠漏斗状，花白色带红晕或淡粉紫色。花期 6 ～ 7 月。

 8 ～ 10

滇丁香
Luculia pinceana

茜草科滇丁香属。常绿灌木或小乔木。小枝有明显的皮孔。叶纸质。花冠红色，少为白色，高脚碟状，芳香。蒴果。花果熟期3～11月。

 10～11

风箱树
Cephalanthus tetrandrus

茜草科风箱树属。落叶观花灌木或小乔木，高1～5m。头状花序，花冠白色，花期春末夏初。

 8～11

银叶郎德木
Rondeletia odorata

茜草科郎德木属。常绿灌木，高达1.5m。叶片细长，披针形，正面绿色有光泽，背面带银白色。花较小，聚集成小花球。

 10～11

重瓣粉纸扇（粉叶金花）
Mussaenda hybrida 'Alicia'

茜草科玉叶金花属。常绿灌木。树冠宽阔，分枝多。叶纸质，叶面有光泽。聚伞花序，叶状萼片粉红色，醒目，花小，呈星型，黄色。夏秋季为盛花期，冬季为末花期。

 10～11

希茉莉
Hamelia patens

茜草科长隔木属。常绿灌木，高2～3m。树冠广圆形。茎红色至黑褐色。幼叶淡紫红色。聚伞圆锥花序，管状花，橘红色。花期几乎全年或5～10月。

 9b～11

花叶栀子
Gardenia jasminoides 'Variegata'

茜草科栀子属。常绿灌木，高1～3m。枝干灰色。叶对生或主枝轮生，硬而有光泽，叶有乳黄色斑块。花白色，浓香。花期6～8月，果熟期10月。

 9～11

栀子
Gardenia jasminoides

茜草科栀子属。常绿芳香观花灌木，高1～2m。花冠白色或乳黄色，花柱黄色，芳香。果熟时黄色或橙红色。花期3～7月，果熟期5月至翌年2月。

 8b～11

棣棠花
Kerria japonica

蔷薇科棣棠花属。落叶观花灌木，高1～1.5m。茎直立，枝条密集弯拱。花金黄色。花期4～5月。

 6～9

重瓣棣棠花
Kerria japonica 'Pleniflora'

蔷薇科棣棠花属。落叶灌木，高 1 ～ 2 m。丛生，小枝绿色，拱垂形。叶表面鲜绿色，背面苍白色。花金黄色，重瓣。花期 4 ～ 6 月，秋季有二次花，但不盛。

☀️ ◐ ❄️ : Ⓩ 6 ～ 10

紫叶风箱果
Physocarpus opulifolius 'Monlo'

蔷薇科风箱果属。落叶灌木，高达 3 m。叶三角状卵形至广卵形，早春紫红色，后转暗紫色。花白色，顶生伞形总状花序，花期 6 月。秋季蓇葖果红色可赏。

☀️ ❄️ 🍂 🍃 : Ⓩ 3 ～ 9

金叶风箱果
Physocarpus opulifolius 'Luteus'

蔷薇科风箱果属。落叶灌木，高达 3 m。叶三角状卵形至广卵形，早春金黄色，后转黄绿色。花白色，顶生伞形总状花序。花期 6 月。秋季蓇葖果红色可赏。

☀️ ❄️ 🍂 🍃 : Ⓩ 3 ～ 9

红叶风箱果
Physocarpus opulifolius 'Mindia'

蔷薇科风箱果属。落叶灌木，高达 3 m。叶三角状卵形至广卵形，早春棕红色，后转暗红色。花白色，顶生伞形总状花序。花期 6 月。秋季蓇葖果红色可赏。

☀️ ❄️ 🍂 🍃 : Ⓩ 3 ～ 9

火棘
Pyracantha fortuneana

蔷薇科火棘属。半常绿观果灌木，高达 3 m。枝拱形下垂，先端成刺状。花白色。入秋果红如火，宿存，观赏期达 3 个月。花期 3 ～ 5 月，果熟期 8 月至翌年早春。

☀️ ❄️ 🍂 : Ⓩ 7b ～ 10

麦李
Prunus glandulosa

蔷薇科李属。落叶观花灌木，高达 2 m。秋叶紫红色。花先叶开放或与叶同放，白色或粉红色，花量大。果近球形，红色。花期 4 月。

☀️ ❄️ : Ⓩ 2 ～ 9

缫丝花（刺梨）
Rosa roxburghii

蔷薇科蔷薇属。落叶观花灌木，高 2.5 m。丛生。奇数羽状复叶，具小刺。花单瓣，淡红色或粉红色。果扁球形，金黄色，表皮密生细刺。花期 5 ～ 7 月，果熟期 8 ～ 10 月。

☀️ ◐ ❄️ ⒫ : Ⓩ 6 ～ 9

粉彩石楠
Photinia × fraseri 'Pink Marble'

蔷薇科石楠属。常绿灌木或小乔木，高 2 ～ 3 m。新叶红色，老叶绿色具白色或粉红色斑纹。花白色。花期春季。

☀️ ◐ ❄️ ⒫ : Ⓩ 8 ～ 9

泰顺石楠
Photinia taishunensis

蔷薇科石楠属。常绿匍匐灌木。枝条披散，下垂。叶革质，倒卵状披针形，冬季叶片红色。花白色。果红色。花期5～6月。

 ; 8～9

小叶石楠
Photinia parvifolia

蔷薇科石楠属。落叶灌木，高1～3m。枝纤细。叶片草质。花白色，伞形花序。果实椭圆形或卵形，橘红色或紫色，宿存期长。花期4～5月，果熟期7～8月。

 ; 8～10

牛叠肚（山楂叶悬钩子）
Rubus crataegifolius

蔷薇科悬钩子属。落叶观花灌木。茎直立。叶掌状分裂。短伞房状花序，白色。果近球形，红色，有光泽。花期6月，果熟期8～9月。

蓬蘽
Rubus hirsutus

蔷薇科悬钩子属。落叶灌木，高达1～2m。枝叶疏生皮刺。花白色。果实近球形，熟时红色，可食用。花期4月，果熟期5～6月。

 ;

8～10

厚叶枸子
Cotoneaster coriaceus

蔷薇科枸子属。常绿观花灌木，高1～3m。枝开展。叶片厚革质。花小而密集，白色。花期5～6月，果熟期9～10月。

 ; 9～10

平枝枸子
Cotoneaster horizontalis

蔷薇科枸子属。落叶或半常绿匍匐灌木，高0.5m。枝叶横展，叶小稠密，秋叶红色。花粉红色。果近球形，鲜红色。花期5～6月，果熟期9～12月。

 ;

7～9

长柄矮生枸子（地被枸子）
Cotoneaster dammeri var. *radicans*

蔷薇科枸子属。常绿观花观果矮灌木，高0.2m。枝匍匐生长。叶表光滑，背面灰绿色，秋天变紫色。花白色。浆果球形，红色。花期5～6月，果熟期10月。

 ; 8～10

郁李

Prunus japonica

蔷薇科李属。落叶观花小灌木，高 1～1.6 m。单叶互生。花叶同放，花瓣粉红色或近白色，单瓣或重瓣。核果近球形，暗红色。

  ：3～10

茶荚蒾（汤饭子）

Viburnum setigerum

忍冬科荚蒾属。落叶灌木。叶卵状矩圆形。花冠白色，芳香，干后变茶褐色或黑褐色。果实红色。花期 4～5 月，果熟期 9～10 月。

 ：8～9

鸡树条（天目琼花）

Viburnum opulus subsp. *calvescens*

忍冬科荚蒾属。落叶观花灌木，高 2～3 m。聚伞花序较大，花冠白色，辐射状。果实近圆形，红色。花期 5～6 月，果熟期 9～10 月。

 ：2～9

南方荚蒾

Viburnum fordiae

忍冬科荚蒾属。落叶灌木或小乔木，高可达 5 m。复伞式聚伞花序，花白色。果熟时红色，宿存期长，醒目。花期 4～5 月，果熟期 10 月至翌年 1 月。

：9～10

琼花

Viburnum macrocephalum f. *keteleeri*

忍冬科荚蒾属。落叶或半常绿灌木，高达 4 m。树冠球形。大型聚伞花序，花大如盘，边缘一圈不孕花，白色。核果，先红后黑。花期 4～5 月，果熟期 10～11 月。

 ：
 7b～9

绣球荚蒾（木绣球）
Viburnum macrocephalum

忍冬科荚蒾属。落叶或半常绿观花灌木，高达 4 m。花白色，伞形花序如雪球。花期 4～5 月。

 Z 6～9

布克荚蒾
Viburnum × burkwoodii

忍冬科荚蒾属。常绿丛生灌木，高约 2.4 m。叶深绿，表面有光泽，背面有绒毛，嫩叶青铜色，落叶黄色。花序圆球形，花白色，花芽常粉红色。果卵形，熟时由红变黑。花期春季。

 Z 6～9

琉球荚蒾
Viburnum suspensum

忍冬科荚蒾属。常绿丛生灌木，高 2～3.5 m。叶绿色，较粗糙、坚韧。圆锥花序，花白色，带粉红色。果卵球形，红色。花期 3 月。

 Z 8～10

蓝叶忍冬
Lonicera korolkowii

忍冬科忍冬属。落叶观花灌木，高 2～3m。茎直立丛生，枝条紧密，嫩枝常紫红色。新叶嫩绿，老叶墨绿色泛蓝。花紫红色。浆果亮红色。花期 4～5 月，7～8 月二次花，果熟期 9～10 月。

 Z 4～9

粗榧
Cephalotaxus sinensis

三尖杉科三尖杉属。常绿灌木或小乔木，高达 15 m。株形整齐。叶条形，排成两列。雄球花卵圆形，种子近球形。花期 3～4 月。

 Z 7～10

桧叶银桦
Grevillea juniperina

山龙眼科银桦属。常绿灌木，高 1～2.5m。枝叶密集。叶刺形。花红色。花期 4～6 月。

 Z 9～10

绿角桃叶珊瑚
Aucuba japonica 'Rozannie'

山茱萸科桃叶珊瑚属。常绿灌木。植株紧密，常呈球形。叶深绿色，有光泽。易形成花芽开花。果熟时鲜红色。

 Z 7～10

粉刷红千层
Callistemon 'Perth Pink'

桃金娘科红千层属。常绿灌木，高达 4 m。穗状花序，瓶刷状，深粉色。花期春夏。

 **Z** 9～11

方枝蒲桃
Syzygium tephrodes

桃金娘科蒲桃属。常绿灌木至小乔木，高达 6 m，小枝有 4 棱，老枝圆形。叶片革质，细小，卵状披针形。圆锥花序顶生，花瓣连合，花白色。花期 5～6 月。

Z 10～11

桃金娘
Rhodomyrtus tomentosa

桃金娘科桃金娘属。常绿小灌木，高 1～2 m。株形紧凑。叶对生，深绿色。花先为白色后变紫红，红白相映。浆果，熟时黑色，可食用。花期 4～5 月。

Z 9b～11

皇后澳洲茶
Leptospermum scoparium 'Burgundy Queen'

桃金娘科鱼柳梅属。常绿小灌木，高约 2 m。枝条红褐色，纤细。叶片线状或线状披针形，红褐色。花小，深桃红色。花期晚秋至春末。

Z 9～11

三色金丝桃
Hypericum × moserianum 'Tricolor'

藤黄科金丝桃属。落叶灌木，高 0.3～0.8 m。枝条扶疏披散。嫩茎红色。叶绿色，边缘夹杂绿色、红色、奶油色。杯状花黄色。花期 7～9 月。

Z 6～9

红果金丝桃

Hypericum androsaemum 'Excellent Flair'

藤黄科金丝桃属。常绿观花、观果小灌木，株高达 0.6 m。茎红色。花金黄色。果红色，醒目。花期 6 ~ 8 月，观果期 9 ~ 12 月。

 Z 8 ~ 10

银皇后冬青卫矛

Euonymus japonicus 'Silver Queen'

卫矛科卫矛属。常绿灌木或小乔木，高 1 ~ 2 m。株形紧凑，树冠球形。叶面光滑，叶边缘奶白色。

 Z 7b ~ 9

胶东卫矛

Euonymus kiautschovicus

卫矛科卫矛属。半常绿直立或蔓性灌木，高 3 ~ 8 m。新叶绿色，冬季变浅紫红色。蒴果。花期 8 ~ 9 月，果熟期 9 ~ 10 月。北方地区不可多得的常绿植物。

Z 5 ~ 9

短梗大参

Macropanax rosthornii

五加科大参属。常绿灌木或小乔木，高 2 ~ 9 m。掌状复叶，叶形独特。圆锥花序顶生，花白色。果实卵球形。花期 7 ~ 9 月，果熟期 10 ~ 12 月。

 Z 9 ~ 10

花叶鹅掌柴

Schefflera arboricola 'Variegata'

五加科鹅掌柴属。常绿观叶藤状灌木，高 2 ~ 3 m。掌状复叶，伞形，绿色，叶面具不规则乳黄色至淡黄色斑块。花酒红色。

Z 9b ~ 11

里士满南天竹

Nandina domestica 'Richmond'

小檗科南天竹属。常绿或半常绿直立灌木，高 1.5 ~ 2.5 m。枝叶繁茂。新叶红色，后转绿。冬季叶色变红色。圆锥花序，花白色。浆果红色。花期夏季，果熟期秋冬。

PH Z 7 ~ 9

冬阳十大功劳

Mahonia × *media* 'Winter Sun'

小檗科十大功劳属。常绿灌木。叶色深绿，硬革质，冬季叶色变红。枝顶有密集成簇直立的总状花序，花朵鲜黄色并逐渐转为柠檬黄色，花期从晚秋至晚冬。

Z 8 ~ 9

红露小檗

Berberis 'Red Tears'

小檗科小檗属。落叶灌木，高约 3 m。丛生状，枝条开展略弯垂。叶倒卵形或匙形，冬季变黄。花黄色，总状花序，排列成下垂的一串，果亦可赏。花期 4 月底，果熟期 7 ~ 10 月。

 Z 4 ~ 9

金叶小檗

Berberis thunbergii 'Aurea'

小檗科小檗属。落叶观叶小灌木，高达 2 ～ 3 m。幼枝金黄有棱角。叶片全年金黄色。总状花序下垂，小花黄色。红色浆果长椭圆形。

 : 4 ～ 9

豪猪刺

Berberis julianae

小檗科小檗属。常绿灌木，高 1 ～ 3 m。茎具粗壮刺。秋季叶变红色。花小簇生，黄色。浆果，蓝黑色。花期 3 月，果熟期 5 ～ 11 月。

: 8 ～ 10

日本小檗

Berberis thunbergii

小檗科小檗属。落叶观果小灌木，高 2 ～ 3 m。枝细小有刺。叶正面暗绿色，背面灰绿色。花黄白色。浆果熟时红色。花期 4 ～ 6 月，果熟期 7 ～ 10 月。

: 5 ～ 9

水麻

Debregeasia orientalis

荨麻科水麻属。落叶灌木或小乔木，高 1 ～ 4 m。小枝纤细，密集，暗红色。叶面被白色或灰绿色毡毛。果倒卵形，橙黄色。果熟期 5 ～ 9 月。

: 9 ～ 10

火焰柳

Salix alba 'Flame'

杨柳科柳属。直立落叶灌木或小乔木，高 2 ～ 6 m。分枝浓密。春芽嫩绿色，夏叶绿色，秋叶金黄色，落叶后枝条尖梢为橘红色，下半部为浅黄色或橘黄色。

: 4 ～ 9

角茎蒂牡花（角茎野牡丹）

Tibouchina granulosa

野牡丹科蒂牡花属。常绿灌木。小枝四方形。嫩枝、叶片与萼筒密生倒伏状粗毛。叶对生，5 出脉。花大，紫色，花期春至夏季。蒴果。

: 9 ～ 11

胡椒木（清香木）

Zanthoxylum beecheyanum

芸香科花椒属。常绿灌木，高 0.8 m。叶面浓绿色富光泽。花金黄色。果实椭圆形，绿褐色。花期 4 ～ 5 月。果熟期 8 ～ 9 月。

: 9 ～ 11

咖喱树
Murraya koenigii

芸香科九里香属。常绿灌木或小乔木，高达4m。近顶生圆锥花序，花白色。果长卵形，熟时由红色转为蓝黑色。花期3～5月。果熟期7～8月。

☀ ◐ 🐌；**Z** 10～11

鳞枇大苏铁（墨西哥铁）
Zamia furfuracea

泽米铁科泽米铁属。常绿灌木状，干高不超过1m。株形整齐。单干或丛生状，茎干粗壮，圆柱形。羽状复叶，小叶宽而有光泽，新叶黄绿色。

☀ ◣；**Z** 10～11

杜茎山
Maesa japonica

紫金牛科杜茎山属。常绿灌木，直立，有时外倾或攀援，高1～5m。叶片革质，背面中脉隆起。总状花序或圆锥花序，花白色。果球形，肉质。花期1～3月，果熟期10月或5月。

☀ ；**Z** 9b～11

朱砂根
Ardisia crenata

紫金牛科朱砂根属。常绿观果小灌木，高1～2m。伞形花序，白色或淡红色。果球形，熟时鲜红色，醒目。花期6～7月，果熟期10月至翌年早春。

◐ ● 💧；**Z** 9～11

黄钟花
Tecoma stans

紫葳科黄钟花属。常绿灌木，高1.5～2.5m。叶阔披针形，叶脉明显。总状花序或圆锥花序，花黄色，花冠漏斗状钟形，花萼筒状钟形5浅裂。花期夏季至秋季。

☀ 💧；**Z** 9b～11

嘉兰

Gloriosa superba

百合科嘉兰属。攀援植物。根状茎块状。花被片条状披针形，花俯垂而花被片反折向上举，上半部亮红色，下半部黄色，花期 7 ～ 8 月。

网络鸡血藤

Callerya reticulata

豆科崖鸡血藤属。常绿木质藤本。羽状复叶。花密集，单生于分枝上，红紫色。花期 5 ～ 11 月。

喙果鸡血藤

Callerya tsui

豆科崖鸡血藤属。常绿大型缠绕木质藤本。三出复叶。圆锥花序顶生，花密集，花淡黄色带微红色或微紫色。荚果肿胀，顶端有坚硬的钩状喙。花期 7 ～ 9 月，果熟期 10 ～ 12 月。

鄂羊蹄甲

Bauhinia glauca subsp. *hupehana*

豆科羊蹄甲属。多年生常绿木质藤本。新叶红色，叶先端两裂，似羊蹄。花冠粉红色。

春云实

Caesalpinia vernalis

豆科云实属。常绿木质藤本。全株被锈色茸毛，叶轴有刺，叶深绿色，二回羽状复叶。花黄色。花期 4 月。

云实

Caesalpinia decapetala

豆科云实属。大型落叶藤本。树皮暗红色。枝、叶轴和花序均被柔毛和钩刺。二回羽状复叶。总状花序顶生，花黄色。荚果，栗褐色。花期 5 月，果熟期 8 ～ 9 月。

花叶蔓长春花

Vinca major 'Variegata'

夹竹桃科蔓长春花属。常绿观叶蔓性藤本。枝条纤细、柔软，长达 2m。叶有光泽，带黄色斑纹。花高脚碟状，蓝色。花期 4 ～ 5 月。

美丽赪桐

Clerodendrum speciosissimum

马鞭草科大青属。常绿观花木质藤本。叶大，卵形。圆锥花序较大，红色或橘红色。花期晚春至初秋。

红花龙吐珠

Clerodendrum × speciosum

马鞭草科大青属。常绿蔓性木质藤本。叶对生，浓绿色。聚伞花序，小花红色，萼片灯笼状，红色，花期夏秋二季。

 10 ～ 11

南五味子

Kadsura longipedunculata

五味子科南五味子属。常绿藤本。花雌雄异株，雄花白色或淡黄色，花期 6 ～ 9 月。聚合果成熟后红色鲜艳，食用或药用，果熟期 9 ～ 12 月。

 8 ～ 11

木通

Akebia quinata

木通科木通属。落叶木质藤本。茎纤细，缠绕。掌状复叶，互生，小叶 5 片。花暗紫红色，偶有淡绿色或白色。果熟时紫色，果肉白色多汁。花期 4 ～ 5 月，果熟期 6 ～ 8 月。

 5 ～ 10

素馨

Jasminum grandiflorum

木犀科素馨属。常绿攀援灌木。叶对生，羽状深裂或具 5 ～ 9 小叶。花蕾红色，花白色，高脚碟状，芳香，花期 8 ～ 10 月。

 8 ～ 10

银边素方花

Jasminum officinale 'Argenteovariegatum'

木犀科素馨属。落叶攀援灌木。叶灰绿色，具奶白色边纹，新叶带粉红色。花白色。浆果黑色。花期夏秋。

 7 ～ 10

花叶地锦（川鄂爬山虎）

Parthenocissus henryana

葡萄科地锦属。落叶木质藤本，茎蔓可达 5 m。叶脉白色，叶片秋季变红色，叶柄红色。花黄色。花期 6 ～ 8 月。

6 ～ 10

五叶地锦

Parthenocissus quinquefolia

葡萄科地锦属。落叶木质藤本。具分枝卷须，卷须顶端有吸盘。叶为掌状 5 小叶，秋叶红色。花黄绿色。花期 6 月。

 4 ～ 10

黄木香

Rosa banksiae f. *lutea*

蔷薇科蔷薇属。半常绿观花木质藤本，高 6 m。树皮红褐色，小枝绿色。花淡黄色，常 3 ～ 15 朵聚生。花期 4 ～ 5 月。

7 ～ 10

木香花
Rosa banksiae

蔷薇科蔷薇属。半常绿灌木，呈攀援状生长，高达 6 m。树皮红褐色。伞形花序，花白色。花期 5 ～ 6 月。

 : 7 ～ 10

黄脉忍冬（金脉金银花）
Lonicera japonica 'Aureoreticulata'

忍冬科忍冬属。常绿观叶藤本。金黄色网状叶脉，冬季叶色变红。花管状，细长，二唇形，白色。浆果黑色。花期初夏。

 : 4a ～ 9b

红白忍冬（红花金银花）
Lonicera japonica 'Chinensis'

忍冬科忍冬属。半常绿攀援灌木，高 4 m，可攀援 8 ～ 10 m。叶深绿色，秋叶深红色。花外红色内白色。浆果黑色。花期 5 ～ 7 月。

 : 6 ～ 9

薜荔
Ficus pumila

桑科榕属。常绿攀附木质藤本，长 8 ～ 10 m。茎以气生根攀附。有乳汁。枝两型：营养枝和结果枝。营养枝叶薄，心状卵形；结果枝叶厚而大，卵状椭圆形。花果熟期 5 ～ 8 月。

 : 8b ～ 11

地果（地瓜榕）
Ficus tikoua

桑科榕属。多年生常绿匍匐木质藤本，高 0.2 ～ 0.3 m。果红褐色。优良的地被植物。

 : 8b ～ 11

使君子
Quisqualis indica

使君子科使君子属。常绿或半常绿攀援状灌木，高 2 ～ 8 m。顶生穗状花序，组成伞房式。花初为白色，后变淡红色。果熟时黑色或栗色。花期初夏。果熟期秋末。

 : 9b ～ 11

东南南蛇藤（腺萼南蛇藤）
Celastrus punctatus

卫矛科南蛇藤属。半常绿或落叶藤本。叶亮绿有光泽。花黄绿色。种子外包红色肉质假种皮。花期 5 ～ 6 月，果熟期 9 ～ 10 月。

 : 2 ～ 9

金翡翠扶芳藤
Euonymus fortunei 'Emerald Gold'

卫矛科卫矛属。常绿观叶灌木，高 0.6 m。直立到半直立灌木，枝叶致密。叶深绿色，边缘金黄色，秋冬季叶粉红色。花绿白色。花期 6 月。

: 5 ～ 9

金加扶芳藤
Euonymus fortunei 'Canadale Gold'

卫矛科卫矛属。常绿观叶灌木，高达1m。冠型紧凑。叶中间绿色，边缘具亮黄色斑点。花白绿色。花期6月。

 Z 5～9

丽翡翠扶芳藤
Euonymus fortunei 'Emerald Gaiety'

卫矛科卫矛属。常绿观叶灌木或藤本。叶绿色，边缘具不规则白斑，冬季叶缘具粉红色。花小，绿白色。花期6月。

Z 5～9

银后扶芳藤
Euonymus fortunei 'Silver Queen'

卫矛科卫矛属。常绿观叶灌木或藤本。叶深绿色，具奶黄色或银白色边纹。花淡栗色。果红色、粉红色。

Z 5～9

花叶加那利常春藤（花叶加拿利常春藤）
Hedera canariensis 'Gloire de Marengo'

五加科常春藤属。常绿观叶藤本。枝蔓细软而柔韧，茎节部多发气根，能攀附他物。叶互生，心形具浅裂，绿色具白色、乳白色条纹，经霜冻后变淡粉红色。花淡粉红色。果蓝黑色。

 Z 8～10

加那利常春藤（加拿利常春藤）
Hedera canariensis

五加科常春藤属。常绿藤本。茎红色。叶菱形或长心形，具浅裂，深绿色。

Z 8～10

红花西番莲
Passiflora coccinea

西番莲科西番莲属。多年生常绿观花木质藤本。花碟形，鲜红。果实卵圆形，绿色，熟时黄色。花期夏至秋季。

PH Z 10～11

三色西番莲
Passiflora trifasciata

多年生常绿木质藤本。叶三裂，叶脉有浅紫红色斑纹，嫩叶上表面暗绿色，下表面紫色，老叶绿色。花白色。花期秋季。

PH Z 10～11

厚藤
Ipomoea pescaprae

旋花科番薯属。多年生草本。茎平卧，有时缠绕。聚伞花序，花冠漏斗状，花冠紫色或深红色。果球形。花期近全年，果熟期夏秋。

Z 10～11

非洲凌霄 （紫芸藤）

Podranea ricasoliana

紫葳科非洲凌霄属。常绿藤本，高 1 m 左右。叶对生，奇数羽状复叶。圆锥花序顶生，花冠漏斗状钟形，粉红色至紫红色。蒴果线形。花期秋季至翌年春季。

炮仗花

Pyrostegia venusta

紫葳科炮仗藤属。常绿藤本。具有 3 叉丝状卷须。花冠筒状，橙红色，裂片 5，花期 1 ～ 6 月。果瓣革质，舟状。

蒜香藤

Mansoa alliacea

紫葳科蒜香藤属。常绿藤本。三出复叶对生，小叶椭圆形，叶揉搓有蒜香味。花冠筒状，花紫红色至白色，春秋开花。蒴果。

硬骨凌霄

Tecomaria capensis

紫葳科硬骨凌霄属。常绿半藤状或近直立灌木，高达 2 m。叶对生，奇数羽状复叶。总状花序顶生，萼钟状，花冠漏斗状，橙红色至鲜红色。花期春季和秋季。

多年生草本

'佛乐' 地涌金莲
Musella lasiocarpa 'Fole'

芭蕉科地涌金莲属。多年生大型草本,高约1.3 m。株形伸展。叶卵圆形,中脉腹面橙红色,背面绿色。苞片卵状三角形,腹面黄橙色,背面橙红色。花序莲座状。花期6～9月。

 : 8b～10

'佛喜' 地涌金莲
Musella lasiocarpa 'Foxi'

芭蕉科地涌金莲属。多年生大型草本,高约0.7 m。株形伸展。叶背中脉基部红色,至顶端约1/2处减为绿色。苞片卵状三角形,腹面橙红色和黄橙色,背面橙红色。花期6～9月。

 : 8b～10

'佛悦' 地涌金莲
Musella lasiocarpa 'Foyue'

芭蕉科地涌金莲属。多年生大型草本,高约1.3 m。株形紧凑。叶片卵圆形,侧脉凸出明显,中脉及叶柄均为红色至红紫色。苞片卵状三角形,腹面橙色,背面橙红色。花期6～9月。

 : 8b～10

鹤望兰
Strelitzia reginae

芭蕉科鹤望兰属。多年生常绿大型草本。叶对生,长椭圆形。数朵花出自一舟状佛焰苞中,花萼橙黄色,箭头状花瓣蓝色。花期冬季。

 : 9b～11

尼古拉鹤望兰
Strelitzia nicolai

芭蕉科鹤望兰属。多年生常绿大型草本,高达8 m。茎木质,丛生。叶大型,亮绿色。花序船形,佛焰苞绿色、淡红色或略带紫色,萼片白色,侧生花瓣箭头状浅蓝色。花期5～7月。

 : 9b～11

花叶山菅兰(银边山菅兰)
Dianella ensifolia 'Silvery Stripe'

百合科山菅兰属。多年生常绿草本,高0.5～0.7 m。叶近基生,狭条状披针形,边缘具银白色条纹。花葶从叶丛中抽出,圆锥花序,淡紫色。浆果蓝紫色。花期夏季。

 : 9b～11

狐尾天门冬
Asparagus densiflorus 'Myersii'

百合科天门冬属。多年生常绿观叶草本,高0.3～0.6 m。植株形似狐狸的尾巴。茎直立丛生。叶状枝纤细,绿色。小花白色。果熟时鲜红色。

 : 9～11

万年青
Rohdea japonica

百合科万年青属。多年生常绿草本,高0.6 m。叶大,深绿色。穗状花序顶生,花小而密,白绿色,花被球状钟形,淡黄色。浆果球形,熟时红色。花期5～6月。

 :

 7～10

洒金一叶兰
Aspidistra elatior 'Punctata'

百合科蜘蛛抱蛋属。多年生常绿观叶草本。叶单生，较大。绿色叶面上有乳白色或浅黄色斑点。

 9 ～ 10

散斑假万寿竹
Disporopsis aspersa

百合科竹根七属。多年生草本，高约 0.1 ～ 0.4 m。花白色，具紫色斑点，钟形，俯垂。浆果近球形，熟时蓝紫色。花期 5 ～ 6 月。果熟期 9 ～ 10 月。

 8b ～ 9

斑点过路黄（细腺珍珠菜）
Lysimachia punctata

报春花科珍珠菜属。多年生落叶观花草本。叶具暗色斑，叶背面被毛。复总状花序，花冠黄色。蒴果球形。花期 5 ～ 6 月。

 4 ～ 8

花叶薄荷
Mentha rotundifolia 'Variegata'

唇形科薄荷属。多年生常绿草本，高 0.6 m。叶深绿色，叶缘具较宽的乳白色波纹。花淡粉色。花期 7 ～ 9 月。

 8b ～ 9

橙花糙苏
Phlomis fruticosa

唇形科糙苏属。多年生常绿观花草本，高
0.5～1m。茎灰白色，密被星状绒毛。叶面灰
绿色，叶背灰白色。花冠橙黄色。花期5～7月。

 Z 8～9

紫叶匍匐筋骨草
Ajuga reptans 'Atropurpurea'

唇形科筋骨草属。多年生常绿观花观叶草本。
茎四棱，匍匐生长。叶暗紫色。花蓝紫色。花
期5～6月。

Z 8～9

匍匐筋骨草
Ajuga reptans

唇形科筋骨草属。多年生常绿低矮草本，高
0.15～0.20m。茎四棱，匍匐生长。穗状花
序，花淡红色或蓝紫色。花期4～5月。

Z 8～9

丹参
Salvia miltiorrhiza

唇形科鼠尾草属。多年生常绿草本。羽状复叶。
总状花序，花萼钟形，带紫色，二唇形，花冠紫
蓝色。花期4～8月。著名的药用植物。

 Z 6～9

朱唇（红花鼠尾草）
Salvia coccinea

唇形科鼠尾草属。一年生或多年生观花草本，
高达0.7m。花序长，花深红或绯红色。花期
4～7月。

 Z 9b～10b

大花夏枯草
Prunella grandiflora

唇形科夏枯草属。多年生落叶观花草本。叶
卵形。花二唇形，花冠筒白色，两唇深紫堇色。
花期9月。

Z 5～9

甜薰衣草
Lavandula × heterophylla

唇形科薰衣草属。常
绿观花亚灌木，株高
0.2～0.7m。叶披针
形，灰白色。花紫色，
穗状花序纤细瘦长。花
期4～8月。

Z 8～9

宽叶韭
Allium hookeri

葱科葱属。多年生常绿草
本，高0.2～0.6m。叶
线状，扁平，有明显的葱
蒜味。伞形花序近球形，
花白色，星状展开。花果
期8～9月。

 Z 8～10

紫三叶
Trifolium repens 'Purpurascens Quadrifolium'

豆科车轴草属。多年生落叶草本。叶基生，三小叶复叶，小叶圆掌状，淡绿色边线，中心深紫栗色。花小，白色。花期夏季。

澳洲蓝豆
Baptisia australis

豆科赝靛属。多年生落叶观花草本，高0.5～1 m。茎直立，易倒伏。叶灰绿色。花蝶形，蓝色。花期5～6月。

紫殿矾根
Heuchera micrantha 'Palace Purple'

虎耳草科矾根属。多年生常绿草本，高30～60 cm。叶片暗紫红色，圆弧形，基部密莲座形。花白色，较小。花期夏季。

艳紫落新妇
Astilbe arendsii 'Gloria Purpurea'

虎耳草科落新妇属。多年生落叶观花草本，高0.4～0.8 m。圆锥花序，花密集，粉紫色。花期6～9月。

福禄考（天蓝绣球）
Phlox paniculata

花荵科福禄考属。多年生落叶观花草本。伞房状圆锥花序，多花密集成顶生，花冠高脚杯状，有大红色、粉红色、白色、紫色等。花期6～9月。

花叶闭鞘姜
Costus speciosus 'Marginatus'

姜科闭鞘姜属。多年生常绿草本，高0.5～1m。茎绿色，具节，生长弯曲。叶螺旋状排列，叶具明亮的黄白色条纹。穗状花序，花喇叭状，花冠白色。

红姜花
Hedychium coccineum

姜科姜花属。多年生常绿草本。植株茎高1.5～2m。叶片狭线形。穗状花序，花红色，花期6～8月。蒴果球形，果期10月。

黄姜花
Hedychium flavum

姜科姜花属。多年生常绿草本植物。叶片长圆状披针形或披针形。花黄色，形似蝴蝶，气味芬芳，花期8～9月。

砖红赛葵（蔓锦葵）
Malvastrum lateritium

锦葵科锦葵属。多年生常绿或半常绿蔓性草本，高 0.2～0.3 m。花肉粉色，中心浅黄色。花期春末至夏末。

 Z 8～10

槭葵
Hibiscus coccineus

锦葵科木槿属。多年生落叶草本，高 1～3 m。叶互生，掌状 5～7 深裂。花大，深红色。花期 7～9 月。

 Z 7～10

蜀葵
Alcea rosea

锦葵科蜀葵属。多年生常绿观花大型草本。总状花序，花大，有白色、黄色、粉色、红色等，花型单瓣或重瓣。花期 6～8 月。

PH ; Z 3～9

沙参
Adenophora stricta

桔梗科沙参属。多年生落叶草本，高 0.4～0.8 m。圆锥花序，花冠宽钟状，蓝色或紫色，花柱常略长于花冠。蒴果圆状球形。花期 8～10 月。

 Z 7～9

大滨菊
Leucanthemum maximum

菊科滨菊属。多年生半常绿观花草本。花呈松散的伞形花序，白色，中间黄色，单瓣或重瓣。花期 6～9 月。

Z 6～9

黄斑大吴风草
Farfugium japonicum 'Aureomaculatum'

菊科大吴风草属。多年生常绿草本。叶肾形，较大，绿色具乳黄色斑点。头状花序，花黄色。花期 10～12 月。

Z 8～10

银边大吴风草
Farfugium japonicum 'Argenteum'

菊科大吴风草属。多年生常绿观叶草本。叶肾形，具不规则乳白色边缘，中间具蓝绿色条纹。头状花序，花黄色。

Z 8～10

美人堆心菊
Helenium 'Moerheim Beauty'

菊科堆心菊属。多年生半常绿观花草本。茎直立，丛生。边花橙黄色、红色；中心圆顶状，棕褐色。花期 6～9 月。

Z 5～8

蜂斗菜

Petasites japonicus

菊科蜂斗菜属。多年生落叶草本，高0.5～0.8 m。
叶大心形或肾形。头状花序，粉红色、黄白色等。
花期4～5月。嫩叶可食。

 ；ⓩ 5a～9

斑叶北艾（黄金艾蒿）

Artemisia vulgaris 'Variegata'

菊科蒿属。多年生观叶落叶草本，高可达1.2 m。
直立丛生。叶具黄色斑点，黄绿相间，春生叶
黄斑明显，夏秋后转绿色。

 ；ⓩ 4～9

细叶银蒿

Artemisia schmidtiana 'Nana'

菊科蒿属。多年生落叶草本。茎直立多数。
叶纤细，银灰绿色。花不明显，白色。花期
夏季。生长迅速。

 ；ⓩ 3～9

黑心菊

Rudbeckia hirta

菊科金光菊属。多年生观花落叶草本，株高达
0.6～1 m。叶互生，叶基下延至茎呈翼状，羽
状分裂。头状花序，花心紫褐色，边花黄色。花
期5～9月。

 ；ⓩ 7～9

大金光菊

Rudbeckia maxima

菊科金光菊属。多年生观花落叶草本，高1～2.5 m。
茎高耸。叶片大，漂亮的灰蓝色。头状花序，边
花黄色，花心圆柱形深褐色。花期6～7月。

 ；ⓩ 4～9

天堂之门金鸡菊

Coreopsis rosea 'Heaven's Gate'

菊科金鸡菊属。多年生观花常绿草本。植
株易倒伏，宜适时修剪。叶细羽状分裂，
质感细腻。花瓣粉红色。花期5～10月。
耐干旱贫瘠。

花叶裂叶马兰

Kalimeris incisa 'Variegata'

菊科马兰属。多年生落叶
草本。叶暗绿色，边缘具
奶黄色或白色斑纹。头状
花序，边花淡蓝色，中心
黄绿色。花期7～9月。

 ；ⓩ 7～9

金盘凤尾蓍

Achillea filipendulina 'Gold
Plate'

菊科蓍属。多年生落叶
观花草本，高达1.2 m。
羽状复叶互生。头状花
序伞房状着生，金黄色，
花芳香。

ⓩ 4～9

小精灵天人菊
Gaillardia × grandiflora 'Kobold'

菊科天人菊属。多年生落叶观花草本。头状花序，边花舌状，先端黄色，基部红褐色。中间筒状花圆球状。花期夏至秋初。

 : Z 5～9

银香菊
Santolina chamaecyparissus

菊科银香菊属。多年生常绿草本，高 0.5 m。枝叶密集，新梢柔软，具灰白色柔毛。叶银灰色，有香味。花黄色，头状。花期 6～7 月。

 : Z 8～9

箭根薯（老虎须）
Tacca chantrieri

蒟蒻薯科蒟蒻薯属。多年生常绿草本，高达 0.9 m。叶长圆形。伞形花序，紫褐色，丝状苞片紫褐色数十条从花基部伸出。浆果肉质，椭圆形，具 6 棱，紫褐色。花果期 4～11 月。

: Z 10～11

九头狮子草
Peristrophe japonica

爵床科观音草属。多年生落叶草本，高可达 0.6 m。花小，淡紫色，花顶生或腋生于上部叶腋，花期 8～10 月。耐阴性极强。

 : Z 8～10

蓝花草（翠芦莉）
Ruellia brittoniana

爵床科蓝花草属。多年生常绿观花草本，株高 0.5～0.8 m。叶对生。花腋出，花冠蓝紫色。春至秋季均能开花，花期极长。

 PH : Z 9～11

虾膜花（鸭嘴花、苞力花）
Acanthus mollis

爵床科老鼠簕属。多年生草本，高达 1.2 m。冬季常绿，夏季休眠。基部叶大，深绿色。穗状花序，白紫色。花期 5～9 月。

: Z 8～10

珊瑚花
Cyrtanthera carnea

爵床科珊瑚花属。多年生常绿草本，高达 1m 左右。叶卵形、距圆形至卵状披针形。花粉红紫色，花期 6～8 月。蒴果。

: Z 10～11

金红岩桐（金红花）
Chrysothemis pulchella

苦苣苔科金红岩桐属。多年生球根植物。叶对生，阔披针形，叶背紫褐色。伞形花序花顶生或叶腋出，小花筒状，橙黄色，花萼火红色。花期较长，春、夏、秋三季都有。

: Z 10～11

白及

Bletilla striata

兰科白及属。多年生落叶草本，高0.2～0.6 m。茎粗壮直立。花大，紫红色、粉红色或白色。花期4～5月。

 ：Z 5～9

海石竹

Armeria maritima

白花丹科海石竹属。多年生常绿观花草本，株高0.2～0.3 m。丛生。叶基生，叶线状长剑形，深绿色。头状花序，花粉红色至玫瑰红色。花期5～6月。

：Z 4～9

红龙蓼

Persicaria 'Red Dragon'

蓼科蓼属。多年生落叶草本。新叶暗紫红色，夏季转绿。花白色。花期5～9月。

：Z 4～9

红脉酸模

Rumex sanguineus

蓼科酸模属。多年生落叶观叶草本。叶莲座状，具红色或紫红色中脉和红色或深紫色细脉。花绿色转红棕色。果暗褐色。

 ：Z 4～9

香露兜

Pandanus amaryllifolius

露兜树科露兜树属。常绿草本。地上茎分枝，有气根。叶长剑形，翠绿色，有刺，具糯米清香。

：Z 11

马利筋

Asclepias curassavica

萝藦科马利筋属。亚灌木状多年常绿生草本，高可达1 m。全株有白色乳汁，有毒。聚伞花序，黄红色。花期几乎全年，果期8～12月。种子可以自播。

：Z 9b～11

细裂美女樱（紫花美女樱）

Verbena tenera

马鞭草科马鞭草属。多年生观花草本，丛生匍匐型。叶羽状细裂，裂片狭线形。伞房花序，花冠筒状，花蓝紫色。花期4～10月。

：Z 8～9

杂交铁筷子

Helleborus × hybridus

毛茛科铁筷子属。多年生常绿草本。花萼初粉红色后变绿色，花瓣圆筒状漏斗形，淡黄绿色。花期3～4月。

：Z 8～9

地榆
Sanguisorba officinalis

蔷薇科地榆属。多年生落叶草本，高0.3～1.2 m。穗状花序圆柱形，花葶高挺，紫红色。花果期8～11月。

 ☀ ◑ ❄ ; Z 2～9

蕨麻（鹅绒委陵菜）
Potentilla anserina

蔷薇科委陵菜属。多年生落叶草本。植株匍匐地面。叶背面密生白细绵毛。聚伞花序，花黄色。花期5～7月。

☀ ◑ ❄ ◢ ; Z 4～9

莓叶委陵菜
Potentilla fragarioides

蔷薇科委陵菜属。多年生落叶草本，高约0.3 m。基生叶羽状复叶，似草莓叶。伞房状聚伞花序，花橘黄色。花期4～6月。

☀ ◑ ❄ ◢ ; Z 3～9

棕叶薹草
Carex comans 'Bronze'

莎草科薹草属。多年生常绿草本，高达0.2～0.3 m。叶条形，细长，拱形下垂，古铜色。

 ☀ ◑ ❄ ◢ ; Z 7～9

葱莲（葱兰）
Zephyranthes candida

石蒜科葱莲属。多年生观花草本。叶狭线形，肥厚，亮绿色。花单生于花茎顶端，花白色，外面常带淡红色。蒴果近球形。花期7～9月。

 ☀ ◑ ◢ ; Z 7b～10

银边狭叶龙舌兰
Agave angustifolia 'Marginata'

石蒜科龙舌兰属。多年生常绿观叶草本。叶剑形，肥厚，莲座状簇生，灰绿色，边缘白色并具锐刺。圆锥花序，花冠漏斗状，黄绿色。花期夏季。

☀ ◑ ◢ ; Z 10～11

金边美洲龙舌兰
Agave americana 'Marginata'

石蒜科龙舌兰属。多年生常绿观叶草本。叶坚挺剑形，莲座状排列，具黄白色条带镶边，叶缘有钩刺。花肉质，铃状，淡黄绿色。花期6～7月。

☀ ◢ ; Z 9～11

美洲龙舌兰
Agave american

石蒜科龙舌兰属。多年生常绿草本，高1 m。大型厚而坚硬的叶呈莲座状排列，灰绿色。大型圆锥花序，花黄绿色。花期4～6月。

☀ ◑ ◢ ; Z 9～11

忽地笑
Lycoris aurea

石蒜科石蒜属。多年生草本。鳞茎肥大，近球形。叶基生，阔线形，夏季枯萎，秋季出叶。花葶直立，鲜黄色，花瓣反卷。花期8～9月，果期10月。

 8～9

换锦花
Lycoris sprengeri

石蒜科石蒜属。多年生草本。鳞茎卵形。早春出叶，叶带状，夏季枯萎。花淡紫红色。花期8～9月，果期10月。

 8～9

石蒜
Lycoris radiata

石蒜科石蒜属。多年生草本。鳞茎近球形。叶狭带状，夏季叶萎，秋季出叶，冬季绿色。花葶高，伞形花序，鲜红色。花期8～9月，果期10月。

 8～10

金边水鬼蕉
Hymenocallis littoralis 'Variegata'

石蒜科水鬼蕉属。多年生落叶草本，高0.5～0.6 m。叶带形，边缘具乳黄色条纹。伞形花序，花白色。花期夏末秋初。

 10～11

网球花
Haemanthus multiflorus

石蒜科网球花属。多年生球根花卉。叶基生，条形，宽大。花茎直立，先叶抽出，球状伞房花序，直径可达0.15 m。花小，鲜红色。浆果球形，鲜红色。花期5～7月。

 10～11

红花文殊兰
Crinum × amabile

石蒜科文殊兰属。多年生常绿观花草本，高达1.5 m。地下假鳞茎小。叶基生，带形。花葶自叶丛中抽生，伞形花序，鲜红色、紫红色、白色。花期夏季。

 10～11

花叶文殊兰
Crinum asiaticum 'Variegatum'

石蒜科文殊兰属。多年生常绿观叶草本。叶条状，长达1 m，有白色纵纹。伞形花序，花白色。花期夏秋。

10～11

大叶仙茅
Curculigo capitulata

石蒜科仙茅属。多年生观叶草本，高达1 m。成株丛生状。叶椭圆状披针形，长0.4～0.9 m。总状花序缩短成头状，花黄色。浆果近球形，白色。花期5～6月。果期8～9月。

9b～11

疏花仙茅
Curculigo gracilis

石蒜科仙茅属。多年生常绿草本。叶基生，披针形或近长圆状披针形，长 0.2～0.5 m，纵向皱褶，似棕榈幼叶。花葶从叶腋发出，被绒毛，总状花序，花黄色。

 ：Z 9b～10

石碱花（肥皂草）
Saponaria officinalis

石竹科肥皂草属。多年生观花草本，株高达 0.3～0.9 m。聚伞花序顶生，花单瓣或重瓣，淡红色或白色。花期 6～8 月。

 ：Z 7～9

菖蒲
Acorus calamus

菖蒲科菖蒲属。多年生草本。叶剑状线形，绿色，光亮，叶具浓烈香味。肉穗花序，黄绿色。浆果长圆形，红色。花期 6～9 月。

：Z 4～11

红莲子草（大叶红草）
Alternanthera dentata 'Rubiginosa'

苋科莲子草属。多年生落叶草本。茎直立或基部匍匐，多分枝。叶暗红色。头状花序，白色。

 ：Z 8～10

血苋
Iresine herbstii 'Brilliantissima'

苋科血苋属。多年生常绿观叶草本。茎常带红色。叶卵圆形，深红色或橙色。花小，绿白色。

 ：Z 10～11

黄苞蝎尾蕉
Heliconia latispatha

蝎尾蕉科蝎尾蕉属。多年生常绿草本，高 1.8～3.0 m。叶色深绿色，大型。花型奇特，花序直立向上，苞片鲜黄色。

 ：Z 10～11

垂花蝎尾蕉
Heliconia rostrata

蝎尾蕉科蝎尾蕉属。大型多年生常绿草本，高可达 3 m。大型叶披针形，深绿色，有光泽。大型穗状花序下垂，长达 1.5 m，苞片呈二列互生排列成串，船形，基部红色，渐向尖变金黄色，边缘绿色。舌状花黄绿色。花期 5～10 月。

 ：Z 10～11

蓝矮穗花婆婆纳
Veronica spicata 'Ulster Blue Dwarf'

玄参科婆婆纳属。多年生观花草本。总状花序，花紫色。花期夏季。

 ：Z 6～9

冷水花
Pilea cadierei

荨麻科冷水花属。多年生草本，高 0.15 ~ 0.4 m。叶绿色，叶面有 2 条间断白斑，钟乳体梭形，两面明显。雄花序头状。花期 9 ~ 11 月。

: Z 9b ~ 11

胭脂红紫露草
Tradescantia 'Karminglut'

鸭跖草科紫露草属。多年生草本，高 0.3 ~ 0.6 m。叶蓝绿色或灰绿色。花深粉紫色。花期春末至夏。

: Z 7a ~ 9b

无毛紫露草
Tradescantia virginiana

鸭跖草科紫露草属。多年生落叶草本。茎直立，节明显，有叶鞘。花蓝紫色，清晨开花，午前闭合（阴天可延至午后）。花期 5 ~ 10 月。

: Z 6 ~ 9

博落回
Macleaya cordata

罂粟科博落回属。多年生落叶大型草本。茎高 1 ~ 4 m，光滑，中空。叶大，背面多白粉。大型圆锥花序，黄白色。果序灰粉色。花期 6 ~ 8 月。

: Z 7 ~ 9

巴西鸢尾
Neomarica gracilis

鸢尾科巴西鸢尾属。多年生常绿草本，高 0.4 ~ 0.5 m。花从花茎顶端鞘状包片内开出，花瓣 6，3 瓣外翻的白色苞片，另 3 瓣直立内卷，蓝紫色具白色线条。花期 4 ~ 9 月。

: Z 9b ~ 11

猫眼竹芋
Calathea insignis

竹芋科肖竹芋属。多年生常绿草本，高达 1.2 m。植株丛生状。叶长而窄，呈矛状，叶面从中脉放射出深绿色斑点，叶背呈褐红色。

: Z 10 ~ 11

紫叶酢浆草
Oxalis triangularis 'Purpurea'

酢浆草科酢浆草属。多年生落叶观花观叶草本。叶紫红色，倒三角形。花淡粉色或淡紫色。花期 5 ~ 11 月。

: Z 7 ~ 10

宽叶沿阶草
Ophiopogon platyphyllus

百合科沿阶草属。多年生常绿草本。叶丛生，条状披针形，长可达 0.6 m，宽可达 2.2 cm。总状花序，白色。果近圆形，蓝色。花期 8～9 月。

 8～10

小盼草
Chasmanthium latifolium

禾本科北美穗草属。多年生落叶草本，高 0.5～0.8 m。叶直立，紧密丛生，亮绿色，冬季变成棕色。花果序风铃状，初为绿色，后转紫褐色。花果期 8～12 月。

 3～9

斑茅
Saccharum arundinaceum

禾本科甘蔗属。多年生高大草本，高 2～4 m。丛生。叶线状披针形，长 1.5 m。大型圆锥花序顶生，花灰白色带紫色。花果期 8～12 月。

8～11

棕叶狗尾草
Setaria palmifolia

禾本科狗尾草属。多年生落叶草本，高 0.7～2 m。叶片纺锤状宽披针形，具纵深皱折，似棕榈幼叶。花序塔形。花果期 5～12 月。

 8～11

花叶芦竹
Arundo donax var. *versicolor*

禾本科芦竹属。多年生落叶观叶大型草本，高达 4 m。叶成二列，弯垂，新生叶灰绿色具明亮的白色纵纹，夏季转绿。圆锥花序羽毛状，花红色至白色。花期 10～11 月。

 7～11

毛芒乱子草
Muhlenbergia capillaris

禾本科乱子草属。半常绿至常绿宿根草本，高可达 1 m。叶条形。花穗云雾状，暗红色。花期 9～11 月。忌积水。

 6～10

晨光芒
Miscanthus sinensis 'Morning Light'

禾本科芒属。多年生落叶草本，株高 1～1.5 m。直立性强。叶直立、纤细，顶端呈弓形。圆锥花序，花色由最初的粉红色渐变为红色，秋季转化为银白色。花期 10～12 月。

6～10

蓝滨麦
Leymus condensatus

禾本科披碱草属。多年生常绿草本，高 0.5～1 m。叶条形，灰蓝色。花灰白色，花期 6～8 月。

 6～9

玫红蒲苇

Cortaderia selloana 'Rosea'

禾本科蒲苇属。多年生大型常绿草本植物。株形优美，叶片基部丛生。花淡玫红色，圆锥花序，花期9～12月。

 Z 8～10

蒲苇

Cortaderia selloana

禾本科蒲苇属。多年生大型常绿草本植物，高达3m。叶片纤长，柔软下垂。圆锥花序大且美丽，花白色。花期9～12月。

 Z 8～10

花叶燕麦草

Arrhenatherum elatius var. *bulbosum* 'Variegatum'

禾本科燕麦草属。多年生冬绿草本，高0.25m。夏季地上部分枯萎。茎簇生。叶线形，叶片中肋绿色，两侧呈乳黄色。圆锥花序，紫色。不结实。

Z 4～9

蓝羊茅

Festuca glauca

禾本科羊茅属。多年生常绿草本，高0.15～0.3m。丛生。叶片蓝绿色，针状，附着白粉，春秋季节为蓝色。圆锥花序。花期5月。

 Z 6～9

玉带草

Phalaris arundinacea 'Picta'

禾本科虉草属。多年生常绿草本，高达1.4m。叶扁平，宽条形，柔软，绿色具白色边缘及条纹。圆锥花序，形似毛帚。花期6～7月。

 Z 4～10

变色玉带草

Phalaris arundinacea 'Feesey'

禾本科虉草属。多年生草本，高0.4～0.6m。线形叶，叶片具宽大而明快的白色纵向条纹，冬季经霜冻后条纹变成淡粉红色。圆锥花序，白色。

 Z 4～10

木贼

Equisetum hyemale

木贼科木贼属。多年生草本，高达1m。枝一型，地茎直立，单一或仅于基部分枝，中空，有节，表面灰绿色或黄绿色，有纵棱沟壑0～30条，粗糙。

  Z 2～10

涝峪薹草

Carex giraldiana

莎草科薹草属。多年生常绿草本。根状茎匍匐。叶反卷，淡绿色，稍坚硬。小穗棒状圆柱形。花果期3～5月。

 Z 7～9

条穗薹草
Carex nemostachys

莎草科薹草属。多年生常绿草本，株高 0.4～0.9 m。叶细长，较坚挺。花穗状。花果期 9～12 月。

 : **Z** 7～11

棕红薹草
Carex buchananii

莎草科薹草属。多年生常绿观叶草本，高 0.3～0.6 m。直立丛生。叶非常细，质地粗糙，棕色带暗红。花棕色。花期初夏。

☀☀❄ **PH** : **Z** 8～9

棕榈叶薹草
Carex muskingumensis

莎草科薹草属。半常绿多年生草本，高 0.2～0.5 m。叶丛生，浅绿色，从干的顶部散开，像微型的棕榈叶，霜后变黄色。穗状花序。花期 5～9 月。

 : **Z** 5～9

香茅草（柠檬草）
Cymbopogon citratus

禾本科香茅属。多年生草本，高 1～2 m。全株具有柠檬香味。叶簇生，粗糙。圆锥花序疏散，少有开花。颖果。花果期夏季。

 : **Z** 9b～11

蕨类

金毛狗
Cibotium barometz

蚌壳蕨科金毛狗属。大型树状常绿蕨类。根状茎粗大，端部上翘，露出地面部分密被金黄色长茸毛。叶簇生于茎顶端，基部和幼叶也密被金色茸毛。

 : 9～11

'银心'凤尾蕨
Pteris cretica 'Albolineata'

凤尾蕨科凤尾蕨属。常绿观叶蕨类。具地下根状茎。叶直立丛生，叶中心具白色条纹，叶梗黑色。

 : 9b～10b

井栏边草
Pteris multifida

凤尾蕨科凤尾蕨属。多年生常绿草本，高0.3～0.7m。叶细柔，二型，丛生。

 : 7～10

蜈蚣蕨
Pteris vittata

凤尾蕨科凤尾蕨属。多年生常绿观叶草本，高0.3～1.5m。叶丛生，羽状复叶，直立。

 : 8a～11

圆盖阴石蕨
Humata tyermanni

骨碎补科阴石蕨属。多年生草本，小型附生蕨类。株形紧凑，体态潇洒。根状茎密被白毛，自然弯曲，形似狼尾。叶三至四回深羽裂，叶形美丽。孢子囊群近叶缘着生于叶脉顶端，囊群盖圆形。

 : 8～10

荚果蕨
Matteuccia struthiopteris

蕨科荚果蕨属。多年生落叶草本，高0.5～0.7m。叶簇生，叶片椭圆披针形至倒披针形，二回深羽裂，羽片40～60对。

 : 3～9

蕨
Pteridium aquilinum var. *latiusculum*

蕨科蕨属。多年生落叶大型观叶草本，高达1m。幼叶拳卷，成熟后展开，羽状复叶。孢子囊棕黄色，沿叶边脉着生，囊群盖线性。

z 3～10

贯众（小贯众）
Cyrtomium fortunei

鳞毛蕨科贯众属。多年生常绿观叶草本，高0.3～0.6m。叶丛生，一回羽状复叶，小羽片镰刀状，叶柄被褐色细毛。

: 7～10

桫椤

Alsophila spinulosa

桫椤科桫椤属。多年生常绿大型蕨类，高 3 ～ 4 m。茎直立。叶长矩圆形，二回羽状深裂，螺旋状排列于茎顶，大型。孢子囊群分布于叶背。

 ; 10 ～ 11

铁线蕨

Adiantum capillus-veneris

铁线蕨科铁线蕨属。多年生草本，植株高 0.15 ～ 0.4 m。根状茎细长横走。叶片卵状三角形，叶干后薄草质，草绿色或褐绿色。孢子淡黄绿色、棕色。

 ; 6 ～ 10

顶芽狗脊（单芽狗脊）

Woodwardia unigemmata

乌毛蕨科狗脊蕨属。多年生常绿观叶草本，高 0.6 ～ 0.9 m。叶簇生，二回羽状深裂，长可达 1 m，新生叶红褐色。

 ; 8b ～ 10

珠芽狗脊（胎生狗脊）

Woodwardia prolifera

乌毛蕨科狗脊蕨属。多年生常绿大型观叶草本。叶二回羽状深裂，布满带小叶片的芽孢，叶柄粗壮。

 ; 8 ～ 11

矮桃（珍珠菜）
Lysimachia clethroides

报春花科珍珠菜属。多年生湿生草本。茎直立，圆柱形。总状花序，花密集，常转向一侧，后渐伸长，花冠白色。花期5～7月。适宜水深0～5cm。

 Z 4～9

茭白
Zizania latifolia

禾本科菰属。多年生宿根草本植物，高1～2m。具匍匐根状茎。叶鞘肥厚，叶片扁平宽大。圆锥花序。颖果圆柱形。花果期秋季。适宜水深0～30cm。

 Z 3～11

金叶芦苇
Phragmites australis 'Variegatus'

禾本科芦苇属。多年生挺水草本，高1～2m。叶片上有黄白色宽狭不等的长条纹。圆锥花序，淡紫色。花期夏秋。适宜水深0～30cm。

Z 5～10

互花米草
Spartina alterniflora

禾本科米草属。多年生湿生草本，高达1～3m。植株茎秆坚韧、直立。叶披针形，长达90cm。圆锥花序，花粉黄色。适合海岸潮间带栽植。

 Z 7～10

水罂粟
Hydrocleys nymphoides

黄花蔺科水罂粟属。多年生浮叶草本。叶卵形至近圆形，顶端圆钝，基部心形，簇生于茎上。伞形花序，小花具长柄，罂粟状，浅黄色。蓇葖果披针形。花期6～9月。适宜水深60cm。

Z 8～11

艳山姜
Alpinia zerumbet

姜科山姜属。多年生常绿湿生草本。叶大。长花序下垂，花序轴紫红色，花白色先端粉红色。蒴果卵圆形。花期4～6月，果期7～10月。适宜水深5～15cm。

 Z 9b～11

千屈菜（水柳）
Lythrum salicaria

千屈菜科千屈菜属。多年生挺水或湿生草本。花组成小聚伞花序，簇生，红紫色或淡紫色。花期7～10月。适宜水深0～10cm。

 Z 3～10

彩叶蕺菜
Houttuynia cordata 'Chameleon'

三白草科蕺菜属。多年生落叶草本。叶具花斑，有红色、绿色、褐色、黄色等。花白色。花期4～9月。适宜水深0～10cm。

 Z 5～9

海三棱藨草
Scirpus × mariqueter

莎草科藨草属。多年生挺水草本，高0.4～0.6m。中国特有盐沼植物，长江口淤涨型潮滩的典型先锋植物。具匍匐根状茎和须根，三棱形。花果期6月。适宜水深5～25cm。

    7～9

香菇草
Hydrocotyle vulgaris

伞形科天胡荽属。多年生挺水或湿生草本。叶圆盾形。生长迅速，繁殖能力强，适应性强。适宜水深0～20cm。

 8b～11

纸莎草
Cyperus papyrus

莎草科莎草属。多年生水生大型挺水草本，高可达3m。茎扁三棱柱形。叶细长，亮绿色。花绿褐色。适宜水深0～30cm。

 10～11

金线水葱
Schoenoplectus tabernaemontani 'Albescens'

莎草科水葱属多年生落叶挺水草本，高1～2m。茎秆散生高大，具金色条纹。叶片线形。聚伞花序，棕色。花果期6～9月。适宜水深30～55cm。

   4～10

苦草
Vallisneria natans

水鳖科苦草属。多年生沉水草本。叶基生，线形或带形，绿色或略带紫红色，常具棕色条纹和斑点。优秀的水质净化植物。适宜水深80～150cm。

 4～9

芡实
Euryale ferox

睡莲科芡属。一年生大型水生草本。沉水叶箭形或椭圆肾形，浮水叶椭圆形至圆形，盾状，背面带紫色，直径可达1.3m。花冠紫色或白色，花期7～8月。适宜水深70～90cm，幼苗期10～20cm。

   4～10

石菖蒲
Acorus tatarinowii

菖蒲科菖蒲属。多年生草本。丛生状。叶线形，暗绿色，有药草香味。肉穗花序圆柱状，花白色。花果期2～6月。适宜水深0～20cm。

 8～11

马蹄莲
Zantedeschia aethiopica

天南星科马蹄莲属。多年生草本。叶基生，箭形，较厚，绿色。佛焰苞黄色，苞片白色，肉穗花序，黄色。花期11月至翌年6月。适宜水深0～20cm。

   9b～11

水金杖（金棒花）

Orontium aquaticum

天南星科水金杖属。多年生挺水植物，高 0.5 m。根茎粗壮。叶色深绿。佛焰花序伸长，上部黄色，下部绿色，花下有一白色带。花期 4～5 月。适宜水深 0～15 cm。

 Ｚ 5～10

紫芋

Colocasia esculenta

天南星科芋属。多年生落叶水生草本。叶巨大，盾状，卵状箭形，紫黑色。花很少产生，黄白色。花期 7～9 月。适宜水深 0～20 cm。

Ｚ 9～11

花叶香蒲

Typha latifolia 'Variegata'

香蒲科香蒲属。多年生挺水或沼生草本，高 0.8～1.2 m。叶直立，剑状，具黄白相间的条纹。花单生，成顶生的蜡烛状顶生花序，黄色。花期 5～6 月。适宜水深 15～30 cm。

Ｚ 6～9

剑叶梭鱼草

Pontederia lanceolata

雨久花科梭鱼草属。多年生挺水草本，高达 0.9～1.2 m。植株丛生，整齐。叶片狭窄直立似剑形。穗状花序，蓝色。花期 7～9 月。适宜水深 10～30 cm。

 Ｚ 8～11

白花梭鱼草

Pontederia cordata var. *alba*

雨久花科梭鱼草属。多年生挺水或湿生草本，高达 1.5 m。叶卵状披针形，深绿色。穗状花序，顶生，白色。种植深度为 0～20 cm。

Ｚ 5～11

金叶黄菖蒲

Iris pseudacorus 'Variegata'

鸢尾科鸢尾属。多年生湿生或挺水草本。叶基生，长剑形，春季明黄色，后转绿。花茎稍高出于叶，黄色。蒴果，有棱角。花期 5～6 月。适宜水深 0～15 cm。

PH Ｚ 5～10

溪荪

Iris sanguinea

鸢尾科鸢尾属。多年生落叶草本。花葶直立坚挺，高出叶丛，花蓝色、淡紫色、粉色、黄色、白色等。花期 5 月。适宜水深 0～5 cm。

 Ｚ 2～9

泽泻

Alisma plantago-aquatica

泽泻科泽泻属。宿根挺水草本，高 0.5～1 m。叶椭圆形或宽卵形，基部鞘状。花轮生伞形，白色。花期 6～8 月。适生水深 10～15 cm。

 Ｚ 5～9

垂花水竹芋（红鞘水竹芋）

Thalia geniculata

竹芋科水竹芋属。多年生挺水植物，株高 1～2 m。地下具根茎。叶鞘常为红褐色。花茎可达 3 m，直立，穗状花序，花紫色、白色，似蝴蝶。花期 6～11 月。适宜水深 0～25 cm。

 PH Ｚ 10～11

黄条金刚竹
Pleioblastus kongosanensis 'Aureostriatus'

禾本科大明竹属。观叶地被竹类，混生型，高0.5～1m。叶片较宽大，绿色，不规则间有黄条纹。

☀ ◗ 🍃 ✂ ; Ⓩ 9～10

菲白竹
Pleioblastus fortunei

禾本科大明竹属。观叶地被竹类，低矮丛生型，高约0.2 m。叶片短小，披针形，两面具白色柔毛，绿叶常具白色或淡黄色纵条纹。笋期4～6月。

◗ ● ❄ 💧 ; Ⓩ 7b～10

菲黄竹
Pleioblastus viridistriatus

禾本科大明竹属。观叶地被竹类，混生型，高达0.3～0.5m。新叶黄色，具绿色条纹，老叶转为绿色。

◗ ● ❄ ; Ⓩ 7a～10b

苦竹
Pleioblastus amarus

禾本科大明竹属。散生型，高3～5 m。幼竿淡绿色，具白粉，老后渐转绿黄色。叶片有白色绒毛。笋期6月。

☀ ◗ ❄ ; Ⓩ 8～10

白纹椎谷笹（条纹光赤竹）
Sasa masamuneana 'Albostriata'

禾本科赤竹属。观叶地被竹类，混生型，高0.5～0.8m。竹体矮小，枝叶密集。叶片披针形，绿色，具白色或淡黄色条纹。笋期4月下旬至5月上旬。

☀ ❄ 🍃 ㏗ ✂ ; Ⓩ 8～9

红哺鸡竹
Phyllostachys iridescens

禾本科刚竹属。散生型，高6～12 m。秆基部节间常具淡黄色纵条纹。箨鞘紫红色，边缘及顶部颜色尤深，具紫黑色斑点。箨叶为颜色鲜艳的彩带状。笋期4月中下旬。

◗ ❄ ㏗ ; Ⓩ 8～10

金竹
Phyllostachys sulphurea

禾本科刚竹属。散生型，高6～10 m。竿于解箨时呈金黄色。笋期7～8月。

◗ ❄ ; Ⓩ 8～9

龟甲竹
Phyllostachys edulis 'Heterocycla'

禾本科刚竹属。散生型，高达20 m。秆绿色渐变为绿黄色，基部以至相当长一段秆的节间连续呈不规则的短缩肿胀并交斜连接如龟甲状。笋期4月。

☀ ; Ⓩ 9～10

花秆毛竹（绿槽毛竹）

Phyllostachys edulis 'Viridisulcata'

禾本科刚竹属。散生型，高20m以上。大型竹。竹秆黄色，凹槽部位为绿色。叶有花纹。笋期5月。

   8b ～ 9

糯竹

Cephalostachyum pergracile

禾本科空竹属。丛生型，高9～12m。笋箨起初被黑色硬毛，以后毛脱落则呈光亮的栗褐色。竹秆粉绿色。节间较长，傣族常用此竹制作竹筒饭。

☀ ◐ : Z 10 ～ 11

青丝黄竹

Bambusa eutuldoides 'Viridivittata'

禾本科簕竹属。丛生型，高6～12m。竹丛优美，自然成型好。秆金黄色，具绿色纵条纹。新鲜箨鞘绿色，具黄色纵条纹。

   : Z 9 ～ 10

鹅毛竹

Shibataea chinensis

禾本科倭竹属。观叶竹类，散生型，高可达1m。秆细，淡绿色或稍带紫色。叶形似鹅毛，嫩叶鲜绿色。笋期5～6月。

☀ ◐ ❄ (PH) : Z 8 ～ 9

小琴丝竹

Bambusa multiplex

禾本科簕竹属。丛生型，高4～7m。新秆浅红色，老秆金黄色，具不规则绿色纵条纹。笋期初夏。

◐ : Z 9 ～ 10

凤尾竹

Bambusa multiplex

禾本科凤尾竹属。丛生型，高3～5m。秆干矮小，秆上部每节多分枝，每小枝有叶5～9片。

☀ ◐ : Z 9 ～ 11

白纹阴阳竹

Hibanobambusa × Phyllosasa tranquillans 'Shiroshima'

禾本科阴阳竹属。混生竹型，高1.5～2m。叶片宽大，新叶白黄色，渐绿间有数条较宽的黄白条纹，叶色非常醒目亮丽。笋期4月下旬。

   : Z 9

附录

附录　园林植物的修剪

园林景观中的植物分为观型、观花、观果、观叶、观枝等多种观赏类型。高大的骨干树种多为自然树形，追求的是树势健康茂盛、树冠丰满圆润，中下层的灌木则肩负着观花、观果、造型等更多的观赏功能，需经过园艺师们的精心修剪造型来更好的体现。人工修剪不仅可以增加植物自然美，控制植物长势、促进植物花繁叶茂、防治病虫害，还可根据庭院造景的需要对植物进行造型，维持或增进园林景观的观赏性（图1）。修剪是一项极需技术和耐心的工作，是园林植物管养中最重要的环节。

图1　英国莎士比亚故居花园

一、修剪目的

1. 树木移植修剪。大树移栽时，要及时修剪断枝、机械损伤枝，保留骨干枝，修去多余的小侧枝，减少水分蒸发，提高成活率，最后再依树势做适当修剪，为下一步管理打好基础。

2. 行道树修剪。道路两侧立地条件差，行道树生长空间有限，疏枝可改善通风条件，避免供电和通信线路与树木竞争空间。同时通过短截来促进新枝生长，扩大树冠，提高绿量，并利用剪口芽引导树姿、调节树势。

3. 花灌木修剪。去除弱枝、重叠枝、冗长枝，保持良好树形，加强通风透光，达到丰花的目的。

4. 绿篱、造型树的修剪。维持一定的造型和分枝密度，并逐渐增大体量。一般在生长期多次进行，根据树种的耐修剪程度和萌发力不同，一年常修剪3~4次。

5. 草坪修剪。控制草坪高度，促进分蘖，增加草坪密实度及耐踏性，抑制草坪杂草开花结实，保持美观。草坪修剪时不能过低，否则大量的生长点被剪除，使草坪丧失再生能力。树荫处草坪应提高修剪高度，以利于其适应遮阴条件。

二、修剪时机

根据植物生长的习性及特点，分为生长期修剪和休眠期修剪。生长期修剪即在嫩梢生长期进行，如绿篱、球冠树，在一个生长季需多次修剪，且每次修剪需适时有度，否则会影响植株造型及美观。但有些植物不宜在生长季修剪，如松柏类、观赏桃类，修剪伤口会流胶渗水，影响生长。月季等一年多次开花的植物，则多在花后疏去残花枝、短截冗长枝，以促进持续开花。

休眠期修剪一般在秋末落叶后一、二周至春季发芽前的一、二周期间修剪，落叶树种和常绿针叶树种常在休眠期修剪。秋季过早修剪会迫使芽萌发，易遭受冻害；春季过迟修剪，因植株已萌芽，养份损耗较多，且易造成伤流，影响植株的生长。此外抗寒力差的树种，如鹅掌楸、杜仲等最好在早春修剪，避免伤口受冻；北方栽培的常绿阔叶树种也最好在早春萌芽前修剪，避免伤口受冻；有伤流的树种，如葡萄、悬铃木、猕猴桃、复叶槭等在春季不可修剪过晚，以防伤流。

三、修剪方式

1. 疏枝修剪：将整个枝条自分生处（即枝条基部）剪去，是减少枝条数量的修剪方法。疏剪常与短截结合进行，改善因短截修剪造成的枝条密生（图2）。另外，疏剪有利于内部枝条的生长发育，调节枝条均匀分布，改善通风透光条件。注意剪口应与着生枝平齐。

2. 短截：仅将枝条剪去一部分，保留基部枝段的修剪方法。短截依程度不同而分为轻短截、中短截、重短截。

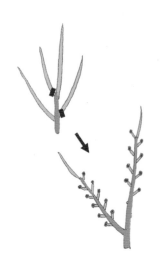

图2　疏枝修剪示意图

轻短截即轻剪枝条的顶梢，主要用于花、果类树木强壮枝的修剪；中短截即在枝条中上部饱满芽上方进行短截，主要用于局部弱枝的复壮（图3）；重短截，即在枝条中下部饱满芽上部进行短截，主要用于老弱枝、老树的复壮。剪口应成斜面，且平整光滑。剪口距芽的位置应在芽

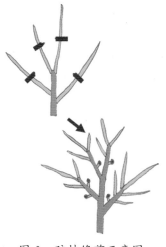

图3　疏枝修剪示意图

上 1cm 处。如需扩大树冠，修剪时应在外芽上方剪断；如需紧密树型，则需在内芽上方修剪（图4）。对自然生长的庭荫树而言，适当疏去冗枝等轻度修剪可促进树木的生长。对衰老的植株而言，重度修剪能使其更新复壮，树形更加均衡美观。

图4 重短截修剪示意图

⑥丛生枝，在一处长出的数根枝条。根据树形保留一到两根即可。⑦萌生枝：从主干上直接长出的枝条，会影响树木的长势。如果希望长出枝条的部位长出的小枝，则可以留下以形成更加丰满的树形。⑧对生枝：在主干同高度处向不同方向生长的枝条。在考虑与其他枝条平衡的同时，可选择性剪除。⑨交叉枝：相互交叉生长的枝条，使植株显得不整齐。⑩徒长枝：径直向上生长的枝条，不仅影响树形，也没有花芽，除非是长在枝条非常稀疏的部位，一般都需要剪除。⑪内生枝：植株中部长出的较柔弱的枝条，是造成枝条过密的根本原因，需要剪除。⑫根蘖枝：植株根部长出的枝条，如不及时剪除，会吸收多数的水分及养分，影响植株主体的生长（图5）。

四、修剪实例

1. 常绿针叶树：自然树形较整齐，一般不需强剪。修剪在整个冬季和早春（新叶萌发前）都可进行，在夏秋季可通过轻剪来维持一定的树形。

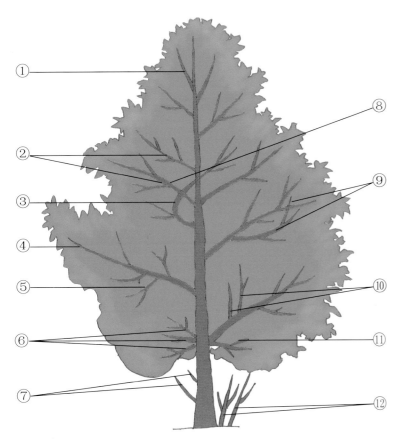

图5 重短截修剪示意图（滨野周泰，2006）

3. 修剪顺序：

修剪前先查看整体树势，理清枝条分布情况，切忌盲目下剪，做到心中有数再下剪刀。

先疏去那些必须剪除的枝条（根蘖枝、干枝），再短截使树形凌乱的冗长枝，最后去除过于密集的枝条（内膛枝、反向生长枝、丛生枝、重叠枝、交叉枝、内生枝、徒长枝）。

需要修剪的枝条有：①顶生枝：主干顶部长出来的、偏离主干向其他方向生长的枝条。不及时剪除，会形成多个主干，极大影响树形。②重叠枝：向同一方平行生长的多个枝条，选择性剪除其中一部分，达到疏枝整形的目的。③内膛枝：向主干方弯曲生长的枝条。④冗长枝：超出树冠的过长枝条。⑤反向生长枝：向下生长的枝条，必须减除，除非做特定的造型树。

红豆杉 *Taxus cuspidata*：枝叶密集，多用于观型。修剪目的为增加枝叶密集度和维持良好的树型。3月新叶萌发前，剪除枯枝、交叉枝（蓝色），短截冗长枝（橘色；图6）。造型植株还需在6月（新芽已长成）和9月（果实成熟前)进行人工整型，短截冗长枝。

图6 红豆杉修剪示意图

日本扁柏 *Chamaecyparis obtusa*：枝叶密集，自然树型较整齐，观型乔木。在3~4月开花时、新叶萌发前，剪除枯枝、交叉枝、弱枝（蓝色），短截冗长枝（橘色）（图7），还可在5～6月、9～10月果前轻剪整形。

雪松 *Cedrus deodara*：自然树形规则，需少量修剪以维持树形。3～4月，新叶萌发前，剪除枯枝、弱枝、重叠枝（蓝色；图8），冗长枝在先端短截保持塔状树型，还可在7月或9～10月修剪一次冗长枝。

图7 日本扁柏修剪示意图

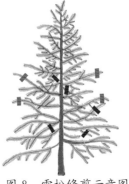

线 柏 *Chamaecyparis pisifera* cv.

图8 雪松修剪示意图

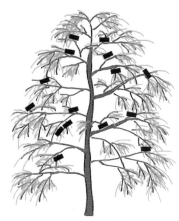

图9 线柏修剪示意图

filifera：小枝细长下垂，通过修剪来维持下垂姿态。2~3月剪除枯枝、交叉枝、弱枝、向上生长的小侧枝（蓝色；图9），6~7月、10月还可修剪枯枝、交叉枝。

2. 常绿阔叶灌木：北方种类需要在春季叶萌前进行修剪整形，在夏秋季轻剪以维持一定的树型。南方种类在冬季休眠期修剪枯枝、重叠枝，短截冗长枝。

桃叶珊瑚 *Aucuba japonica*：观叶小灌木，自然树形比较凌乱。4~5月花开萌叶时修剪，剪去重叠枝、交叉枝、强势枝（蓝色），短截冗长枝（橘色；图10），维持自然密集的树型。

月桂 *Laurus nobilis*：自然树形不整齐。3~4月花开新叶萌发前，剪去重叠枝、弱枝（蓝色），并短截超出树冠的树梢（橘色；图11），剪成需要的树形，在7~8月、10月上旬果熟前

图10 桃叶珊瑚修剪示意图

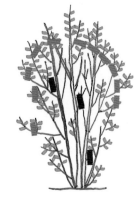

图11 月桂修剪示意图

再次修剪冗长枝，以维持一定的树形。

3. 常绿阔叶乔木：在春季3~4月叶萌前修剪，在6~7月花后、9~10月果前轻剪。为防止冻害发生，在北方尽量不在冬季修剪。

杨梅 *Myrica rubra*：自然树形比较整齐，少量整型

图12 杨梅修剪示意图

修剪即可。3~4月花期萌叶前修剪（蓝色），6~7月果实成熟前后短截冗长枝即可（橘色；图12）。

4. 落叶阔叶树

多在秋季落叶后至春季萌芽前1～2周进行修剪，主要目的为去除徒长枝、重叠枝，并扩大树冠。

图13 枫树修剪示意图

枫树 *Acer* spp.：观叶、观型树种，多追求树形的自然姿态。11～12月刚落叶时是修剪的最佳时机。将徒长枝、重叠枝、弱枝在基部剪除（蓝色）。冗长枝在梢头截断即可（橘色）。5～6月，新叶长好、花开后，还可轻剪冗长枝（橘色）（图13）。

连香树 *Cercidiphyllum japonicum*：高大乔木，修剪可以扩大树冠、增加枝叶通风。12月至翌年3月萌芽前均可以修剪，去除徒长枝、重叠枝、弱枝、干枝等（蓝色），短截冗长枝（橘色），在6～7月还可以进行徒长枝的短截（橘色；图14）。

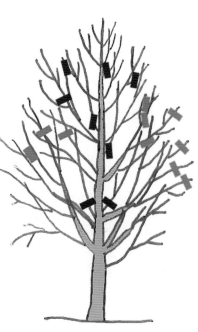

图14 连香树修剪示意图

5. 观花灌木：需要根据不同的开花习性适时进行修剪，以达到丰花的目的。

早春开花的灌木，如玉兰、丁香、紫荆等，花芽是在前一年的枝条上形成的。故修剪是多在5~6月份花后进行。秋冬修剪，则会损失部分有花枝条，影响翌年花量。夏季进行的修剪主要以疏枝整型为主，疏去细弱枝和病虫枝，增强植株的通风透光，促进生长，使来年多花。

梅 *Prunus mume*：落叶观花小乔木，早春开花后，利用修剪造型，并达到丰花的目的。在各发育阶段修剪方法不同。幼

图 15　梅修剪示意图

图 16　樱花修剪示意图

图 18　玉兰修剪示意图

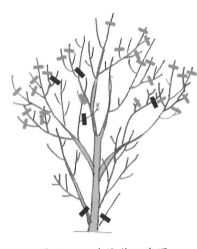

图 19　丁香修剪示意图

年树生长旺盛、徒长枝多，以扩大树冠、缓和树势、提早开花为主要目的，采取轻剪，即除主枝延长头短截外（橘色），其他枝条任其生长不剪，让其抽生花枝开花。成年树枝条生长量降低，徒长枝明显减少，开花大量，需通过修剪解决生长与开花的矛盾（蓝色；图 15），维护良好的树姿。对只抽细弱短枝、花量少，且顶部及外围较多枯枝的衰老树，修剪需适度加重。

樱花 *Prunus* spp.：早春观花乔木，花期 3 ～ 4 月，花芽分化期在 7 ～ 8 月。修剪在 11 月至翌年 2 月，将扰乱树形的蘖枝、徒长枝、内膛枝及时剪去（蓝色；图 16）。直径在 2cm 以上的切口，需要涂抹愈合剂来防止树干被侵蚀。

垂丝海棠 *Malus halliana*：观花灌木或小乔木，4 ～ 5 月开花，果实 10 月。从 11 月至翌年 3 月均可修剪，将徒长枝、逆向生长枝、交叉枝修剪（蓝色），在 6 月中旬花后将生长过长的枝条前端短截（橘色；图 17）。生长较短的枝条是因为在

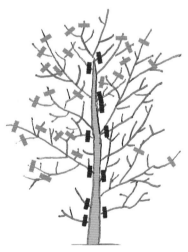

图 17　垂丝海棠修剪示意图

先端长有花芽，注意不要将花枝剪掉。此外，幼树重点剪去徒长枝，成年树注意去掉树冠的内膛枝。

玉兰 *Magnolia* sp.：观花乔木或灌木，自然树形较整齐，不喜修剪，重短截容易造成丛生萌生枝。在 1 ～ 2 月将互相交错的枝条、树冠内的弱枝、重叠枝、徒长枝、内膛弱枝剪去（蓝色），便可保持较好的树形（图 18）。

丁香 *Syringa vulgaris*：观花灌木或小乔木，小枝细。7 ～ 8 月为花芽分化期，为了不损失花芽，一般修剪在 5 月下旬花后进行。剪去重叠枝、内向枝、萌生枝、冗长枝等（蓝色；图 19）。

连翘 *Forsythia suspensa*：观花丛生小灌木。3 ～ 4 月开花，7 月花芽分化。修剪是在 12 月至翌年 2 月进行整型修剪，去除冗长枝、干枝、重叠枝（蓝色），5 月花后可以剪除冗长枝（橘色；图 20）。

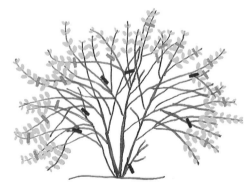

图 20　连翘修剪示意图

夏季开花的种类，如木槿、紫薇、石榴，花枝为当年的新梢，故应在冬季落叶后或春季新萌前进行修剪。在剪除干枯枝、病虫枝外，可弱枝重剪、强枝轻剪。此外，幼树应轻剪，老树要适当重剪。

常年开花植物，如杜鹃红山茶，要有目的地培养花枝，修剪时主要以疏枝整型为主，疏去细弱枝和病虫枝、重叠枝，增强植株的通风透光，促进生长开花，达到四季有花的目的。

茶 *Camellia* spp.：常绿观花小乔木，萌芽力强，修剪需在 5~6 月份芽萌发后，或在 9~10 月开花前，轻剪疏枝（橘色），注意保护花芽。幼苗时，需要把直立枝、萌生枝切除（蓝色；图 21）。

图21 茶花修剪示意图

6、观果种类

该类植物修剪方式同观花种类，但在花后不进行重剪，以保留更多的果实，可适当剪除一些过密枝，增加通风透光，达到更好的观果效果。

枸杞 *Lycium chinense*：观果小灌木，花繁密。粗生，修剪在11月至翌年4月均可。修剪以整型为主（橘色、蓝色；图22）。

铁冬青 *Ilex rotunda*：常绿阔叶观果乔木，树形紧凑，果期在10月至翌年2月。故修剪要在6月叶萌后花开后进行（蓝色），9月果红熟前还可进行短截或间剪维持树形（橘色），并提高观果效果（图23）。

7、观枝干树种：常规修剪维持优美的树姿。但一些观干种类，如红瑞木，其彩色枝干最鲜艳的部分是幼嫩枝，故可在每年春季萌发前进行重剪，地上部分仅保留10~20cm，其余部分剪去，以促进来年萌发新枝。但是一些多年未经修剪的灌木不可一次将老枝剪除，以免发生徒长或全株死亡。

8、藤蔓

藤本月季：半常绿观花藤本，花期4～6月，花芽分化期7～8月，修剪期为12月至翌年3月剪除徒长枝、重叠枝、枯枝等（蓝色），在6～7月上旬花谢后，剪除徒长枝和重叠枝（橘色；图24）。

图24 藤本月季修剪示意图

紫藤 *Wisteria floribunda*：观花藤本，长势快。休眠期（11月至翌年2月中旬）是最重要的修剪时期，剪去弱枝、重叠枝（蓝色），短截冗长枝（橘色；图25）。花期4～5月，花后6月可以进行轻度修剪，主要是短截冗长枝（橘色），7～8月上旬为花芽分化期，8月下旬可适当短截生长过于旺盛的营养枝（橘色）。

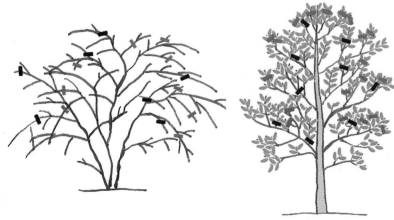

图22 枸杞修剪示意图　　图23 铁冬青修剪示意图

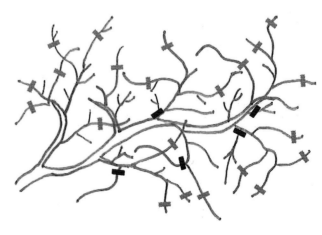

图25 紫藤修剪示意图

凌霄 *Campsis grandiflora*：观花藤本，长势快，修剪时重点是细弱枝的剪除。4月发芽，6月花芽分化，7～8月开花，故花后9～10月是修剪较好的时间，春季1～2月也可以进行修剪（图26）。

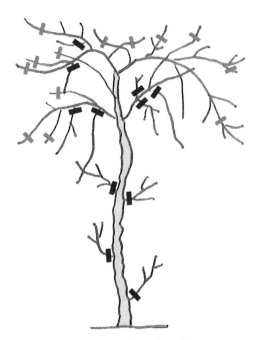

图 26　凌霄修剪示意图

常春藤 *Hedera nepalensis* var. *sinensis*。常绿攀援藤本。新栽植株，需在春季萌芽后及时摘心，促进分枝，并立架牵引造型。已生长多年定型植株，修剪的重点为疏除过密的细弱枝、枯死枝（蓝色），防止枝蔓过多，破坏株形（图27）。在北方为了防止冻害，修剪需在3月新芽萌动前或6～7月进行。

图 27　常春藤修剪示意图

铁线莲 *Clematis* sp.：攀缘木质藤本，需要牵引幼树藤蔓上架，同时需要把多余的藤蔓修剪掉，引导其生长的方向。秋季和3月新芽萌发前都是最佳修剪时期，可剪去重叠枝、细弱枝（蓝色；图28）。在4～6月花期，轻剪过长的营养枝（橘色）、残花，可延长花期。

图 28　铁线莲修剪示意图

随着近年来园林绿化面积的增加和植物配置方式的多样化，园林树木的整型修剪成为一项重要的课题。整型修剪的方法因树木种类的不同而千差万别，根据不同的生物习性进行修剪使其达到最佳生长和观赏状态是修剪的最重要的目的。其次园林景观中栽植的观赏树木，是人为创造的有一定种类组成、一定外貌特征的植物群落。一定时间后，各种树木在该植物群落中便具备了相对稳定的生态位。所以园林景观修剪中，必须按照群落整体结构要求，通过合理的整型修剪达到树木整体的促进生长和局部的抑制作用，以提高园林树木个体及群体的生态效果。

参考文献
滨野周泰 . 大人的園芸——庭木花木果树 . 东京：株式会社小学馆，2006.

中文名索引

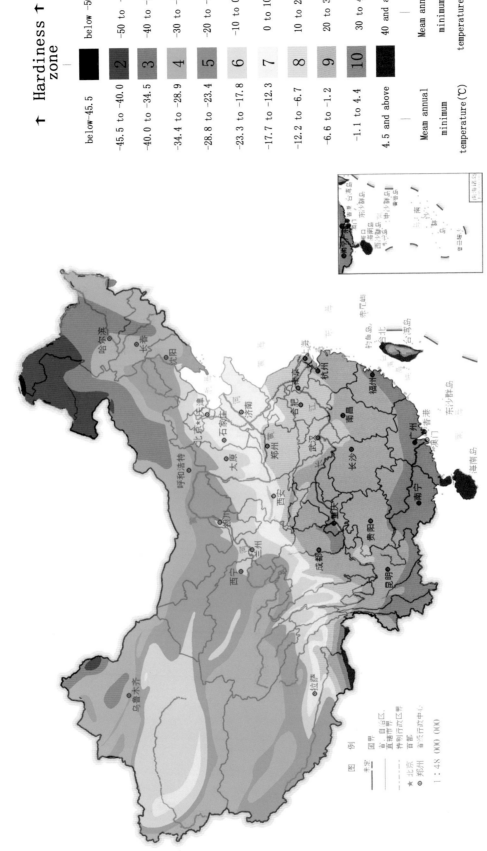

↑ Hardiness ↑
zone

	below -50	below-45.5
2	-50 to -40	-45.5 to -40.0
3	-40 to -30	-40.0 to -34.5
4	-30 to -20	-34.4 to -28.9
5	-20 to -10	-28.8 to -23.4
6	-10 to 0	-23.3 to -17.8
7	0 to 10	-17.7 to -12.3
8	10 to 20	-12.2 to -6.7
9	20 to 30	-6.6 to -1.2
10	30 to 40	-1.1 to 4.4
	40 and above	4.5 and above

Meam annual
minimum
temperature(℉)

Meam annual
minimum
temperature(℃)

图 例
—— 国界
省,自治区
直辖市界
特别行政区界
★ 北京 首都
郑州 省级行政中心

1：48 000 000

贵安新区云漫湖国际休闲旅游度假区岩石杜鹃园